Mathematik Kompakt

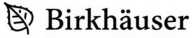

Mathematik Kompakt

Herausgegeben von:

Martin Brokate

Heinz W. Engl

Karl-Heinz Hoffmann

Götz Kersting

Kristina Reiss

Otmar Scherzer

Gernot Stroth

Emo Welzl

Die neu konzipierte Lehrbuchreihe *Mathematik Kompakt* ist eine Reaktion auf die Umstellung der Diplomstudiengänge in Mathematik zu Bachelor und Masterabschlüssen. Ähnlich wie die neuen Studiengänge selbst ist die Reihe modular aufgebaut und als Unterstützung der Dozierenden sowie als Material zum Selbststudium für Studierende gedacht. Der Umfang eines Bandes orientiert sich an der möglichen Stofffülle einer Vorlesung von zwei Semesterwochenstunden. Der Inhalt greift neue Entwicklungen des Faches auf und bezieht auch die Möglichkeiten der neuen Medien mit ein. Viele anwendungsrelevante Beispiele geben den Benutzern Übungsmöglichkeiten. Zusätzlich betont die Reihe Bezüge der Einzeldisziplinen untereinander.

Mit *Mathematik Kompakt* entsteht eine Reihe, die die neuen Studienstrukturen berücksichtigt und für Dozierende und Studierende ein breites Spektrum an Wahlmöglichkeiten bereitstellt.

Manfred Einsiedler · Klaus Schmidt

Dynamische Systeme

Ergodentheorie und topologische Dynamik

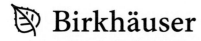 Birkhäuser

Manfred Einsiedler
Departement Mathematik
ETH Zürich
Zürich, Schweiz

Klaus Schmidt
Fakultät für Mathematik
Universität Wien
Wien, Österreich

ISBN 978-3-0348-0633-6   ISBN 978-3-0348-0634-3 (eBook)
DOI 10.1007/978-3-0348-0634-3
Springer Basel Dordrecht Heidelberg London New York

Die Deutsche Nationalbibliothek verzeichnet diese Publikation in der Deutschen Nationalbibliografie; detaillierte bibliografische Daten sind im Internet über http://dnb.d-nb.de abrufbar.

Mathematics Subject Classification (2010): Primary: 37-01, 37A05, 37A35, 28D05, 28D20, 54H20; Secondary: 37A25, 37A45, 37A50, 37C85

Einbandentwurf: deblik, Berlin

Gedruckt auf säurefreiem und chlorfrei gebleichtem Papier

Springer Basel ist Teil der Fachverlagsgruppe Springer Science+Business Media
www.springer.com

Vorwort

Viele Systeme aus der Physik, der Biologie oder der Ökonomie sind einer Zeitentwicklung unterworfen, deren asymptotisches Verhalten von zentralem Interesse ist. Die mathematische Theorie der dynamischen Systeme beschäftigt sich mit der Untersuchung von Modellen derartiger Systeme, wobei man normalerweise annimmt, dass sich das qualitative Verhalten des Systems im Laufe der Zeitentwicklung nicht ändert. Dabei wählt man als *Zustandsraum* des Systems eine Menge X mit einer vorgegebenen Struktur (z. B. einen topologischen Raum oder einen Maßraum), die unter der Zeitentwicklung erhalten bleiben soll. Wenn das System zu einem Zeitpunkt t_0 im Zustand $x \in X$ ist, dann bezeichnet man mit $T_t x$ den Zustand des Systems zum Zeitpunkt $t_0 + t$. Die so definierten Abbildungen T_t bilden eine Halbgruppe: $T_s \circ T_t = T_{s+t}$ für alle $s, t \geq 0$. Je nachdem, ob man die Zeitentwicklung kontinuierlich oder nur zu Vielfachen eines gegebenen Zeitpunktes t_0 verfolgt, spricht man von einem „kontinuierlichen" oder „diskreten" dynamischen System.

Im Fall einer diskreten Zeitentwicklung wird ein dynamisches System also durch ein Paar (X, T) beschrieben, wobei X eine Menge und $T: X \longrightarrow X$ eine Abbildung ist, die die Entwicklung des Systems in einem Zeitschritt beschreibt. Wenn X ein topologischer Raum (hier meist kompakt und metrisierbar) und $T: X \longrightarrow X$ stetig ist, so spricht man von einem *topologischen dynamischen System*. Wenn der Zustandsraum ein Wahrscheinlichkeitsraum $(X, \mathcal{S}, \mu)$ und $T: X \longrightarrow X$ eine maßerhaltende Transformation ist, so ist man im Bereich der *Ergodentheorie*, die sich mit dem statistischen Verhalten des Systems oder eines zufällig gewählten „typischen" Anfangszustands des Systems im Laufe der Zeitentwicklung beschäftigt.

Die asymptotischen Eigenschaften, an denen man bei einem dynamischen System interessiert ist, hängen natürlich von der Struktur des Systems ab. Bei einem topologischen dynamischen System kann man z. B. untersuchen, ob das System eine Bahn hat, die im Zustandsraum X dicht liegt, oder ob sogar jede Bahn des Systems dicht in X liegt. Eine weitere wichtige Frage betrifft die Auswirkung geringfügiger Änderungen des Anfangszustands auf die Bahn des Zustands: Wenn x, y verschiedene Anfangszustände des Systems sind, können die Punkte $T^k x, T^k y$ für alle $k \geq 0$ nahe beisammen liegen? Derartige Fragen werden im ersten Kapitel dieses Buches untersucht, wobei wir besonderes Augenmerk auf topologische Mischungs- und Rekurrenzeigenschaften, Minimalität sowie die Existenz und mögliche Eindeutigkeit invarianter Wahrscheinlichkeitsmaße legen.

Bei maßtheoretischen dynamischen Systemen ist man an qualitativen und quantitativen Aussagen über die statistische Komplexität des Systems und seiner typischen Bahnen interessiert. Das zweite Kapitel dieses Buches bietet eine Einführung in die Ergodentheorie mit den klassischen Ergodensätzen und Mischungseigenschaften sowie mit einigen Anwendungen auf Gleichverteilung, Ziffernentwicklungen und stochastische Prozesse.

Die Kap. 3 und 4 behandeln die Entropie dynamischer Systeme. Der ursprünglich aus der statistischen Physik stammende Begriff der Entropie ist auf dem Wege der Informationstheorie zu zentraler Bedeutung für die Dynamik gelangt, wo er die Komplexität eines dynamischen Systems quantifiziert. Das dritte Kapitel ist den Definitionen und Eigenschaften sowie der Berechnung der maßtheoretischen Entropie ergodischer Transformation gewidmet. Das vierte Kapitel bietet eine Einführung in die topologische Entropie stetiger Transformationen und den Zusammenhang zwischen topologischer und maßtheoretischer Entropie.

In den letzten Jahrzehnten betrachtet die Theorie der Dynamischen Systeme in zunehmendem Maße nicht nur „lineare" Zeitentwicklungen, sondern auch Wirkungen mehrdimensionaler Symmetriegruppen auf Systeme mathematischen oder physikalischen Ursprungs. Dabei ergeben sich Querverbindungen nicht nur zur statistischen Physik, sondern überraschenderweise auch zu mathematischen Disziplinen wie der klassischen Zahlentheorie und der Algebra. In Kap. 5 wenden wir uns zwei Beispielen aus der mehrparametrischen Dynamik zu, die einen ersten Einblick in tiefe arithmetische Zusammenhänge bieten, die in den letzten Jahren zu bemerkenswerten mathematischen Forschungsergebnissen geführt haben.

Der Inhalt dieses Buches entspricht einer Vorlesung für Studierende des letzten Studienjahrs des Bachelorstudiums und für Studierende des Masterstudiums, wobei sich eine den Interessen der Studierenden angepasste Themenauswahl empfiehlt. Die ersten beiden Kapitel vermitteln die Grundbegriffe und sind damit Voraussetzung für die späteren Kapitel. Die Kap. 3 und 4 sind der Entropietheorie gewidmet. Das Kap. 5 ist größtenteils unabhängig von den Kap. 3 und 4 und kann daher (mit kleinen Abstrichen) unmittelbar aufbauend auf die ersten beiden Kapitel behandelt werden. Abschnitt 5.4 in Kap. 5 stellt weitere Verbindungen zur Zahlentheorie her und kommt zwar ohne weitere Vorkenntnisse aus, ist aber in der Methodik etwas anspruchsvoller als die ersten Kapitel des Buches.

Der Text beinhaltet über 100 Übungsaufgaben unterschiedlicher Schwierigkeit, die der Vertiefung der dargestellten Theorie dienen, sowie eine große Zahl von Beispielen zur Illustration des unterschiedlichen Verhaltens dynamischer Systeme.

Die Autoren sind Franz Hofbauer zu Dank verpflichtet, der wesentliche Beiträge zu einer früheren Fassung dieses Manuskripts geleistet hat.

Zürich und Wien, Jänner 2013   Manfred Einsiedler
                                                                                  Klaus Schmidt

Inhaltsverzeichnis

Topologische Dynamik

1

1.1 Topologische dynamische Systeme

1.1.1 Grundbegriffe

Es seien X ein nichtleerer kompakter metrisierbarer Raum und $T\colon X \longrightarrow X$ eine stetige Transformation. Dann nennt man (X, T) ein *topologisches dynamisches System*. Wenn T surjektiv ist, so nennt man das System (X, T) *surjektiv*. Wenn T bijektiv ist, dann ist auch T^{-1} stetig, da X kompakt ist. Damit ist T also ein *Homöomorphismus* und das dynamische System (X, T) heißt *invertierbar*.

Wir können X als den Raum aller möglichen Zustände eines gegebenen physikalischen Systems und die Transformation T als zeitliche Entwicklung des Systems auffassen. Ist $x \in X$ der Zustand des Systems zum Zeitpunkt 0, dann ist $T^n(x)$ für $n \geq 1$ der Zustand des Systems zum Zeitpunkt n. Wir sind hier am Langzeitverhalten des Systems interessiert, also am asymptotischen Verhalten der Folge $(T^n(x))_{n \geq 1}$ für einen beliebigen Punkt (= Anfangszustand) x des Systems. Wie sich schon in sehr einfachen Beispielen zeigt, können sich verschiedene (oft sogar beliebig nahe) Anfangszustände $x \in X$ auf sehr verschiedene (und nicht immer explizit beschreibbare) Weise entwickeln, sodass man zur Frage nach der zeitlichen Entwicklung eines „typischen" Punktes oder Anfangszustands geführt wird.

Die nun folgenden Definitionen stellen einen Teil des Vokabulars dar, mit Hilfe dessen wir Aussagen über das asymptotische Verhalten einzelner Zustände oder des ganzen Systems formulieren können.

Die Menge $\mathcal{O}_T^+(x) = \{T^n(x) : n \geq 0\}$ heißt die *Bahn* des Punktes $x \in X$ unter T. Ist T bijektiv, dann kann man auch die *zweiseitige Bahn* $\mathcal{O}_T(x) = \{T^n(x) : n \in \mathbb{Z}\}$ von x betrachten, wobei $\mathbb{Z}$ die Menge der ganzen Zahlen bezeichnet. Der Punkt x heißt *periodisch*, wenn ein $p \geq 1$ existiert mit $T^p(x) = x$. Die *Periode* von x ist das kleinste $p \geq 1$ mit dieser Eigenschaft. Wenn $T(x) = x$ gilt, dann ist x ein *Fixpunkt*, also ein Zustand, der sich im Laufe der Zeitentwicklung nicht ändert.

M. Einsiedler, K. Schmidt, *Dynamische Systeme*, Mathematik Kompakt,
DOI 10.1007/978-3-0348-0634-3_1, © Springer Basel 2014

Eine Teilmenge Y von X heißt *T-invariant*, wenn $T(Y) \subset Y$ gilt. Ist (X, T) ein topologisches dynamisches System und Y eine abgeschlossene T-invariante Teilmenge von X, dann ist die Einschränkung $(Y, T|_Y)$ ebenfalls ein topologisches dynamisches System. Eine Teilmenge $Y \subset X$ ist *strikt T-invariant* wenn $T(Y) = Y$ gilt. In diesem Fall ist das System $(Y, T|_Y)$ surjektiv. Wenn (X, T) invertierbar und $Y \subset X$ eine nichtleere abgeschlossene, strikt T-invariante Teilmenge ist, so ist $(Y, T|_Y)$ wieder ein invertierbares topologisches dynamisches System.

Beispiel 1.1 (Einfache Intervallabbildung)

Wir kompaktifizieren die reelle Gerade $\mathbb{R}$ durch Hinzufügen der beiden Punkte $\pm\infty$, deren Umgebungsbasen aus Mengen der Form $(N, \infty) \cup \{\infty\}$, $N \geq 1$, und $(-\infty, -N) \cup \{-\infty\}$, $N \geq 1$, bestehen. Der so definierte kompakte Raum $\overline{\mathbb{R}}$ is homöomorph zum abgeschlossenen Intervall $[-1, 1]$ unter der Abbildung $\phi\colon \overline{\mathbb{R}} \longrightarrow [-1, 1]$, die durch

$$\phi(x) = \begin{cases} -1 & \text{für } x = -\infty, \\ \frac{x}{1+|x|} & \text{für } x \in \mathbb{R}, \\ 1 & \text{für } x = \infty \end{cases}$$

gegeben ist. Wir definieren eine stetige Transformation $T\colon \overline{\mathbb{R}} \longrightarrow \overline{\mathbb{R}}$ durch

$$T(x) = \begin{cases} x & \text{für } x = \pm\infty, \\ 2x & \text{für } x \in \mathbb{R}. \end{cases}$$

Diese Transformation hat drei Fixpunkte (nämlich $\pm\infty$ und 0) und keine weiteren periodischen Punkte. Für jedes $x \in \overline{\mathbb{R}}$ konvergiert die Folge $T^n(x)$ für $n \to \infty$ gegen einen dieser drei Fixpunkte.

Unter dem Homöomorphismus ϕ geht die Transformation T in die Transformation $S = \phi \circ T \circ \phi^{-1}\colon [-1, 1] \longrightarrow [-1, 1]$ über, die die Fixpunkte $0, \pm 1$ hat und für die gilt

$$\lim_{n \to \infty} S^n(t) = \begin{cases} -1 & \text{für } t \in [-1, 0), \\ 0 & \text{für } t = 0, \\ 1 & \text{für } t \in (0, 1]. \end{cases}$$

Die nächsten Beispiele von dynamischen Systemen sind Transformationen auf dem eindimensionalen Torus $\mathbb{T} = \mathbb{R}/\mathbb{Z}$. Angesichts der Identifizierung von 0 und 1 unter der Quotientenabbildung $\mathbb{R} \to \mathbb{R}/\mathbb{Z}$ können wir $\mathbb{T}$ als Kreis auffassen. Als Menge können wir $\mathbb{T}$ mit dem Intervall $[0, 1)$ identifizieren, wobei wir aber dieses Intervall mit der Metrik

$$\mathsf{d}(x, y) = \min_{n \in \mathbb{Z}} |x - y + n| = \min(|x - y|, 1 - |x - y|) \tag{1.1}$$

versehen. Diese Metrik induziert auf $[0, 1)$ tatsächlich die Topologie des Kreises, da in ihr z. B. die Folge $(1 - \frac{1}{n})_{n \geq 1}$ gegen den Punkt 0 konvergiert.

Im Folgenden werden wir bei Bedarf zwischen diesen beiden Gesichtspunkten ($\mathbb{T}$ als Intervall $[0, 1)$ oder $\mathbb{T} = \mathbb{R}/\mathbb{Z}$) hin und her wechseln.

Beispiel 1.2 (Rotationen des Kreises)
Für jede Zahl $\alpha \in \mathbb{R}$ definieren wir eine Transformation $R_\alpha \colon \mathbb{T} \longrightarrow \mathbb{T}$ durch $R_\alpha(x) = x + \alpha \pmod 1$. Eine derartige Transformation wird als *Rotation* des Kreises bezeichnet, da sie den als Kreis aufgefassten Torus um den Winkel α rotiert. Ist d die in (1.1) definierte Metrik auf $\mathbb{T}$, dann gilt $\mathsf{d}(R_\alpha(x), R_\alpha(y)) = \mathsf{d}(x, y)$ für alle x und y in $\mathbb{T}$. Somit ist R_α eine Isometrie auf $\mathbb{T}$ und insbesondere ein Homöomorphismus. Diese Transformation spielt in der Zahlentheorie eine grundlegende Rolle.

Für rationales $\alpha = \frac{p}{q}$ mit p und q teilerfremd ist $q\alpha = 0 \pmod 1$ und daher $R_\alpha^q(x) = x$ für jedes $x \in \mathbb{T}$. Damit ist jedes $x \in \mathbb{T}$ periodisch mit Periode q.

Betrachten wir nun ein irrationales α. In diesem Fall ist das Verhalten von R_α komplizierter. Zunächst überprüft man, dass R_α keine periodischen Punkte hat: Wenn es einen Punkt $x \in \mathbb{T}$ gäbe mit $x = R_\alpha^n(x)$ für ein $n \geq 1$, so würde das bedeuten, dass $x = x + n\alpha \pmod 1$ ist, also $x + n\alpha = x + m$ für ein $m \in \mathbb{Z}$. Damit ergäbe sich aber $\alpha = \frac{m}{n}$, im Widerspruch zur Irrationalität von α.

Damit wissen wir, dass die Punkte $R_\alpha^n(0)$, $n \geq 0$, in der Bahn von 0 alle verschieden sind. Wenn $N \geq 1$ ist, so muss es unter den $N + 1$ Punkten $0 = R_\alpha^0(0), R_\alpha(0), \dots, R_\alpha^N(0)$ also zwei Punkte $R_\alpha^i(0), R_\alpha^j(0)$ mit $i < j$ und mit Distanz

$$\mathsf{d}(R_\alpha^i(0), R_\alpha^j(0)) < \frac{1}{N}$$

geben. Daher gilt, für $k = j - i$, dass

$$0 < \mathsf{d}(0, R_\alpha^k(0)) = \mathsf{d}(R_\alpha^i(0), R_\alpha^j(0)) < \frac{1}{N}.$$

Unabhängig davon, ob $R_\alpha^k(0)$, aufgefasst als Element des Intervalls $[0, 1)$, nahe bei 0 oder nahe bei 1 liegt, bilden die Vielfachen

$$0 = R_\alpha^0(0), R_\alpha^k(0), R_\alpha^{2k}(0) = 2R_\alpha^k(0), \dots, R_\alpha^{lk}(0) = lR_\alpha^k(0), \dots$$

eine $\frac{1}{N}$-dichte Teilmenge von $\mathbb{T}$. Da N beliebig war, ist die Bahn $\mathcal{O}_{R_\alpha}^+(0)$ dicht in $\mathbb{T}$.

Wenn nun $x \in \mathbb{T}$ beliebig ist, so ist $\mathcal{O}_{R_\alpha}^+(x) = \{x + n\alpha \pmod 1 : n \geq 0\} = x + \mathcal{O}_{R_\alpha}^+(0)$ ebenfalls dicht in $\mathbb{T}$. Damit haben wir gezeigt, dass die Bahn jedes Punktes $x \in \mathbb{T}$ unter einer irrationalen Rotation dicht in $\mathbb{T}$ ist.

Das nächste Beispiel ist ebenfalls zahlentheoretischer Natur. Diesmal geht es um Ziffernentwicklungen zu einer Basis b. Wir behandeln hier der Einfachheit halber den Fall $b = 2$ und erinnern daran, dass jeder Folge $(i_1, i_2, \dots) \in \{0, 1\}^{\mathbb{N}} = \{1, 2, 3, \dots\}$ eine reelle Zahl $x = \sum_{k \geq 1} \frac{i_k}{2^k} \in [0, 1]$ zugeordnet ist. Die Folge $(i_k)_{k \geq 1}$ nennt man eine *Ziffernentwicklung* von x zur Basis 2. Bekanntlich hat jede Zahl $x \in [0, 1]$ höchstens zwei Ziffernentwicklungen zur Basis 2, und die Menge aller $x \in [0, 1]$, die zwei derartige Ziffernentwicklungen haben, ist abzählbar (siehe Aufgabe 1).

Beispiel 1.3 (Multiplikation mit 2)
Sei $X = \mathbb{T}$ und $T_2(x) = 2x \pmod 1$ für $x \in \mathbb{T}$. Ist d die Metrik (1.1) auf $\mathbb{T}$, so gilt $\mathsf{d}(T_2(x), T_2(y)) \leq 2\mathsf{d}(x, y)$ für alle x und y in $\mathbb{T}$. Die Transformation $T_2 \colon \mathbb{T} \longrightarrow \mathbb{T}$ ist also stetig. Setzt man $Z_0 = [0, \frac{1}{2})$ und $Z_1 = [\frac{1}{2}, 1)$ dann gilt $T_2(x) = 2x$ für $x \in Z_0$, $T_2(x) = 2x - 1$ für $x \in Z_1$ und $T_2(Z_0) = T_2(Z_1) = \mathbb{T}$. Insbesondere ist T_2 surjektiv.

Sei $x \in \mathbb{T} = [0,1)$. Für $k \geq 0$ sei $i_k \in \{0,1\}$ so gewählt, dass $T_2^k(x) \in Z_{i_k}$ gilt. Wegen $x \in Z_{i_0}$ gilt $T_2(x) = 2x - i_0$, das heißt $x = \frac{i_0}{2} + \frac{T_2(x)}{2}$. Wegen $T_2(x) \in Z_{i_1}$ haben wir $T_2^2(x) = 2T_2(x) - i_1$, woraus $x = \frac{i_0}{2} + \frac{i_1}{4} + \frac{T_2^2(x)}{4}$ folgt. Fährt man so fort, so erhält man $x = \sum_{j=0}^{k-1} \frac{i_j}{2^{j+1}} + \frac{T_2^k(x)}{2^k}$ für $k \geq 1$. Lässt man k gegen ∞ gehen, so ergibt sich $x = \sum_{j=0}^{\infty} \frac{i_j}{2^{j+1}}$. Das zeigt, dass der Index i des Intervalls Z_i, in das $T_2^k(x)$ fällt, die $k+1$-te Ziffer in einer Entwicklung der Zahl x zur Basis 2 ist.

Mit Induktion zeigen wir, dass $T_2^k(x) = 2^k x \pmod 1$ für $x \in [0,1)$ und $k \geq 1$ gilt: Für $k = 1$ ist das die Definition von T_2; wenn $T_2^k(x) = 2^k x \pmod 1$ für ein $k \geq 1$ bereits gezeigt ist, dann existiert ein $m \in \mathbb{N}_0 = \{0,1,2,3,\dots\}$ mit $T_2^k(x) = 2^k x - m$, woraus $T_2^{k+1}(x) = 2^{k+1}x - 2m \pmod 1 = 2^{k+1}x \pmod 1$ folgt. Damit ist der Induktionsschritt bewiesen. Weiterhin sehen wir, dass

$$T_2^k(x) = 2^k x - j, \qquad \text{wenn} \qquad x \in I_{k,j} := \left[\frac{j}{2^k}, \frac{j+1}{2^k} \right) \tag{1.2}$$

für $k \geq 1$ und $0 \leq j < 2^k$ gilt.

Für $k \geq 1$ und $0 \leq j \leq 2^k - 1$ enthält das Intervall $I_{k,j}$ einen Punkt x mit $T_2^k(x) = x$ nach dem Zwischenwertsatz, da wegen (1.2) ja $T_2^k(\frac{j}{2^k}) = 0$ und $\lim_{y \uparrow (j+1)/2^k} T_2^k(y) = 1$ gilt. Damit haben wir gezeigt, dass die periodischen Punkte dicht in $\mathbb{T}$ liegen. Allerdings ist nicht jeder Punkt periodisch: Wenn $x \in \mathbb{T} = [0,1)$ irrational ist, so kann es kein $k \geq 1$ und $m \geq 0$ geben, für das $T_2^k(x) = 2^k x - m = x$ und daher $x = \frac{m}{2^k - 1}$ gilt.

Ist U eine offene nichtleere Teilmenge von $\mathbb{T}$, dann gilt $T_2^k(U) = \mathbb{T}$ für ein $k \geq 1$. Für ein geeignetes $k \geq 1$ und ein j mit $0 \leq j < 2^k$ ist ja $I_{k,j} \subset U$ und wegen (1.2) ist $T_2^k([\frac{j}{2^k}, \frac{j+1}{2^k})) = \mathbb{T}$, woraus $T_2^k(U) = \mathbb{T}$ folgt.

Die dynamischen Systeme in den Beispielen 1.1–1.3 haben offensichtlich ein sehr verschiedenes Langzeitverhalten. Im Beispiel 1.1 streben alle Bahnen des Systems gegen einen der drei Fixpunkte. Im Beispiel 1.2 gibt es – zumindest für irrationales α – keine periodischen Punkte, und jede Bahn des Systems ist dicht. Im Beispiel 1.3 ist sowohl die Menge der periodischen Punkte als auch die Menge der nichtperiodischen Punkte dicht.

Um das unterschiedliche Langzeitverhalten allgemeiner dynamischer Systeme genauer zu beschreiben, betrachten wir zunächst die Menge jener Punkte, denen die Bahn eines vorgegebenen Punktes $x \in X$ immer wieder beliebig nahe kommt.

Definition 1.4 (ω-Limesmenge)

Sei (X, T) ein topologisches dynamisches System und $x \in X$. Die Menge $\omega(x)$ aller Häufungspunkte der Folge $(T^k(x))_{k \geq 0}$ heißt ω-*Limesmenge* des Punktes x.

Satz 1.5 *Seien (X, T) ein topologisches dynamisches System und $x \in X$. Dann ist $\omega(x)$ eine nichtleere, abgeschlossene, strikt T-invariante Teilmenge von X.*

Beweis Für $n \geq 0$ sei E_n der Abschluss der Menge $\{T^k(x) : k \geq n\}$. Da die nichtleeren Mengen E_n abgeschlossen sind und eine absteigende Folge bilden, ist wegen der Kompaktheit von X auch $E := \bigcap_{n=0}^{\infty} E_n$ abgeschlossen und nichtleer. Offensichtlich gilt $\omega(x) \subset E_n$ für jedes $n \geq 0$, sodass auch $\omega(x) \subset E$. Andererseits ist aber, für jedes $y \in E$, jedes $n \geq 0$ und jede Umgebung U von y, der Durchschnitt $U \cap E_n$ nichtleer. Damit enthält $U \cap E_n$ auch einen Punkt $T^{k_n}(x)$ mit $k_n \geq n$. Da U eine beliebige Umgebung von y war, folgt $y \in \omega(x)$. Damit haben wir gezeigt, dass $\omega(x) = E = \bigcap_{n \geq 0} E_n$ abgeschlossen und nichtleer ist.

Für jedes $n \geq 0$ ist E_n abgeschlossen und daher kompakt. Da T stetig ist, ist auch $T(E_n)$ kompakt, daher abgeschlossen, und $T(E_n) \subset E_{n+1}$. Daraus folgt, dass $T(\omega(x)) \subset \omega(x)$ ist. Um zu zeigen, dass $\omega(x)$ strikt T-invariant ist, sei $y \in \omega(x)$. Dann gibt es eine Folge $n_1 < n_2 < n_3 < \ldots$ von natürlichen Zahlen mit $y = \lim_{k \to \infty} T^{n_k}(x)$. Da X kompakt ist, hat die Folge $(n_k)_{k \geq 1}$ eine Teilfolge $(n'_k)_{k \geq 1}$, für die $\lim_{k \to \infty} T^{n'_k - 1}(x) = z$ existiert. Dann liegt z in $\omega(x)$ und es gilt $T(z) = y$. Damit ist $T(\omega(x)) = \omega(x)$ gezeigt. $\qquad \square$

Eine wichtige Rolle spielen jene Punkte $x \in X$, deren Bahn beliebig nahe (aber nicht unbedingt genau) zum Ausgangspunkt x zurückkehrt.

Definition 1.6 (Rekurrenz)

Es sei (X, T) ein topologisches dynamisches System. Ein Punkt $x \in X$ heißt *rekurrent*, wenn $x \in \omega(x)$ gilt.

In Aufgabe 4 (2) am Kapitelende sehen wir, dass das in Beispiel 1.1 definierte System nur wenige rekurrente Punkte besitzt, während alle anderen Punkte gegen einen dieser rekurrenten Punkte wandern. Die folgende Definition beschreibt das Verhalten dieser Punkte in einem allgemeineren Rahmen.

Definition 1.7 (Nichtwandernde Menge)

Sei (X, T) ein topologisches dynamisches System. Ein Punkt $x \in X$ heißt *wandernd*, wenn eine Umgebung U von x existiert, sodass $U \cap T^n(U) = \varnothing$ für alle $n \geq 1$ gilt. Die Menge $\Omega(T)$ aller Punkte, die nicht wandernd sind, heißt *nichtwandernde Menge* des Systems (X, T).

Offensichtlich liegen alle rekurrenten Punkte in der nichtwandernden Menge, aber die Umkehrung muss nicht gelten (Aufgabe 6). Der nächste Satz zeigt u. a., dass die ω-Limesmengen aller Punkte in der nichtwandernden Menge enthalten sind.

Satz 1.8 *Sei (X, T) ein topologisches dynamisches System. Dann ist $\Omega(T)$ eine nichtleere abgeschlossene T-invariante Teilmenge von X. Weiterhin gilt $\omega(x) \subset \Omega(T)$ für alle $x \in X$. Ist T invertierbar, so gilt $\Omega(T) = \Omega(T^{-1})$ und $\Omega(T)$ ist strikt T-invariant.*

Beweis Zu jedem $x \in X \smallsetminus \Omega(T)$ gibt es eine offene Umgebung U von x mit $U \cap T^n(U) = \varnothing$ für alle $n \geq 1$. Laut Definition ist auch jedes $y \in U$ wandernd, also ist $X \smallsetminus \Omega(T)$ offen und $\Omega(T)$ daher abgeschlossen. Weiterhin ist $V = T^{-1}(U)$ für jedes $y \in T^{-1}(\{x\})$ eine offene Umgebung von y mit $T(V \cap T^n(V)) \subset U \cap T^n(U) = \varnothing$ und daher auch $V \cap T^n(V) = \varnothing$ für alle $n \geq 1$. Mit anderen Worten haben wir gezeigt, dass $T(y) \notin \Omega(T)$ auch $y \notin \Omega(T)$ impliziert. Daher gilt $T(\Omega(T)) \subset \Omega(T)$, womit die Invarianz von $\Omega(T)$ gezeigt ist.

Sei $y \in \omega(x)$ für ein $x \in X$. Wir zeigen, dass $y \in \Omega(T)$. Wenn U eine Umgebung von y ist, so gibt es laut Definition von $\omega(x)$ eine Folge $n_1 < n_2 < \ldots$ von natürlichen Zahlen mit $T^{n_k}(x) \in U$ für alle $k \geq 1$. Wegen $T^{n_1}x \in U$ ist $T^{n_2}(x) \in U \cap T^{n_2-n_1}(U)$, also $U \cap T^{n_2-n_1}(U) \neq \varnothing$. Damit ist $y \in \Omega(T)$ gezeigt. Da x und $y \in \omega(x)$ beliebig waren, erhalten wir, dass $\omega(x) \subset \Omega(T)$ für alle $x \in X$ ist. Insbesondere ist $\Omega(T)$ nichtleer.

Sei nun T invertierbar. Für jedes $x \in X$ und jede offene Umgebung U von x gilt $U \cap T^n(U) \neq \varnothing$ genau dann, wenn $U \cap T^{-n}(U) = T^{-n}(U \cap T^n(U)) \neq \varnothing$ gilt. Damit liegt x genau dann in $\Omega(T)$, wenn es in $\Omega(T^{-1})$ liegt, d. h. $\Omega(T) = \Omega(T^{-1})$.

Wenn wir T durch T^{-1} ersetzen, dann folgt aus dem ersten Teil des Beweises, dass $T^{-1}(\Omega(T)) = T^{-1}(\Omega(T^{-1})) \subset \Omega(T^{-1}) = \Omega(T)$ gilt, also $\Omega(T) \subset T(\Omega(T))$. Damit ist auch die strikte Invarianz von $\Omega(T)$ bewiesen. □

Satz 1.8 besagt, dass $\omega(x) \subset \Omega(T)$ für alle $x \in X$ gilt. Daher enthält $\Omega(T)$ alle rekurrenten und damit auch alle periodischen Punkte. In Satz 1.27 werden wir zeigen, dass auch die Menge der rekurrenten Punkte von T nichtleer ist.

Unsere bisherigen Beispiele waren Transformationen auf einem Intervall oder auf dem eindimensionalen Torus $\mathbb{T}$. Jetzt versuchen wir es mit einer Transformation auf dem zweidimensionalen Torus $\mathbb{T}^2 = \mathbb{T} \times \mathbb{T}$, die von einer linearen Abbildung auf $\mathbb{R}^2$ induziert wird. Der zweidimensionale Torus ist die Quotientengruppe $\mathbb{R}^2/\mathbb{Z}^2$ und kann (als Menge) mit dem Quadrat $[0,1) \times [0,1)$ identifiziert werden. Wir verwenden wieder die Schreibweise $(\mathrm{mod}\,1)$, die jetzt koordinatenweise zu verstehen ist.

Beispiel 1.9 (Automorphismen von $\mathbb{T}^2$)
Sei A eine 2×2-Matrix mit Koeffizienten in $\mathbb{Z}$ und Determinante 1 oder -1, zum Beispiel $A = \left(\begin{smallmatrix} 0 & 1 \\ 1 & 1 \end{smallmatrix}\right)$ oder $A = \left(\begin{smallmatrix} 2 & 1 \\ 1 & 1 \end{smallmatrix}\right)$. Sei $T_A \colon \mathbb{T}^2 \longrightarrow \mathbb{T}^2$ definiert durch $T_A(\mathbf{x}) = A\mathbf{x}\ (\mathrm{mod}\,1)$. Die Transformation T_A ist wohldefiniert, da $\mathbf{y} = \mathbf{x}\ (\mathrm{mod}\,1)$ (also $\mathbf{y} = \mathbf{x} + \mathbf{n}$ für ein $\mathbf{n} \in \mathbb{Z}^2$) auch $A\mathbf{y} = A\mathbf{x}\ (\mathrm{mod}\,1)$ (d. h. $A\mathbf{y} = A\mathbf{x} + A\mathbf{n}$ mit $A\mathbf{n} \in \mathbb{Z}^2$) impliziert.

Die Matrix A^{-1} hat ebenfalls Koeffizienten in $\mathbb{Z}$ und Determinante ±1, sodass auch $T_{A^{-1}}$ definiert ist. Sei $\mathbf{x} \in \mathbb{T}^2$. Da laut Definition $T_A(\mathbf{x}) = A\mathbf{x} + \mathbf{n}$ für ein $\mathbf{n} \in \mathbb{Z}^2$ gilt, erhalten wir $T_{A^{-1}}(T_A(\mathbf{x})) = A^{-1}A\mathbf{x} + A^{-1}\mathbf{n}\ (\mathrm{mod}\,1)$. Da A^{-1} ebenfalls ganzzahlige Koeffizienten hat, gilt $A^{-1}\mathbf{n} \in \mathbb{Z}^2$ und $T_{A^{-1}}(T_A(\mathbf{x})) = \mathbf{x}\ (\mathrm{mod}\,1)$. Somit ist T_A invertierbar mit inverser Transformation $T_{A^{-1}}$.

Die durch die Matrix A definierte lineare Abbildung ist ein stetiger Gruppenautomorphismus der Gruppe $\mathbb{R}^2$. Da $\mathbb{Z}^2$ (als Menge) unter dieser linearen Abbildung invariant ist, ist die auf der Quotientengruppe $\mathbb{T}^2 = \mathbb{R}^2/\mathbb{Z}^2$ induzierte Transformation T_A ebenfalls ein stetiger Gruppenautomorphismus.

Für $q \in \mathbb{N}$ sei M_q die Menge aller Punkte $\mathbf{x} \in \mathbb{T}^2$, deren Koordinaten rationale Zahlen mit Nenner q sind. Dann gilt $T_A(M_q) \subset M_q$, da A ganzzahlige Koeffizienten hat. Da M_q endlich und T_A injektiv ist, ist $T_A \colon M_q \longrightarrow M_q$ bijektiv. Somit sind alle Punkte in M_q periodisch. Damit ist gezeigt, dass die periodischen Punkte dicht in $X = \mathbb{T}^2$ liegen. Insbesondere gilt $\Omega(T_A) = X$.

Bei den in Beispiel 1.9 beschriebenen Transformationen kann man – in Abhängigkeit von der Wahl der Matrix A – unterschiedliches asymptotisches Verhalten des Systems beobachten. Hier ist ein weiteres Konzept nützlich: das der Expansivität.

Definition 1.10 (Expansivität)

Es sei (X, T) ein invertierbares topologisches dynamisches System. Da wir X immer als metrisierbar voraussetzen, können wir eine Metrik $d\colon X \times X \longrightarrow \mathbb{R}$ wählen, die natürlich die Topologie von X induzieren soll.

Die Transformation T (oder das dynamische System (X, T)) ist *expansiv*, wenn es ein $\varepsilon > 0$ gibt, sodass, für alle $x, y \in X$ mit $x \neq y$,

$$\sup_{n \in \mathbb{Z}} d\big(T^n(x), T^n(y)\big) > \varepsilon \tag{1.3}$$

gilt. Jedes in (1.3) erlaubte $\varepsilon > 0$ wird als *expansive Konstante* des Systems (X, T) bezeichnet.

Wir bezeichnen mit $\mathrm{GL}(2, \mathbb{Z})$ die Gruppe der 2×2-Matrizen mit ganzzahligen Koeffizienten und Determinante ± 1 und betrachten die in Beispiel 1.9 besprochenen Automorphismen T_A von $\mathbb{T}^2$ mit $A \in \mathrm{GL}(2, \mathbb{Z})$. Bei der Untersuchung der Expansivität dieser Automorphismen ist folgendes Lemma nützlich.

Lemma 1.11 Ein linearer Automorphismus T_A, $A \in \mathrm{GL}(2, \mathbb{Z})$, ist genau dann expansiv, wenn

$$\bigcap_{n \in \mathbb{Z}} T_A^n(U) = \{\mathbf{0}\} \tag{1.4}$$

für jede genügend kleine offene Umgebung U von $\mathbf{0}$ in $\mathbb{T}^2$ gilt.

Beweis Wir betrachten die translationsinvariante Metrik $\mathsf{d}^{(2)}$ auf $\mathbb{T}^2$, die durch

$$\mathsf{d}^{(2)}\big((x_1, x_2), (y_1, y_2)\big) = \max(\mathsf{d}(x_1, y_1), \mathsf{d}(x_2, y_2))$$

gegeben ist, wobei d durch (1.1) definiert ist.

Wenn es eine offene Umgebung U von $\mathbf{0}$ in $\mathbb{T}^2$ gibt, die (1.4) erfüllt, die Transformation T_A jedoch nicht expansiv ist, so gibt es zu jedem $\varepsilon > 0$ zwei verschiedene Punkte $\mathbf{x}, \mathbf{y} \in \mathbb{T}^2$, für die $\mathsf{d}^{(2)}\big(T_A^k(\mathbf{x}), T_A^k(\mathbf{y})\big) < \varepsilon$ für alle $k \in \mathbb{Z}$ gilt. Wegen der Translationsinvarianz von $\mathsf{d}^{(2)}$ ist damit auch $\mathsf{d}^{(2)}\big(T_A^k(\mathbf{z}), \mathbf{0}\big) < \varepsilon$ für alle $k \in \mathbb{Z}$, wobei $\mathbf{z} = \mathbf{x} - \mathbf{y}$ ist. Wenn also $B_\varepsilon(\mathbf{0}) = \{\mathbf{w} \in \mathbb{T}^2 : \mathsf{d}^{(2)}(\mathbf{w}, \mathbf{0}) < \varepsilon\}$ die ε-Umgebung von $\mathbf{0}$ in der Metrik $\mathsf{d}^{(2)}$ ist, so ist $\mathbf{0} \neq \mathbf{z} \in \bigcap_{n \in \mathbb{Z}} T_A^n(B_\varepsilon(\mathbf{0}))$. Für genügend kleines $\varepsilon > 0$ erhalten wir einen Widerspruch zu (1.4).

Umgekehrt ist T_A offensichtlich nicht expansiv, wenn es beliebig kleine Umgebungen U von $\mathbf{0}$ gibt, für die $\bigcap_{n \in \mathbb{Z}} T_A^n(U) \supsetneq \{\mathbf{0}\}$ ist. $\qquad \square$

Da für jede Matrix $A \in \mathrm{GL}(2, \mathbb{Z})$ das Produkt der Absolutbeträge der Eigenwerte von A gleich $|\det(A)| = 1$ ist, sind die Eigenwerte von A entweder beide vom Absolutbetrag 1, oder einer dieser Eigenwerte hat Absolutbetrag > 1 und der andere Absolutbetrag < 1. Im letzteren Fall hat die Matrix A zwei Eigenvektoren $\mathbf{v}_1, \mathbf{v}_2$ mit zugehörigen reellen Eigenwerten γ_1, γ_2, wobei $|\gamma_2| < 1 < |\gamma_1|$ ist. In dem durch diese Eigenvektoren definierten Koordinatensystem liegt jede Bahn $\{A^k \mathbf{v} : k \in \mathbb{Z}\}$ von A in $\mathbb{R}^2$ entweder auf einer Geraden (einem der beiden Eigenräume von A), einer Hyperbel, deren Achsen durch die beiden Eigenräume von A gebildet werden, oder auf der Vereinigung zweier Hyperbeln (falls $\gamma_1\gamma_2 = -1$ ist). Aus diesem Grund nennt man solche Matrizen $A \in \mathrm{GL}(2, \mathbb{Z})$ *hyperbolisch*.

1.1.2 Topologische Mischungseigenschaften und Rekurrenz

In diesem Abschnitt werden verschiedene Mischungseigenschaften topologischer dynamischer Systeme behandelt. Wir beginnen mit der schwächsten dieser Eigenschaften.

Definition 1.12 (Topologische Transitivität)
Ein topologisches dynamisches System (X, T) heißt *topologisch transitiv*, wenn es einen Punkt $x \in X$ gibt, dessen Bahn dicht in X liegt. Wenn (X, T) topologisch transitiv ist, so nennt man auch die Transformation T selbst topologisch transitiv.

Im folgenden Satz untersuchen wir eine topologisch transitive Transformation. Dazu beweisen wir ein Lemma, das einen Spezialfall des *Baireschen Kategoriensatzes* darstellt.

Lemma 1.13 In jedem kompakten metrisierbaren Raum X ist der Durchschnitt von abzählbar vielen offenen dichten Teilmengen von X wiederum dicht in X.

Beweis Für $n \geq 1$ sei G_n eine offene dichte Teilmenge von X, und wir definieren $G = \bigcap_{n=1}^{\infty} G_n$. Weiterhin sei U eine offene nichtleere Teilmenge von X. Da G_1 offen und dicht ist, finden wir eine abgeschlossene Teilmenge K_1 von $U \cap G_1$, die nichtleeres Inneres hat. Da G_2 offen und dicht ist, finden wir eine abgeschlossene Teilmenge K_2 von $K_1 \cap G_2$, die nichtleeres Inneres hat. Fährt man so fort, dann findet man abgeschlossene Mengen $K_1 \supset K_2 \supset K_3 \supset \ldots$ mit nichtleeren Inneren, sodass $K_n \subset G_n$ für $n \geq 1$ gilt. Da X kompakt ist, existiert ein Punkt $x \in \bigcap_{n=1}^{\infty} K_n$. Es folgt $x \in G$ und wegen $K_1 \subset U$ auch $x \in U$. Somit ist $G \cap U \neq \varnothing$ gezeigt. Da G jede nichtleere offene Teilmenge schneidet, ist G dicht in X. $\qquad\square$

▶ **Bemerkung 1.14** Ein abzählbarer Durchschnitt offener Mengen wird ein G_δ genannt. Lemma 1.13 besagt auch, dass der Durchschnitt von abzählbar vielen dichten G_δ-Mengen wiederum ein dichtes G_δ ist.

Satz 1.15   *Es sei (X, T) ein topologisches dynamisches System. Die folgenden Aussagen sind äquivalent.*

(1) T ist surjektiv und topologisch transitiv.

(2) Sind U und V nichtleere offene Teilmengen von X, so gibt es ein $n \geq 0$ mit $T^{-n}(U) \cap V \neq \emptyset$.

(3) Für jede abgeschlossene T-invariante Menge $E \subset X$ gilt entweder $E = X$, oder $X \smallsetminus E$ liegt dicht in X.

(4) Jede nichtleere offene Menge $G \subset X$ mit $T^{-1}(G) \subset G$ ist dicht in X.

(5) Die Menge der Punkte $x \in X$ mit $\omega(x) = X$ ist ein dichtes G_δ in X.

(6) Es existiert ein Punkt $x \in X$ mit $\omega(x) = X$.

Beweis Es gelte (1). Wir werden zeigen, dass (3) gilt. Laut Voraussetzung gibt es einen Punkt $x \in X$, dessen Bahn dicht liegt. Wir zeigen zunächst, dass für jedes $m \geq 0$ auch die Menge $\{T^n(x) : n \geq m\}$ dicht liegt. Dazu sei $y \in X$ beliebig gewählt. Da T surjektiv ist, gibt es ein $z \in X$ mit $T^m(z) = y$. Wir wählen eine Folge $(n_k)_{k \geq 1}$ in $\mathbb{N}$ mit $\lim_{k \to \infty} T^{n_k}(x) = z$. Dann gilt $\lim_{k \to \infty} T^{n_k + m}(x) = y$, womit gezeigt ist, dass $\{T^n(x) : n \geq m\}$ dicht liegt.

Sei nun E eine abgeschlossene T-invariante Menge. Wenn E keine nichtleere offene Menge enthält, so ist $X \smallsetminus E$ dicht in X. Wenn aber E eine nichtleere offene Menge U enthält, dann gilt $T^m(x) \in U \subset E$ für ein $m \geq 1$ und daher $T^n(x) \subset E$ für alle $n \geq m$. Da die Menge $\{T^n(x) : n \geq m\}$ dicht in X liegt, liegt auch E dicht in X und es folgt $E = X$, da E abgeschlossen ist. Damit ist (3) gezeigt.

Es gelte (3). Sei G eine nichtleere offene Teilmenge von X mit $T^{-1}(G) \subset G$ wie in (4). Dann ist die Menge $E = X \smallsetminus G$ abgeschlossen und es gilt $T^{-1} E \supset E$, d. h., E ist T-invariant. Da $E \neq X$ gilt, ist $G = X \smallsetminus E$ wegen (3) dicht in X. Damit ist (4) gezeigt.

Es gelte (4), und U sei eine nichtleere offene Teilmenge von X. Dann ist die Menge $G = \bigcup_{n \geq 0} T^{-n}(U)$ ebenfalls nichtleer und offen, und es gilt $T^{-1}(G) \subset G$. Wegen (4) ist G dicht in X und hat daher nichtleeren Durchschnitt mit jeder nichtleeren offenen Teilmenge V von X. Damit ist (2) gezeigt.

Es gelte (2). Sei $D = \{x \in X : \omega(x) = X\}$ und $\mathcal{U} = \{U_1, U_2, \ldots\}$ eine abzählbare Basis für die Topologie von X mit $U_i \neq \emptyset$ für alle $i \geq 1$. Dann liegt x in D genau dann, wenn für jedes $k \geq 1$ und jedes $m \geq 0$ ein $n \geq m$ existiert mit $T^n(x) \in U_k$. Somit gilt $D = \bigcap_{k \geq 1} \bigcap_{m \geq 0} \bigcup_{n \geq m} T^{-n}(U_k)$. Wendet man jetzt (2) auf die offene Menge $U = T^{-m}(U_k)$ an, so erhält man, dass $\bigcup_{n \geq m} T^{-n}(U_k)$ dicht in X liegt für jedes $k \geq 1$ und jedes $m \geq 0$. Da diese Mengen auch offen sind, ist D wegen Lemma 1.13 eine dichte G_δ-Menge in X. Damit ist (5) gezeigt.

Die Implikation (5) $\Rightarrow$ (6) ist offensichtlich.

Es gelte (6), das heißt, es gebe ein $x \in X$ mit $\omega(x) = X$. Dann liegt die Bahn von x dicht in X, sodass T topologisch transitiv ist. Um zu zeigen, dass T surjektiv ist, argumentieren wir indirekt und nehmen an, dass $T(X) \subsetneq X$ gilt. Dann ist die Menge $\mathcal{O} = X \smallsetminus T(X)$

offen und nichtleer und $T^n(X) \cap \mathcal{O} = \emptyset$ für jedes $n \geq 1$. Es kann daher kein $y \in \mathcal{O}$ ein Häufungspunkt der Folge $(T^n(x))_{n \geq 1}$ sein, was unserer Voraussetzung (6) widerspricht. Damit ist (1) gezeigt. $\square$

Wir definieren zwei weitere Mischungseigenschaften und zeigen, dass sie stärker sind als topologische Transitivität.

Definition 1.16 (Topologische Mischung)

Ein topologisches dynamisches System (X, T) heißt *topologisch mischend*, wenn für alle nichtleeren offenen Teilmengen U und V von X ein $m \geq 0$ existiert mit $U \cap T^{-n}(V) \neq \emptyset$ für alle $n \geq m$. Das topologische dynamische System heißt *topologisch exakt*, wenn für alle nichtleeren offenen Teilmengen U von X ein $m \geq 0$ existiert mit $T^m(U) = X$.

▶ **Bemerkung 1.17** Ein topologisches dynamisches System (X, T) ist genau dann topologisch mischend, wenn für alle nichtleeren offenen Teilmengen U und V von X ein $m \geq 0$ existiert mit $T^n(U) \cap V \neq \emptyset$ für alle $n \geq m$. Das folgt daraus, dass $T^n(U \cap T^{-n}(V)) = T^n(U) \cap V$ für alle $U, V \subset X$ und alle $n \geq 0$ gilt.

Satz 1.18 *Sei (X, T) ein topologisches dynamisches System. Ist (X, T) topologisch exakt, dann ist (X, T) auch topologisch mischend. Ist (X, T) topologisch mischend, dann ist (X, T) topologisch transitiv.*

Beweis Seien U und V nichtleere offene Teilmengen von X. Falls (X, T) topologisch exakt ist, existiert ein m mit $T^m(U) = X$. Insbesondere ist T surjektiv und wir erhalten $T^n(U) = X$ für alle $n \geq m$. Damit hat jedes $x \in X$ ein Urbild in U unter T^n. Insbesondere gilt dies für $x \in V$, sodass $U \cap T^{-n}(V) \neq \emptyset$ ist. Damit ist gezeigt, dass (X, T) topologisch mischend ist.

Für den Beweis der zweiten Aussage setzen wir voraus, dass (X, T) topologisch mischend ist. Wenn $V, G \subset X$ nichtleere offene Mengen mit $T^{-1}G \subset G$ sind, so gibt es laut Voraussetzung ein $n \geq 0$ mit $G \cap V \supset T^{-n}G \cap V \neq \emptyset$. Da dies für alle nichtleeren offenen Mengen $V \subset X$ gilt, ist G dicht in X. Die Implikation (4) $\Rightarrow$ (1) aus Satz 1.15 besagt nun, dass (X, T) topologisch transitiv ist. $\square$

Wenn T eine Isometrie eines kompakten metrischen Raumes (X, d) ist, der nicht nur aus einem einzigen Punkt besteht, so ist T natürlich nicht exakt, und es gilt folgender Satz.

Satz 1.19 *Es sei (X, T) ein topologisches dynamisches System. Wenn es eine T-invariante Metrik d auf X gibt, so ist (X, T) nicht topologisch mischend.*

Beweis Es sei d eine T-invariante Metrik auf X. Seien U und V nichtleere offene Teilmengen von X, für die $d(U,V) := \inf_{x \in U, y \in V} d(x,y) = \delta > 0$ gilt. Wenn W eine nichtleere offene Teilmenge von X mit Durchmesser $< \delta$ ist, so ist der Durchmesser von $T^n(W)$ ebenfalls $< \delta$ für alle $n \geq 0$, und daher kann $T^n(W)$ immer nur höchstens *eine* der beiden Mengen U und V schneiden. Wegen Bemerkung 1.17 ist (X,T) nicht topologisch mischend. □

Beispiel 1.20

Sei R_α die in Beispiel 1.2 beschriebene Rotation auf dem eindimensionalen Torus $\mathbb{T}$. Da die Metrik d in (1.1) invariant unter R_α ist, zeigt Satz 1.19, dass das topologische dynamische System $(\mathbb{T}, R_\alpha)$ nicht topologisch mischend ist. Für irrationales α haben wir in Beispiel 1.2 gezeigt, dass jede Bahn dicht liegt. In diesem Fall ist das dynamische System $(\mathbb{T}, R_\alpha)$ topologisch transitiv.

Topologische Transitivität bedeutet die Existenz *einer* dichten Bahn. In Beispiel 1.2 haben wir aber gesehen, dass es auch Transformationen gibt, bei denen *jede* Bahn dicht ist.

Definition 1.21 (Minimalität)

Ein topologisches dynamisches System (X,T) heißt *minimal*, wenn *jeder* Punkt $x \in X$ dichte Bahn hat. Wenn (X,T) minimal ist, so nennt man auch die Transformation T minimal.

Jedes minimale System (X,T) ist offensichtlich topologisch transitiv.

Satz 1.22 *Es sei (X,T) ein topologisches dynamisches System. Dann sind die folgenden Aussagen äquivalent.*

(1) (X,T) ist minimal.
(2) Die einzigen abgeschlossenen T-invarianten Teilmengen von X sind $\emptyset$ und X.
(3) Für jede nichtleere offene Menge $U \subset X$ gilt $\bigcup_{n \geq 0} T^{-n}(U) = X$.
(4) Für jedes $x \in X$ gilt $\omega(x) = X$.

Beweis Es gelte (1). Wenn A eine nichtleere abgeschlossene T-invariante Teilmenge von X ist, so gibt es ein $x \in A$, dessen Bahn $\mathcal{O}_T(x)$ wegen (1) dicht in X liegt. Da A invariant unter T ist, gilt $\mathcal{O}_T(x) \subset A$, und da A abgeschlossen ist, folgt $A = X$. Damit ist (2) gezeigt.

Es gelte (2). Sei $U \subset X$ offen und nichtleer. Dann ist $V = \bigcup_{n \geq 0} T^{-n}(U)$ eine nichtleere offene Teilmenge von X mit $T^{-1}(V) \subset V$, deren Komplement $A = X \setminus V$ eine abgeschlossene T-invariante echte Teilmenge von X ist. Wegen (2) folgt $A = \emptyset$ und daher $\bigcup_{n \geq 0} T^{-n}(U) = X$. Damit ist (3) gezeigt.

Es gelte (3). Wir nehmen an, dass es ein $x \in X$ mit $Y = \omega(x) \subsetneq X$ gibt. Wegen Satz 1.5 ist Y nichtleer und abgeschlossen, und es gilt $T(Y) \subset Y$. Die Menge $U = X \setminus Y \subsetneq X$ ist dann nichtleer und offen, und es gilt $T^{-1}(U) \subset U$. Daraus folgt $\bigcup_{n \geq 0} T^{-n}(U) = U \subsetneq X$ im Widerspruch zu (3). Damit ist (4) gezeigt.

Es gelte (4). Für alle $x \in X$ ist $\omega(x) = X$. Da $\omega(x)$ im Abschluss der Bahn von x enthalten ist, liegt auch die Bahn von x dicht in X. Das beweist (1). $\square$

Sei α irrational. Für die Rotation R_α auf dem eindimensionalen Torus $\mathbb{T}$ wurde die Eigenschaft (4) aus obigem Satz in Beispiel 1.2 gezeigt. Somit ist das System $(\mathbb{T}, R_\alpha)$ minimal. Wir werden weitere Beispiele minimaler dynamischer Systeme in Beispiel 27 und in Kap. 2 sehen.

Definition 1.23 (Minimale Teilmengen)

Es sei (X, T) ein topologisches dynamisches System. Eine nichtleere, abgeschlossene, T-invariante Teilmenge $Y \subset X$ heißt *minimal* (oder *T-minimal*), wenn $(Y, T|_Y)$ minimal ist.

Satz 1.24 (Existenz minimaler Teilmengen) *Jedes topologische dynamische System (X, T) hat eine minimale Teilmenge.*

Beweis Es sei $\mathcal{E}$ die Menge aller abgeschlossenen, nichtleeren, T-invarianten Teilmengen von X. Wegen $X \in \mathcal{E}$ ist $\mathcal{E}$ nichtleer. Weiterhin ist $\mathcal{E}$ partiell geordnet bezüglich der Inklusion, und jede bezüglich der Inklusion totalgeordnete Teilmenge $\mathcal{F} \subset \mathcal{E}$ hat eine untere Schranke: den Durchschnitt aller Mengen in $\mathcal{F}$, der ebenfalls abgeschlossen, T-invariant und wegen Kompaktheit nichtleer ist.

Zorns Lemma besagt, dass $\mathcal{E}$ minimale Elemente enthält (siehe [22, Satz 10.2]). Wenn nun $Y \subset X$ ein minimales Element von $\mathcal{E}$ und $x \in Y$ ist, so ist der Abschluss $\overline{\mathcal{O}_T^+(x)}$ eine abgeschlossene invariante Teilmenge von Y (das ja T-invariant ist). Da Y ein minimales Element von $\mathcal{E}$ ist, ist also $\overline{\mathcal{O}_T^+(x)} = Y$. Da $x \in Y$ beliebig war, ist Y minimal. $\square$

Wenn ein topologisches dynamisches System (X, T) nicht minimal ist, kann es mehrere minimale Teilmengen enthalten, wobei je zwei verschiedene minimale Teilmengen offensichtlich disjunkt sein müssen. Die Vereinigung aller minimaler Teilmengen von X muss nicht mit X übereinstimmen, wie die Aufgaben 16–18 zeigen.

Satz 1.25 *Wenn (X, T) ein invertierbares topologisches dynamisches System ist, so enthält $\Omega(T)$ jede minimale Teilmenge von X.*

Beweis Es sei $Y \subset X$ eine T-minimale Teilmenge von X. Für $y \in Y$ gilt $\omega(y) = Y$ wegen der Minimalität von Y und Satz 1.5. Wegen Satz 1.8 ist also $Y \subset \Omega(T)$. $\square$

Satz 1.26 *Wenn (X, T) ein minimales topologisches dynamisches System ist, so ist jedes $x \in X$ rekurrent.*

Beweis Wenn (X, T) minimal ist, dann gilt $\omega(x) = X$ und somit $x \in \omega(x)$ für alle $x \in X$.
□

Der nächste Satz folgt aus den Sätzen 1.24 und 1.26.

Satz 1.27 (Existenz rekurrenter Punkte) *Jedes topologische dynamische System (X, T) hat zumindest einen rekurrenten Punkt.*

1.2   Symbolische Dynamik

Seien A eine endliche, mit der diskreten Topologie versehene Menge, das sogenannte *Alphabet*, und N die Anzahl der Elemente von A. Die Elemente von A nennen wir Symbole oder manchmal auch Ziffern. Der Shiftraum mit Alphabet A, auch kurz A-Shift genannt, ist die Menge

$$A^{\mathbb{N}_0} = \{\mathbf{x} = (x_m)_{m \geq 0} : x_m \in A \text{ für } m \geq 0\},$$

wobei $\mathbb{N}_0 = \{0, 1, 2, \dots\}$ die Menge der nichtnegativen ganzen Zahlen ist.

Für $\mathbf{x} = (x_m)_{m \geq 0}$ und $\mathbf{y} = (y_m)_{m \geq 0}$ in $A^{\mathbb{N}_0}$ setzen wir

$$m^+(\mathbf{x}, \mathbf{y}) = \begin{cases} \min\{m \geq 0 : x_m \neq y_m\}, & \text{wenn } \mathbf{x} \neq \mathbf{y} \text{ ist,} \\ \infty, & \text{wenn } \mathbf{x} = \mathbf{y} \text{ ist,} \end{cases} \tag{1.5}$$

und

$$d_+(\mathbf{x}, \mathbf{y}) = 2^{-m^+(\mathbf{x}, \mathbf{y})}, \tag{1.6}$$

wobei $2^{-\infty} := 0$ ist. Man sieht leicht, dass die so definierte Abbildung $d_+ \colon A^{\mathbb{N}_0} \times A^{\mathbb{N}_0} \longrightarrow \mathbb{R}_+ = \{t \in \mathbb{R} : t \geq 0\}$ eine Metrik ist.

Lemma 1.28 Der metrische Raum $(A^{\mathbb{N}_0}, d_+)$ ist folgenkompakt (und daher auch kompakt).

Beweis Es sei $\left(\mathbf{x}^{(n)} = (x_m^{(n)})_{m \geq 0}\right)_{n \geq 1}$ eine Folge in $A^{\mathbb{N}_0}$. Dann existiert ein $a_0 \in A$ und eine Teilfolge $\mathbf{n}^{(0)} = (n_k^{(0)})_{k \geq 0}$ der natürlichen Zahlen, sodass $x_0^{(n_k^{(0)})} = a_0$ für jedes $k \geq 0$ ist.

Als Nächstes wählen wir $a_1 \in A$ und eine weitere Teilfolge $\mathbf{n}^{(1)} = (n_k^{(1)})_{k\geq 0}$ der Folge $\mathbf{n}^{(0)}$, entlang derer $x_1^{(n_k^{(1)})} = a_1$ (und natürlich immer noch $x_0^{(n_k^{(1)})} = a_0$) ist. Mittels Induktion finden wir auf diese Weise eine Folge $(a_m)_{m\geq 0}$ in A und sukzessiv abnehmende Teilfolgen $\mathbf{n}^{(m)}$ von $\mathbb{N}$ sodass, für jedes $m, k \geq 0$ und $j = 0, \ldots, m$, $x_j^{(n_k^{(m)})} = a_j$ gilt.

Ein Blick auf die in (1.6) definierte Metrik d_+ zeigt, dass die diagonale Teilfolge $(\mathbf{x}^{(n_m^{(m)})})_{m\geq 0}$ gegen den Punkt $\mathbf{a} = (a_k)_{k\geq 0} \in A^{\mathbb{N}_0}$ konvergiert. $\qquad\square$

Die Shifttransformation $\sigma : A^{\mathbb{N}_0} \longrightarrow A^{\mathbb{N}_0}$ wird für jedes $\mathbf{x} = (x_n)_{n\geq 0}$ durch

$$\sigma(\mathbf{x})_n = x_{n+1}, \quad n \geq 0, \tag{1.7}$$

definiert. Die Transformation σ ist surjektiv und $|A|$-zu-1 (wobei $|A|$ die Kardinalität von A bezeichnet), denn jeder Punkt $\mathbf{x} = (x_n)_{n\geq 0} \in A^{\mathbb{N}_0}$ hat unter σ die Urbilder $(a, x_0, x_1, x_2, \ldots)$, $a \in A$. Weiterhin gilt dass $d_+(\sigma(\mathbf{x}), \sigma(\mathbf{y})) \leq 2d_+(\mathbf{x}, \mathbf{y})$ ist. Somit ist σ stetig und $(A^{\mathbb{N}_0}, \sigma)$ ist ein topologisches dynamisches System.

Die Topologie des Shiftraums $A^{\mathbb{N}_0}$ kann man auch mit Hilfe der *Zylindermengen* beschreiben. Eine endliche Folge $x_0 x_1 \ldots x_n$ von Symbolen aus der Menge A nennen wir ein *Wort* im Alphabet A. Für ein Wort $x_0 x_1 \ldots x_n$ und $m \geq 0$ definieren wir die *Zylindermenge*

$$_m[x_0 x_1 \ldots x_n] = \{\mathbf{y} = (y_n)_{n\geq 0} \in A^{\mathbb{N}_0} : y_{k+m} = x_k \text{ für } k = 0, \ldots, n\}. \tag{1.8}$$

Für $m \geq 0$ gilt $(\sigma)^{-m}(_0[x_0 x_1 \ldots x_n]) = {}_m[x_0 x_1 \ldots x_n]$. Zylindermengen sind offen und abgeschlossen (Aufgabe 1.29 (1)). Ist $\mathbf{x} = (x_n)_{n\geq 0} \in A^{\mathbb{N}_0}$ und d_+ die Metrik in (1.6), dann gilt $_0[x_0 x_1 \ldots x_n] = \{\mathbf{y} \in A^{\mathbb{N}_0} : d(\mathbf{y}, \mathbf{x}) < 2^{-n}\} = \{\mathbf{y} \in A^{\mathbb{N}_0} : d(\mathbf{y}, \mathbf{x}) \leq 2^{-n-1}\}$ für $n \geq 0$.

Aufgaben 1.29

(1) Beweisen Sie, dass jede Zylindermenge $C \subset A^{\mathbb{N}_0}$ in der durch die Metrik d_+ definierten Topologie offen und abgeschlossen ist.
(2) Beweisen Sie, dass die Menge der Zylindermengen ein Semiring[1] ist, und dass die Zylindermengen eine Basis der durch d_+ definierten Topologie bilden.
(3) Es sei $\mathcal{A}_+$ die Menge aller zugleich offenen und abgeschlossenen Teilmengen von $A^{\mathbb{N}_0}$. Zeigen Sie, dass $\mathcal{A}^+$ eine Mengenalgebra[2] ist und dass jedes $A \in \mathcal{A}_+$ eine endliche Vereinigung paarweise disjunkter Zylindermengen ist.

Analog zum „einseitigen" Shiftraum $A^{\mathbb{N}_0}$ kann man auch den *zweiseitigen* Shiftraum

$$A^{\mathbb{Z}} = \{(x_m)_{m\in\mathbb{Z}} : x_m \in A \text{ für } m \in \mathbb{Z}\}$$

---

[1] Eine nichtleere Menge $\mathcal{F} \subset \mathcal{P}(X)$ ist ein *Semiring*, falls $\mathcal{F}$ abgeschlossen unter endlicher Schnittbildung ist, für $A, B \in \mathcal{F}$ das relative Komplement $A \setminus B$ eine endliche Vereinigung disjunkter Elemente von $\mathcal{F}$ ist und es eine Folge (A_n) in $\mathcal{F}$ mit $X = \bigcup_{n-1}^{\infty} A_n$ gibt.
[2] Eine nichtleere Teilmenge $\mathcal{F} \subset \mathcal{P}(X)$ ist eine *Mengenalgebra*, falls $\mathcal{F}$ unter Komplement- und endlicher Schnittbildung abgeschlossen ist.

definieren. Wir definieren eine Metrik d auf $\mathsf{A}^{\mathbb{Z}}$ durch

$$m(\mathbf{x},\mathbf{y}) = \begin{cases} \min\{|m| : m \in \mathbb{Z} \text{ und } x_m \neq y_m\}, & \text{wenn } \mathbf{x} \neq \mathbf{y} \text{ ist,} \\ \infty, & \text{wenn } \mathbf{x} = \mathbf{y} \text{ ist,} \end{cases} \tag{1.9}$$

und

$$d(\mathbf{x},\mathbf{y}) = 2^{-m(\mathbf{x},\mathbf{y})}, \tag{1.10}$$

wobei wiederum $2^{-\infty} := 0$ ist. Ebenso wie $(\mathsf{A}^{\mathbb{N}_0}, d_+)$ ist auch der zweiseitige Shiftraum $(\mathsf{A}^{\mathbb{Z}}, d)$ kompakt (Aufgabe 20).

Die (zweiseitige) Shifttransformation $\sigma : \mathsf{A}^{\mathbb{Z}} \longrightarrow \mathsf{A}^{\mathbb{Z}}$ wird für jedes $\mathbf{x} = (x_n)_{n \in \mathbb{Z}}$ durch

$$\sigma(\mathbf{x})_n = x_{n+1}, \quad n \in \mathbb{Z}, \tag{1.11}$$

definiert.[3] Wenn d die Metrik (1.10) auf $\mathsf{A}^{\mathbb{Z}}$ ist, so gilt $d(\sigma(\mathbf{x}), \sigma(\mathbf{y})) \leq 2d(\mathbf{x},\mathbf{y})$. Somit ist σ stetig, und offensichtlich ist σ auch bijektiv. Das topologische dynamische System $(\mathsf{A}^{\mathbb{Z}}, \sigma)$ ist also invertierbar.

Ähnlich wie im einseitigen Shiftraum $\mathsf{A}^{\mathbb{N}_0}$ definieren wir für jedes Wort $x_0 x_1 \ldots x_n$ und $m \in \mathbb{Z}$ eine *Zylindermenge*

$$_m[x_0 x_1 \ldots x_n] = \{\mathbf{y} = (y_m)_{m \in \mathbb{Z}} \in \mathsf{A}^{\mathbb{Z}} : y_{k+m} = x_k \text{ für } k = 0, \ldots, n\} \tag{1.12}$$

in $\mathsf{A}^{\mathbb{Z}}$. Ist $\mathbf{x} = (x_n)_{n \in \mathbb{Z}} \in \mathsf{A}^{\mathbb{Z}}$ und d die Metrik in (1.10), dann gilt $_{-n}[x_0 x_1 \ldots x_{2n}] = \{\mathbf{y} \in \mathsf{A}^{\mathbb{Z}} : d(\mathbf{y},\mathbf{x}) < 2^{-n}\} = \{\mathbf{y} \in \mathsf{A}^{\mathbb{Z}} : d(\mathbf{y},\mathbf{x}) \leq 2^{-n-1}\}$ für $n \geq 0$.

Wenn A ein endliches Alphabet ist, so nennt man eine nichtleere abgeschlossene shiftinvariante Teilmenge $X \subset \mathsf{A}^{\mathbb{N}}$ oder $X \subset \mathsf{A}^{\mathbb{Z}}$ einen *Teilshift* (wobei man im letzten Fall *strikte σ-Invarianz* voraussetzt). Eine wichtige Klasse von Teilshifts sind die *topologischen Markovshifts*.[4]

Definition 1.30 (Topologische Markovshifts)

Es sei $N \geq 2$. Für jede nicht nilpotente[5] $\mathsf{A} \times \mathsf{A}$-Matrix $\mathsf{M} = (\mathsf{M}_{a,a'})_{a,a' \in \mathsf{A}}$ mit Koeffizienten 0 und 1 betrachten wir den *einseitigen* bzw. *zweiseitigen Markovshift*

$$\Sigma_{\mathsf{M}}^+ = \{\mathbf{x} = (x_n)_{n \geq 0} \in \mathsf{A}^{\mathbb{N}_0} : \mathsf{M}_{x_n, x_{n+1}} = 1 \text{ für alle } n \geq 0\},$$

$$\Sigma_{\mathsf{M}} = \{\mathbf{x} = (x_n)_{n \in \mathbb{Z}} \in \mathsf{A}^{\mathbb{Z}} : \mathsf{M}_{x_k, x_{k+1}} = 1 \text{ für alle } k \in \mathbb{Z}\}$$

---

[3] Wir verwenden das Symbol σ sowohl für den einseitigen Shift (1.7) als auch für den zweiseitigen Shift (1.11). Da diese Transformationen auf verschiedenen Räumen definiert sind, besteht keine Gefahr einer Verwechslung.

[4] Andrey Andreyevich Markov (1856–1922) war ein russischer Mathematiker, der auf dem Gebiet der stochastischen Prozesse arbeitete. Er begründete die Theorie der (später nach ihm benannten) Markovketten und Markovprozesse.

[5] Die Matrix M ist *nilpotent*, wenn es ein $k \geq 1$ mit $\mathsf{M}^k = 0$ gibt.

mit Übergangsmatrix M. Es ist leicht zu sehen, dass Σ_M^+ und Σ_M Teilshifts von $A^{\mathbb{N}_0}$ bzw. $A^{\mathbb{Z}}$ sind (die strikte σ-Invarianz von Σ_M gilt automatisch).

Da die spezielle Form des Alphabets A keine wesentliche Rolle spielt, nehmen wir im Folgenden der Einfachheit halber $A = \{0, \ldots, N-1\}$ an und setzen

$$\Sigma_N^+ = \{0, \ldots, N-1\}^{\mathbb{N}_0}, \qquad \Sigma_N = \{0, \ldots, N-1\}^{\mathbb{Z}}. \tag{1.13}$$

Definition 1.31

Eine $N \times N$-Matrix $M = (M_{i,j})_{i,j=0,\ldots,N-1}$ mit Koeffizienten in $\mathbb{R}_+$ ist *irreduzibel* wenn es zu jedem i, j mit $0 \le i, j < N$ ein $k \ge 1$ gibt, sodass der Koeffizient $M_{i,j}^k$ der k-ten Potenz von M positiv ist. Die Matrix M ist *aperiodisch* (und damit automatisch irreduzibel), wenn es ein $k \ge 1$ gibt, für das *alle* Koeffizienten von M^k positiv sind.

Satz 1.32 *Sei* M *eine* $N \times N$-*Matrix mit Koeffizienten 0 und 1. Ist* M *irreduzibel, dann ist das topologische dynamische System* (Σ_M^+, σ) *topologisch transitiv und die periodischen Punkte liegen dicht. Ist* M *aperiodisch, so ist* (Σ_M^+, σ) *topologisch exakt und daher topologisch mischend.*

Beweis Die Matrix M sei zunächst irreduzibel. Wir nennen ein Wort $x_0 x_1 \ldots x_n$ im Alphabet $A = \{0, \ldots, N-1\}$ *erlaubt*, wenn $M_{x_k x_{k+1}} = 1$ für $0 \le k < n$ gilt. Für alle i, j mit $0 \le i, j < N$ existiert ein erlaubtes Wort, das mit i beginnt und mit j endet, da M irreduzibel ist. Sind U und V offene Mengen in Σ_M^+, dann existieren erlaubte Wörter $u_0 u_1 \ldots u_m$ und $v_0 v_1 \ldots v_n$ mit $_0[u_0 u_1 \ldots u_m] \subset U$ und $_0[v_0 v_1 \ldots v_n] \subset V$. Es existiert des Weiteren ein erlaubtes Wort $y_0 y_1 \ldots y_k$ mit $y_0 = u_m$ und $y_k = v_0$ und ein $\mathbf{y} \in \Sigma_M^+$, das mit $u_0 u_1 \ldots u_m y_1 y_2 \ldots y_{k-1} v_0 v_1 \ldots v_n$ beginnt. Es folgt $\mathbf{y} \in U$ und $\sigma^{m+k}(\mathbf{y}) \in V$, sodass $U \cap \sigma^{-(m+k)}(V) \neq \varnothing$ gezeigt ist. Wegen Satz 1.15 ist (Σ_M^+, σ) topologisch transitiv.

Um zu zeigen, dass die periodischen Punkte dicht liegen, betrachten wir ein erlaubtes Wort $x_0 x_1 \ldots x_n$. Dann gibt es ein erlaubtes Wort $y_0 y_1 \ldots y_k$ mit $y_0 = x_n$ und $y_k = x_0$. Somit ist $x_0, x_1, \ldots, x_n, y_1, \ldots, y_{k-1}, x_0, \ldots, x_n, y_1, \ldots, y_{k-1}, x_0, \ldots$ ein periodischer Punkt in Σ_M^+, der in der Zylindermenge $_0[x_0 x_1 \ldots x_n]$ liegt. Da diese Zylindermengen eine Basis für die Topologie von Σ_M^+ bilden, liegen die periodischen Punkte dicht in Σ_M^+.

Schließlich zeigen wir, dass das topologische dynamische System (Σ_M^+, σ) exakt ist, wenn M^n für ein $n \ge 1$ nur positive Koeffizienten hat. Sei U eine nichtleere offene Menge in Σ_M^+ und $_0[u_0 u_1 \ldots u_m] \subset U$. Für jedes $i \in A$ existiert ein erlaubtes Wort der Länge n, das mit u_m beginnt und mit i endet. Für ein beliebiges $y \in \Sigma_M^+$ mit $y_0 = i$ gibt es also ein $z \in \Sigma_M^+$ mit $z_0 \ldots z_m = u_0 \ldots u_m$ und $\sigma^{m+n}(z) = y$. Daraus folgt $\sigma^{m+n}(U) \supset \sigma^{m+n}(_0[u_0 u_1 \ldots u_m]) = \Sigma_M^+$. Das zeigt, dass (Σ_M^+, σ) topologisch exakt und somit wegen Satz 1.18 auch topologisch mischend ist. $\qquad\square$

Man kann Markovshifts auch mittels endlicher gerichteter Graphen definieren. Wir beschränken uns hier auf die Beschreibung zweiseitiger Markovshifts.

Betrachten wir einen Graphen Γ mit endlich vielen Knoten, die wir mit den Symbolen $0, 1, \ldots, N-1$ bezeichnen, und gerichteten Kanten, die wir durch Pfeile repräsentieren und die mögliche Übergänge zwischen Knoten beschreiben. Jeder zweiseitig unendliche Weg durch diesen Graphen kann durch die Folge der Knoten beschrieben werden, die der Weg nacheinander durchläuft. Die Menge der möglichen zweiseitig unendlichen Wege durch Γ definiert damit einen zweiseitigen Markovshift $\Sigma_{\mathsf{M}_\Gamma}$, wobei $\mathsf{M}_\Gamma = (\mathsf{M}_{i,j})_{i,j=0,\ldots,N-1}$ durch

$$\mathsf{M}_{i,j} = \begin{cases} 1, & \text{wenn es in } \Gamma \text{ eine Kante } i \to j \text{ gibt,} \\ 0, & \text{wenn es keine solche Kante gibt,} \end{cases} \tag{1.14}$$

definiert ist. Umgekehrt definiert jede $N \times N$-Matrix M mit Koeffizienten 0 und 1 einen Graphen Γ mit den Knoten $0, \ldots, N-1$ und den die Bedingungen (1.14) definierten Kanten.

Beispiel 1.33
Der durch

gegebene Graph Γ hat die Knoten $0, 1$ und mögliche Übergänge $0 \to 0$, $0 \to 1$ und $1 \to 0$. Die Menge der zweiseitig unendlichen Wege durch diesen Graphen ergibt den Markovshift Σ_M mit $\mathsf{M} = \left(\begin{smallmatrix} 1 & 1 \\ 1 & 0 \end{smallmatrix}\right)$.

▶ **Bemerkung 1.34 (Markovshifts und Datenaufzeichnung)** Topologische Markovshifts spielen eine wichtige Rolle bei der Speicherung von Daten in verschiedenen Medien (z. B. magnetisch auf Festplatten oder optisch auf CDs oder DVDs). Die ursprünglichen Daten liegen dabei typischerweise als Folgen in den Symbolen „0" und „1" vor (also als Elemente der Shifträume Σ_2 oder Σ_2^+, wobei wir uns der Einfachheit halber auf den zweiseitigen Shiftraum Σ_2 konzentrieren).

Bei der Aufzeichnung einer „Datenfolge" $x \in \Sigma_2$ in einem Speichermedium mit vorgegebenen physikalischen Eigenschaften kann es aber zu Einschränkungen bei der möglichen Form dieser Folge kommen, um z. B. Interferenz zwischen benachbarten Symbolen (also zwischen benachbarten Koordinaten des Punktes $x \in \Sigma_2$) zu vermeiden oder zumindest korrigierbar zu machen. Typische Einschränkungen, die in der Datenaufzeichnung verwendet werden, können von der Form sein: *„Zwischen zwei Symbolen ‚1' können höchstens k aufeinanderfolgende Symbole ‚0' liegen"* (in Aufgabe 1.39 werden wir derartige Shifträume betrachten). Durch diese Einschränkung soll vermieden werden, dass das Gerät, mit dem die aufgezeichneten Daten gelesen werden sollen, sich bei der Anzahl der aufeinanderfolgenden „0"-en „verzählt": Wenn „0" als „kein Signal" und „1" als „Signal" codiert ist, so läuft im Lesegerät eine Uhr mit, die misst, wie lange (d. h. wie oft) „kein Signal" gelesen wird; wenn es zu lange „kein Signal" gibt, so kann die begrenzte Genauigkeit dieser Uhr zu Fehlern bei der Anzahl der gelesenen aufeinanderfolgenden „0"-en führen.

Angesichts dieser Restriktionen besteht die Notwendigkeit, Datenfolgen zwischen verschiedenen Formaten zu „übersetzen", also etwa beliebige Folgen $x \in \Sigma_2$ in „speichermediengerechte" Folgen in einem anderen Alphabet umzuwandeln. Bei der Präzisierung dieses Übersetzungsvorganges spielt die folgende Definition aus der topologischen Dynamik eine wichtige Rolle.

Definition 1.35 (Faktoren und Isomorphismen)

Seien (X, T) und (X', T') topologische dynamische Systeme. Eine surjektive stetige Abbildung $\phi : X \longrightarrow X'$, die die Bedingung $\phi \circ T = T' \circ \phi$ erfüllt, heißt *Faktorabbildung*. Das System (X', T') nennt man dann einen (*topologischen*) *Faktor* des dynamischen Systems (X, T). Ist zusätzlich ϕ invertierbar, dann ist ϕ ein *topologischer Isomorphismus* der dynamischen Systeme (X, T) und (X', T'). Wenn es einen solchen topologischen Isomorphismus zwischen (X, T) und (X', T') gibt, so nennt man die Systeme (*topologisch*) *isomorph*.

Im Falle von Teilshifts $X \subset A^{\mathbb{Z}}$, $Y \subset B^{\mathbb{Z}}$ (mit endlichen Alphabeten A und B) nennen wir die Shifträume X und Y isomorph, wenn die dynamischen Systeme (X, σ) und (Y, σ') topologisch isomorph sind (wobei σ' der Shift auf $B^{\mathbb{Z}}$ ist). Die von einer Faktorabbildung oder einem Isomorphismus $\phi \colon X \longrightarrow Y$ erfüllte Gleichung $\phi \circ \sigma = \sigma' \circ \phi$ wird üblicherweise als *Shift-Äquivarianz* bezeichnet.

Aufgaben 1.36 (Höhere Blockdarstellungen von Teilshifts)

Es sei A ein endliches Alphabet und $X \subset A^{\mathbb{Z}}$ ein Teilshift. Für jedes $k \geq 1$ bezeichnen wir mit

$$A^{(k)} = \{\mathbf{a} = x_0 \ldots x_{k-1} : x = (x_n)_{n \in \mathbb{Z}} \in X\} \subset A^k \tag{1.15}$$

die Menge aller in X vorkommenden Wörter der Länge k.

Für jedes $k \geq 2$ definieren eine $A^{(k)} \times A^{(k)}$-Matrix $M^{(k)}$ mit Koeffizienten 0 und 1, indem wir $M^{(k)}_{\mathbf{a}, \mathbf{a}'} = 1$ genau dann setzen, wenn $\mathbf{a} = a_0 \ldots a_{k-1}, \mathbf{a}' = a'_0 \ldots a'_{k-1} \in A^{(k)}$ und $a'_i = a_{i+1}$ für $i = 0, \ldots, k-2$ ist. Schließlich setzen wir noch der Vollständigkeit halber $M^{(1)}_{\mathbf{a}, \mathbf{a}'} = 1$ für alle $a, a' \in A^{(1)}$. Mit $\Sigma_{M^{(k)}} \subset (A^{(k)})^{\mathbb{Z}}$ bezeichnen wir, wie üblich, den durch $M^{(k)}$ definierten topologischen Markovshift.

Wenn $l \in \{0, \ldots, k-1\}$ ist, so induziert die Abbildung $\phi^{(k)}_l \colon A^{(k)} \longrightarrow A$, die für jedes $\mathbf{a} = a_0 \ldots a_{k-1} \in A^{(k)}$ durch $\phi^{(k)}_l(\mathbf{a}) = a_l$ gegeben ist, eine Abbildung $\Phi^{(k)}_l \colon \Sigma_{M^{(k)}} \longrightarrow A^{\mathbb{Z}}$ mit $\Phi^{(k)}_l(x)_n = \phi^{(k)}_l(\mathbf{a}_n)$ für jedes $x = (\mathbf{a}_n)_{n \in \mathbb{Z}} \in \Sigma_{M^{(k)}}$.

(1) Zeigen Sie, dass $X^{(k)} := \Phi^{(k)}_l(\Sigma_{M^{(k)}})$ ein Teilshift von $A^{\mathbb{Z}}$ ist, der nicht von der Wahl von $l \in \{0, \ldots, k-1\}$ abhängt. Zeigen Sie weiterhin, dass $X^{(k)} \supset X^{(k+1)} \supset X$ für alle $k \geq 1$ gilt und dass $X = \bigcap_{k \geq 1} X^{(k)}$ ist.

(2) Zeigen Sie, dass die Abbildung $\Phi^{(k)}_l \colon \Sigma_{M^{(k)}} \longrightarrow X^{(k)}$ für jedes $k \geq 1$ ein Isomorphismus von $\Sigma_{M^{(k)}}$ und $X^{(k)}$ ist.

(3) Zeigen Sie, dass $X^{(2)} = X$ (und daher $X = X^{(k)}$ für alle $k \geq 2$) genau dann gilt, wenn X ein topologischer Markovshift (d. h. von der Form $X = \Sigma_M$ für eine $A \times A$-Matrix M mit Koeffizienten 0 und 1) ist. In diesem Fall nennt man den Markovshift $\Sigma_{M^{(k)}} \subset (A^{(k)})^{\mathbb{Z}}$ die *k-Block-Darstellung* des *Markovshifts* $\Sigma_M \subset A^{\mathbb{Z}}$.

Definition 1.37 (Mehrstufige Markovhifts)

Für $k \geq 2$ nennt man einen Teilshift $X \subset A^{\mathbb{Z}}$ einen $(k-1)$-*stufigen Markovshift*, wenn $X = X^{(k)}$ im Sinne von Aufgabe 1.36 (1) ist. In dieser Terminologie sind die topologischen Markovshifts aus Definition 1.30 *einstufige* Markovshifts.

Aufgabe 1.36 (1) besagt, dass jeder Teilshift $X \subset A^{\mathbb{Z}}$ der Durchschnitt einer abnehmenden (genauer: nicht zunehmenden) Folge mehrstufiger Markovshifts ist.

Aufgaben 1.38 (Faktorabbildungen und Isomorphismen)

(1) Es seien $A = \{0,1\}$ und $M = \left(\begin{smallmatrix} 1 & 1 \\ 1 & 1 \end{smallmatrix}\right)$. Dann ist $\Sigma_M = \Sigma_2$. Beweisen Sie, dass sich der Markovshift $\Sigma_{M^{(2)}}$ in den Aufgaben 1.36 durch den Graphen Γ

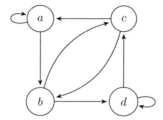

mit zugehöriger Matrix M_Γ beschreiben lässt (vgl. Bedingung (1.14)).

(2) Es sei Γ der folgende Graph, bei dem wir die Kanten $0 \to 1$, $1 \to 2$ und $2 \to 0$ mit einer Farbe a (z. B. Rot) und die übrigen Kanten mit der Farbe b (z. B. Schwarz) eingefärbt haben:

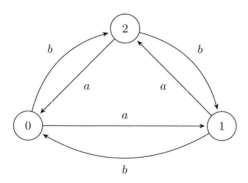

Wir ordnen jedem zweiseitig unendlichen Weg x durch den Graphen Γ die Folge $\phi(x)$ der Farben der durchlaufenen Kanten zu. Um das zu präzisieren, bezeichnen wir die durch Bedingung (1.14) definierte Matrix mit M_Γ und betrachten ein Element $x = (x_n) \in \Sigma_{M_\Gamma}$. Dann liegt, für jedes $k \in \mathbb{Z}$, (x_k, x_{k+1}) in der Menge $\{(0,1),(1,2),(2,0),(1,0),(2,1),(0,2)\}$ und wir setzen

$$\phi(x)_k = \begin{cases} a & \text{für } (x_k, x_{k+1}) \in \{(0,1),(1,2),(2,0)\}, \\ b & \text{für } (x_k, x_{k+1}) \in \{(0,2),(1,0),(2,1)\}. \end{cases}$$

Zeigen Sie, dass die so definierte Abbildung $\phi \colon \Sigma_{M_\Gamma} \longrightarrow \{a,b\}^{\mathbb{Z}}$ eine Faktorabbildung ist, bei der jedes Element $y \in \{a,b\}^{\mathbb{Z}}$ genau drei Urbilder unter ϕ hat.

(3) Diesmal färben wir den Graphen Γ etwas anders als in der obigen Aufgabe (2), indem wir die Farben der Kanten $0 \to 1$ und $0 \to 2$ vertauschen. Wiederum definieren wir mittels dieser Färbung eine Abbildung $\psi\colon \Sigma_{M_\Gamma} \longrightarrow \{a, b\}^{\mathbb{Z}}$, indem wir, für jedes $x = (x_n) \in \Sigma_{M_\Gamma}$ und $k \in \mathbb{Z}$,

$$\psi(x)_k = \begin{cases} a & \text{für } (x_k, x_{k+1}) \in \{(0,2),(1,2),(2,0)\}, \\ b & \text{für } (x_k, x_{k+1}) \in \{(0,1),(1,0),(2,1)\} \end{cases}$$

setzen. Zeigen Sie, dass $\psi\colon \Sigma_{M_\Gamma} \longrightarrow \{a, b\}^{\mathbb{Z}}$ wiederum eine Faktorabbildung ist. Zeigen Sie weiterhin, dass $|\psi^{-1}(\{y\})| \in \{1, 2\}$ für jedes $y \in \{a, b\}^{\mathbb{Z}}$ gilt (wobei $|\psi^{-1}(\{y\})|$ die Kardinalität von $\psi^{-1}(\{y\})$ ist) und dass die Menge $Y = \{y \in \{a, b\}^{\mathbb{Z}} : |\psi^{-1}(\{y\})| = 1\}$ aller Punkte mit nur einem einzigen Urbild ein dichtes G_δ in $\{a, b\}^{\mathbb{Z}}$ ist. Beschreiben Sie die Menge Y explizit.

Aufgaben 1.39 (Shiftraum aus der Datenaufzeichnung)
Wir setzen $k = 3$ und betrachten den in Bemerkung 1.34 erwähnten Teilshift $X \subset \Sigma_2$, der durch die Bedingung „*zwischen zwei Symbolen ‚1' können höchstens 3 aufeinanderfolgende Symbole ‚0' liegen*" charakterisiert ist.

(1) Zeigen Sie, dass $X \subset \Sigma_2$ tatsächlich ein Teilshift ist.
(2) Um X als Markovshift zu erkennen, müssen wir das Alphabet ändern: Es seien $\mathsf{A} = \{0_0, 0_1, 0_2, 1\}$ und Γ der Graph

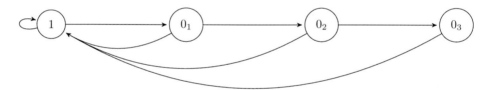

Wir bezeichnen die durch Bedingung (1.14) definierte Matrix mit M_Γ und betrachten den Markovshift $\Sigma_{M_\Gamma} \subset \mathsf{A}^{\mathbb{Z}}$.
Betrachten wir nun das Alphabet $\mathsf{B} = \{0, 1\}$ und die Abbildung $\phi\colon \mathsf{A} \longrightarrow \mathsf{B}$, die durch $\phi(1) = 1$ und $\phi(0_i) = 0$ für $i = 0, 1, 2$ gegeben ist. Weiterhin sei $\Phi\colon \Sigma_{M_\Gamma} \longrightarrow \Sigma_2 = \mathsf{B}^{\mathbb{Z}}$ für jedes $x = (x_n) \in \Sigma_{M_\Gamma}$ und $m \in \mathbb{Z}$ durch die Bedingung $(\Phi(x))_m = \phi(x_m)$ gegeben.
Zeigen Sie, dass $\Phi\colon \Sigma_{M_\Gamma} \longrightarrow X$ ein Isomorphismus ist. Zeigen Sie außerdem, dass X ein zweistufiger Markovshift im Sinne von Definition 1.37 ist.

In Aufgabe 1.39 (2) haben wir gesehen, dass man einen Teilshift $X \subset \mathsf{A}^{\mathbb{Z}}$ unter Umständen erst nach Änderung des Alphabets A als Markovshift schreiben kann. Das wirft die Frage auf, wie man ganz allgemein erkennen kann, ob ein vorgegebener Teilshift $X \subset \mathsf{A}^{\mathbb{Z}}$ isomorph zu einem Markovshift $Y \subset \mathsf{B}^{\mathbb{Z}}$ mit einem anderen Alphabet B ist. Diese Frage wird mit Satz 1.41 beantwortet werden. Zuvor untersuchen wir aber noch Faktorabbildungen von Teilshifts.

Aufgabe 1.40 (Faktorabbildungen sind Blockabbildungen)
Gegeben seien endliche Alphabete A und B und Teilshifts $X \subset \mathsf{A}^{\mathbb{Z}}$, $Y \subset \mathbb{B}^{\mathbb{Z}}$. Für jedes $k \geq 1$ definieren wir $\mathsf{A}^{(k)} \subset \mathsf{A}^k$ durch (1.15).

Zeigen Sie, dass es zu jeder Faktorabbildung $\Phi\colon X \longrightarrow Y$ ein $k \geq 1$ und eine Abbildung $\phi\colon \mathsf{A}^{(2k+1)} \longrightarrow \mathsf{B}$ gibt, sodass

$$(\Phi(x))_m = \phi(x_{m-k} \dots x_{m+k}) \qquad (1.16)$$

für jedes $x = (x_n)_{n\in\mathbb{Z}} \in X$ und $m \in \mathbb{Z}$ gilt.

Beachten Sie, dass aus der Existenz eines $k \geq 1$ und einer Abbildung $\phi\colon \mathsf{A}^{(k)} \longrightarrow \mathsf{B}$ in (1.16) folgt, dass es auch zu jedem $l \geq k$ eine Abbildung $\psi\colon \mathsf{A}^{(2l+1)} \longrightarrow \mathsf{B}$ gibt, die die zu (1.16) analoge Gleichung erfüllt.

Hinweis: Da X kompakt ist, ist die stetige Abbildung $\Phi\colon X \longrightarrow Y$ gleichmäßig stetig in der durch (1.10) definierten Metrik.

Satz 1.41 (Kriterium für Isomorphie zu einem Markovshift) *Es sei* A *ein endliches Alphabet und* $X \subset \mathbb{A}^{\mathbb{Z}}$ *ein Teilshift. Für jedes* $k \geq 1$ *sei* $X^{(k)} = \Phi(\Sigma_{\mathsf{M}^{(k)}}) \subset \mathsf{A}^{\mathbb{Z}}$ *der in Aufgabe 1.36 definierte Teilshift, der zu dem topologischen Markovshift* $\Sigma_{\mathsf{M}^{(k)}}$ *isomorph ist. Dann sind die folgenden Aussagen äquivalent.*

(1) Es gibt ein endliches Alphabet A' *und eine* $\mathsf{A}' \times \mathsf{A}'$*-Matrix* M'*, sodass* X *isomorph zu* $\Sigma_{\mathsf{M}'} \subset \mathsf{A}'^{\mathbb{Z}}$ *ist.*

(2) Es gibt ein $k \geq 1$*, sodass* $X = X^{(k)}$ *ist.*

Beweis Wenn (2) erfüllt ist, so ist laut Aufgabe 1.36 (2) der Teilshift $X = X^{(k)}$ isomorph zum Markovshift $X_{\mathsf{M}^{(k)}}$.

Für die Umkehrung (1) $\Rightarrow$ (2) nehmen wir an, dass es ein endliches Alphabet A', eine $\mathsf{A}' \times \mathsf{A}'$-Matrix M' und einen Isomorphismus $\Psi\colon X \longrightarrow Y = \Sigma_{\mathsf{M}'} \subset \mathsf{A}'^{\mathbb{Z}}$ gibt. Wir setzen $\Psi' = \Psi^{-1}$ und finden wie in Aufgabe 1.40 ein $k \geq 1$ und Abbildungen $\psi\colon \mathsf{A}^{(2k+1)} \longrightarrow \mathsf{A}'$, $\psi'\colon \mathsf{A}'^{(2k+1)} \longrightarrow \mathsf{A}$, sodass

$$\Psi(x)_m = \psi(x_{m-k} \dots x_{m+k}) \quad \text{und} \quad \Psi'(y)_m = \psi'(y_{m-k} \dots y_{m+k})$$

für jedes $x = (x_n)_{n\in\mathbb{Z}} \in X$, $y = (y_n)_{n\in\mathbb{Z}} \in X$ und $m \in \mathbb{Z}$ gilt. Anders ausgedrückt, ist die Koordinate y_m in $y = \Psi(x)$ mittels der Abbildung ψ bereits durch die Koordinaten $x_{m-k} \dots x_{m+k}$ von x bestimmt, und die Koordinate x_m in $x = \Psi'(y)$ ist mittels ψ' durch die Koordinaten $y_{m-k} \dots y_{m+k}$ von y bestimmt.

Für jedes $l \geq 0$ schreiben wir die Elemente von $\mathsf{A}^{(2l+1)}$ in der „symmetrischen" Form $a_{-l} \dots a_l$. Wenn $l \geq k$ ist, so induziert die Abbildung $\psi\colon \mathsf{A}^{(2k+1)} \longrightarrow \mathsf{A}'$ wegen der Shift-Äquivarianz von Ψ (Definition 1.35) eine Abbildung $\psi^{(2l+1)}\colon \mathsf{A}^{(2l+1)} \longrightarrow \mathsf{A}'^{(2l-2k+1)}$, da das Teilwort $y_{-l+k} \dots y_{l-k}$ von $y = \Psi(x)$ mittels ψ bereits durch die Koordinaten $x_{-l} \dots x_l$ von x bestimmt ist.

Da $\Psi' = \Psi^{-1}$ ist, wählt die Abbildung $\psi' \circ \psi^{(4k+1)}\colon \mathsf{A}^{(4k+1)} \longrightarrow \mathsf{A}$ für jedes $x_{-2k}, \dots x_{2k} \in \mathsf{A}^{(4k+1)}$ das mittlere Symbol x_0 aus.

Wir behaupten, dass – in der Notation von Aufgabe 1.36 – $X = X^{(4k+1)}$ ist, woraus Bedingung (2) des Satzes folgt. Dazu betrachten wir ein beliebiges Element $x \in X^{(4k+1)}$ und setzen $z(m) = x_{m-2k} \ldots x_{m+2k} \in A^{4k+1}$ für jedes $m \in \mathbb{Z}$.

Betrachten wir die Wörter $w(m) = \psi^{(4k+1)}(z(m)) \in A'^{(2k+1)}$, $m \in \mathbb{Z}$. Da $z(m) = x_{m-2k} \ldots x_{m+2k}$ und $z(m+1) = x_{m-2k+1} \ldots x_{m+2k+1}$ in $A^{(4k+1)}$ „kompatibel" im Sinne der Matrix $M^{(4k+1)}$ sind (vgl. Aufgabe 1.36), sind auch die Wörter $w(m) = \psi^{(4k+1)}(z(m))$ und $w(m+1) = \psi^{(4k+1)}(z(m+1))$ in $A'^{(2k+1)}$ kompatibel im Sinne der Matrix $M'^{(2k+1)}$: Wenn $w(m) = b_{-k} \ldots b_k$ und $w(m+1) = b'_{-k} \ldots b'_k$ ist, so ist $b_{i+1} = b'_i$ für $i = -k, \ldots, k-1$. Daher ist das Wort $c_{-k} \ldots c_{k+1} = b_{-k} \ldots b_k b'_k$ erlaubt im Sinne der Matrix M': $M'_{c_i c_{i+1}} = 1$ für $i = -k, \ldots k$. Aus dieser Überlegung folgt, dass es ein Element $y = (y_n)_{n\in\mathbb{Z}} \in Y = \Sigma_{M'}$ gibt, für das das Wort $y_{m-k} \ldots y_{m+k}$ für jedes $m \in \mathbb{Z}$ mit dem Wort $w(m) = \psi^{2k+1}(z(m))$ übereinstimmt.

Wie wir oben gesehen haben, bildet $\psi': A'^{(2k+1)} \longrightarrow A$ das Wort $w(m) = \psi^{(4k+1)}(z(m))$ auf die mittlere Koordinate $x_m = \psi' \circ \psi^{(4k+1)}(z(m))$ von $z(m) = x_{m-2k} \ldots x_{m+2k}$ ab. Da dies für jedes $m \in \mathbb{Z}$ gilt, ist $\Psi'(y) = x$.

Damit haben wir gezeigt, dass $x \in X = \Psi'(Y)$ ist. Da x ein beliebiges Element von $X^{(4k+1)}$ war, folgt daraus die Identität $X = X^{(4k+1)}$. $\qquad\square$

Aufgaben 1.42 („Gerader" Shiftraum)
Es sei Γ der Graph

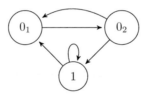

Wir setzen $A = \{0_1, 0_2, 1\}$ und betrachten die durch (1.14) definierte Matrix M_Γ und den Markovshift $\Sigma_{M_\Gamma} \subset A^\mathbb{Z}$.

Wie in den Aufgaben 1.39 setzen wir $B = \{0, 1\}$ und definieren $\phi: A \longrightarrow B$ durch $\phi(1) = 1$ und $\phi(0_i) = 0$ für $i = 1, 2$. Weiterhin sei $\Phi: \Sigma_{M_\Gamma} \longrightarrow \Sigma_2 = B^\mathbb{Z}$ für jedes $x = (x_n) \in \Sigma_{M_\Gamma}$ und $m \in \mathbb{Z}$ durch die Bedingung $(\Phi(x))_m = \phi(x_m)$ gegeben.

(1) Zeigen Sie, dass $\Phi(\Sigma_{M_\Gamma}) = X \subset \Sigma_2$ ein Teilshift ist, der durch die Bedingung „*zwischen zwei Symbolen ,1' muss immer eine gerade Anzahl von ,0'-en stehen*" charakterisiert ist, und dass $\Phi: \Sigma_{M_\Gamma} \longrightarrow X$ eine Faktorabbildung ist.
(2) Zeigen Sie, dass jedes $y \in X$ höchstens zwei Urbilder unter Φ hat und dass die Menge der Punkte $y \in X$ mit einem einzigen Urbild ein dichtes G_δ ist.
(3) Zeigen Sie mittels Satz 1.41, dass X zu keinem Markovshift Σ_M isomorph sein kann.

Definition 1.43 (Sofische Shifts)

Ein Teilshift $X \subset A^\mathbb{Z}$ heißt *sofisch*, wenn er ein topologischer Faktor eines Markovshifts ist. Aufgabe 1.42 (3) zeigt, dass sofische Shifts nicht isomorph zu Markovshifts sein müssen.

Beispiel 1.44
Für jedes $N \geq 2$ ist durch $\pi^+(\ldots, x_{-1}, x_0, x_1, \ldots) = (x_0, x_1, \ldots)$ eine Faktorabbildung von (Σ_N, σ) auf (Σ_N^+, σ) definiert.

Mit Hilfe von Faktorabbildungen ergeben sich nicht nur Zusammenhänge zwischen „symbolischen" dynamischen Systemen (also Shifträumen), sondern auch zwischen Teilshifts und topologisch sehr verschiedenen Systemen, wie z. B. Multiplikation mit 2 oder irrationalen Rotationen auf $\mathbb{T}$.

Beispiel 1.45
Wenn $T_2 \colon \mathbb{T} \longrightarrow \mathbb{T}$ die Abbildung $T_2(x) = 2x \pmod 1$ aus Beispiel 1.3 ist, so ist $(\mathbb{T}, T_2)$ ein Faktor von (Σ_2^+, σ), wobei die Faktorabbildung $\phi \colon \Sigma_2^+ \longrightarrow \mathbb{T}$ für jedes $x = (x_n)_{n \geq 0} \in \Sigma_2^+$ durch die Gleichung

$$\phi(x) = \sum_{k \geq 0} x_k \cdot 2^{-k-1} \pmod 1 \tag{1.17}$$

gegeben ist: Für jedes $x = (x_0, x_1, x_2, \ldots) \in \Sigma_2^+$ ist ja $\sigma(x) = (x_1, x_2, x_3, \ldots)$, sodass $\phi \circ \sigma(x) = \sum_{k \geq 1} 2^{-k} x_k = [2 \cdot \sum_{k \geq 0} 2^{-k-1} x_k] \pmod 1 = T_2 \circ \phi(x)$ ist.

Mittels geeigneter Faktorabbildungen kann man beispielsweise auch überabzählbare minimale Teilmengen in Shifträumen konstruieren (siehe Aufgabe 27 am Kapitelende).

Wir beenden diesen Diskurs über Faktorabbildungen mit einem weiteren Beispiel und einer allgemeinen Konstruktion, die es erlaubt, surjektive topologische dynamische Systeme als invertierbar vorauszusetzen.

Beispiel 1.46
Es sei $(\mathbb{T}, R_\alpha)$ das durch eine irrationale Rotation des Kreises definierte dynamische System aus Beispiel 1.2. Wenn $q > 1$ eine natürliche Zahl ist, so definiert die in Aufgabe 2 (5) definierte Abbildung $T_q \colon \mathbb{T} \longrightarrow \mathbb{T}$ eine Faktorabbildung von $(\mathbb{T}, R_\alpha)$ auf $(\mathbb{T}, R_{q\alpha})$.

Aufgaben 1.47 (Invertierbare Erweiterungen)
Es sei (X, T) ein topologisches dynamisches System. Wir bezeichnen mit $Y = X^{\mathbb{Z}}$ den Raum aller Folgen $x = (x_n)_{n \in \mathbb{Z}}$ mit $x_n \in X$ für alle $n \in \mathbb{Z}$. Wenn d eine Metrik auf X ist, so betrachten wir die durch

$$\mathbf{d}(x, y) = \sum_{k \in \mathbb{Z}} 2^{-|k|} d(x_k, y_k), \qquad x = (x_n), \; y = (y_n),$$

auf Y definierte Metrik. Dann ist $(Y, \mathbf{d})$ ein kompakter metrischer Raum. Der Shift $\sigma \colon Y \longrightarrow Y$ ist wie in (1.11) für jedes $x = (x_n)_{n \in \mathbb{Z}} \in Y$ durch

$$\sigma(x)_n = x_{n+1}, \quad n \in \mathbb{Z},$$

gegeben. Wie in (1.11) sieht man, dass σ ein Homöomorphismus von Y ist.

Für jedes $k \in \mathbb{Z}$ bezeichnen wir mit $\pi_k \colon Y \longrightarrow X$ die durch $\pi_k(x) = x_k$, $x = (x_n)_{n \in \mathbb{Z}}$ gegebene k-te Koordinatenabbildung. Wir setzen

$$\tilde{X} = \{x = (x_n) \in Y : T(x_n) = x_{n+1} \text{ für jedes } n \in \mathbb{Z}\}. \tag{1.18}$$

Beweisen Sie folgende Aussagen:

(1) $\tilde{X}$ ist eine nichtleere, abgeschlossene, shiftinvariante Teilmenge von Y.
(2) Wenn (X,T) surjektiv ist, so gilt $\pi_k(\tilde{X}) = X$ für jedes $k \in \mathbb{Z}$, und (X,T) ist ein Faktor des invertierbaren topologischen dynamischen Systems $(\tilde{X},\sigma)$ mit Faktorabbildung π_0.
  Insbesondere ist also jedes surjektive dynamische System Faktor eines invertierbaren Systems.
(3) Wenn (X,T) nicht surjektiv ist, so ist für jedes $n \in \mathbb{Z}$

$$\pi_n(\tilde{X}) = T^\infty X := \bigcap_{k\geq 0} T^k(X) \subsetneq X. \tag{1.19}$$

1.3 Invariante Maße

1.3.1 Der Raum der Wahrscheinlichkeitsmaße

Definition 1.48

Wenn X ein topologischer Raum ist, so nennt man die von den offenen Teilmengen von X erzeugte σ-Algebra die *Borel-σ-Algebra* von X (vgl. [3, Kapitel II]).

Es seien (X,T) ein topologisches dynamisches System und $\mathcal{B}_X$ die Borel-σ-Algebra auf X. Bisher haben wir die Bahn eines Punktes $x \in X$ untersucht. Statt eines einzelnen Punktes kann man jedoch auch eine Wahrscheinlichkeitsverteilung auf X wählen, die durch ein Maß ν auf $\mathcal{B}_X$ mit $\nu(X) = 1$ beschrieben wird, und versuchen, die Bahn von ν zu bestimmen.

Für $B \in \mathcal{B}_X$ wird die Wahrscheinlichkeit, dass der Zustand x zum Zeitpunkt 0 in B liegt, durch $\nu(B)$ gemessen. Der Zustand zum Zeitpunkt 1 ist dann $T(x)$, und die Wahrscheinlichkeit, dass er in B liegt, ist $\nu(T^{-1}(B))$, da ja $T(x) \in B$ äquivalent zu $x \in T^{-1}(B)$ ist. So kann man fortsetzen. Die Wahrscheinlichkeit, dass der Zustand $T^n(x)$ zum Zeitpunkt n in B liegt, ist $\nu(T^{-n}(B))$. Das Maß $T^n_* \nu = \nu T^{-n}$, das durch $T^n_* \nu(B) = \nu T^{-n}(B) = \nu(T^{-n}(B))$ für $B \in \mathcal{B}_X$ definiert ist, gibt die Wahrscheinlichkeitsverteilung zum Zeitpunkt n an. Somit ist $\nu, T_*\nu, T^2_*\nu \ldots$ die Bahn der Wahrscheinlichkeitsverteilung ν unter T. Wenn sich das Maß ν unter der durch T gegebenen Zeitentwicklung nicht ändert, d. h. wenn $\nu = T^n_* \nu$ für alle $n \geq 0$ ist, so nennt man ν eine *T-invariante* oder *stationäre* Verteilung. Die Voraussetzung der T-Invarianz von ν entspricht der Annahme, dass das System sein durch ν beschriebenes statistisches Verhalten im Lauf der Zeitentwicklung nicht ändert.

Im Folgenden werden wir zeigen, dass in jedem topologischen dynamischen System (X,T) zumindest ein T-invariantes Wahrscheinlichkeitsmaß auf der Borel-σ-Algebra $\mathcal{B}_X$ von X existiert. Zunächst aber wollen wir die Menge *aller* Wahrscheinlichkeitsmaße auf X betrachten.

Wenn X ein kompakter metrisierbarer Raum ist, so bezeichnen wir mit $C(X)$ die Menge aller stetigen Funktionen $f: X \longrightarrow \mathbb{R}$. Für jedes $f \in C(X)$ bezeichnen wir mit $\|f\|_\infty = \max_{x \in X} |f(x)|$ die *Maximumnorm* von f. In dieser Norm ist $C(X)$ vollständig, d. h. $(C(X), \|\cdot\|_\infty)$ ist ein Banachraum.

Lemma 1.49 Es sei X ein metrisierbarer kompakter Raum. Dann besitzt $C(X)$ eine abzählbare Teilmenge, die bezüglich der Maximumnorm $\|\cdot\|_\infty$ dicht in $C(X)$ liegt. In anderen Worten: Der Banachraum $(C(X), \|\cdot\|_\infty)$ ist separabel.

Beweis Sei d eine Metrik für die Topologie auf X. Für $x \in X$ und $n \in \mathbb{N}$ sei $U_n(x) = \{y \in X : d(y,x) < \frac{1}{n}\}$ und $f_{x,n}(y) = \max(0, 1 - nd(y,x))$. Dann ist $f_{x,n}$ eine Funktion in $C(X)$ mit $f_{x,n}(y) > 0$ für $y \in U_n(x)$ und $f_{x,n}(y) = 0$ für $y \notin U_n(x)$. Da X kompakt ist, existiert eine endliche Teilmenge E_n von X mit $\bigcup_{x \in E_n} U_n(x) = X$. Dann ist $h_n := \sum_{x \in E_n} f_{x,n}$ eine Funktion in $C(X)$ mit $h_n(y) > 0$ für alle $y \in X$.

Für $x \in E_n$ sei $g_{x,n} = \frac{1}{h_n} f_{x,n}$. Die Funktionen $g_{x,n}$ erfüllen $\sum_{x \in E_n} g_{x,n} = 1$. Wir setzen

$$\mathcal{D}_n = \Big\{ \sum_{x \in E_n} c_x g_{x,n} : c_x \in \mathbb{Q} \Big\}, \qquad \mathcal{D} = \bigcup_{n=1}^\infty \mathcal{D}_n,$$

wobei $\mathbb{Q} = \{p/q : p \in \mathbb{Z}, q \in \mathbb{N}\}$ die Menge der rationalen Zahlen bezeichnet. Dann ist $\mathcal{D}$ eine abzählbare Teilmenge von $C(X)$.

Um zu zeigen, dass $\mathcal{D}$ dicht in $C(X)$ liegt, sei $f \in C(X)$ beliebig und $\varepsilon > 0$. Wegen der Kompaktheit von X ist f gleichmäßig stetig. Somit existiert ein n, sodass $|f(u) - f(v)| < \frac{\varepsilon}{2}$ für alle u und v in X mit $d(u,v) < \frac{1}{n}$ gilt. Für jedes $x \in E_n$ sei $c_x \in \mathbb{Q}$ so gewählt, dass $|f(x) - c_x| < \frac{\varepsilon}{2}$ gilt, woraus $|f(y) - c_x| < \varepsilon$ für alle $y \in U_n(x)$ folgt.

Es sei nun $f_\varepsilon = \sum_{x \in E_n} c_x g_{x,n}$. Dann liegt f_ε in $\mathcal{D}_n$, und es gilt $|f(y) - f_\varepsilon(y)| = \big|\sum_{x \in E_n} (f(y) - c_x) g_{x,n}(y)\big| < \varepsilon \sum_{x \in E_n} g_{x,n}(y) = \varepsilon$ für alle $y \in X$. Damit ist gezeigt, dass $\mathcal{D}$ dicht in $C(X)$ liegt. $\square$

Die Stetigkeitsaussage in der folgenden Aufgabe wird im Beweis der Lemmas 1.51 und 1.54 verwendet.

Aufgabe 1.50

Es seien (X, d) ein metrischer Raum und $A \subset X$ eine Teilmenge. Für jedes $x \in X$ sei

$$d(x, A) = \min_{z \in A} d(x, z).$$

Zeigen Sie, dass $|d(x, A) - d(y, A)| \le d(x, y)$ gilt für alle $x, y \in X$ und dass die Funktion $x \mapsto d(x, A)$ daher stetig ist.

Lemma 1.51 Seien X ein kompakter metrisierbarer Raum und $\mathcal{D}$ eine dichte Teilmenge von $C(X)$. Sind μ und ν Wahrscheinlichkeitsmaße auf $\mathcal{B}_X$ mit $\int h \, d\mu = \int h \, d\nu$ für alle $h \in \mathcal{D}$, so gilt $\mu = \nu$.

Beweis Sei $f \in C(X)$ eine beliebige stetige Funktion. Dann gibt es eine Folge $h_n \in \mathcal{D}$ mit $\|h_n - f\| \to 0$ für $n \to \infty$. Da $\int h_n \, d\mu = \int h_n \, d\nu$ für alle n gilt, folgt ebenso $\int f \, d\mu = \int f \, d\nu$ aus dominierter Konvergenz.

Sei d eine Metrik auf X. Für jede offene Menge $G \subset X$ und jedes $n \geq 1$ definieren wir die stetige Funktion $g_n(x) = \min(nd(x, G^c), 1)$ für $x \in X$. Es gilt $\lim_{n \to \infty} g_n = 1_G$ [6] und daher auch $\mu(G) = \nu(G)$ wegen monotoner Konvergenz. Ebenso wegen monotoner Konvergenz folgt nun auch $\mu(\bigcap_n G_n) = \nu(\bigcap_n G_n)$ für jede beliebige Folge von offenen Mengen.

Da man jede abgeschlossene Menge $A \subset X$ als Schnitt von abzählbar vielen offenen Mengen schreiben kann (z. B. $G_n = \{x \in X : d(x, A) < 1/n\}$), gilt ebenso $\mu(G \cap A) = \nu(G \cap A)$ für jede offene Menge $G \subset X$. Da die Menge der Durchschnitte $\{G \cap A : G \subset X$ offen, $A \subset X$ abgeschlossen$\}$ einen Semiring bildet, der die σ-Algebra $\mathcal{B}_X$ erzeugt, erhalten wir $\mu = \nu$ aus dem Eindeutigkeitssatz für Maße [3, Kapitel VII].   □

Definition 1.52 (Schwache* Konvergenz von Wahrscheinlichkeitsmaßen)

Es seien X ein kompakter metrisierbarer Raum und $\mathcal{M}(X)$ die Menge der Wahrscheinlichkeitsmaße auf X (genauer: auf der Borel-σ-Algebra $\mathcal{B}_X$ von X). Für jedes $\mu \in \mathcal{M}(X)$ und $f \in C(X)$ schreiben wir auch $\mu(f)$ anstelle von $\int f \, d\mu$.

Eine Folge $(\mu_n)_{n \geq 1}$ in $\mathcal{M}(X)$ konvergiert *schwach** gegen $\mu \in \mathcal{M}(X)$, wenn $\lim_{n \to \infty} \mu_n(f) = \mu(f)$ für alle $f \in C(X)$ gilt.

Aufgabe 1.53 (Metrisierbarkeit von $\mathcal{M}(X)$)

Es sei X ein kompakter metrisierbarer Raum und $\mathcal{D} \subset C(X) \smallsetminus \{0\}$ eine abzählbare dichte Teilmenge von $C(X)$ (vgl. Lemma 1.49). Wir ordnen die Menge $\mathcal{D}$ in beliebiger Weise als Folge $(h_1, h_2, h_3, \dots)$ an und setzen, für $\mu, \nu \in \mathcal{M}(X)$,

$$d(\mu, \nu) = \sum_{n \geq 1} \frac{|\mu(h_n) - \nu(h_n)|}{2^n \|h_n\|_\infty}. \tag{1.21}$$

Zeigen Sie, dass $d : \mathcal{M}(X) \times \mathcal{M}(X) \longrightarrow \mathbb{R}_+$ eine Metrik ist, die die Topologie der schwachen* Konvergenz induziert (d. h., eine Folge $(\mu_n)_{n \geq 1}$ in $\mathcal{M}(X)$ konvergiert genau dann schwach* gegen ein $\mu \in \mathcal{M}(X)$, wenn $\lim_{n \to \infty} d(\mu_n, \mu) = 0$ ist).

Konvergenz in der schwachen*-Topologie von $\mathcal{M}(X)$ bedeutet nicht nur Konvergenz von Integralen stetiger Funktionen, sondern auch Konvergenz der Maße gewisser Borelmengen in X, wobei man aber für diese Mengen eine zusätzliche Voraussetzung benötigt. Wenn z. B. $X = [a, b] \subset \mathbb{R}$ ein Intervall und $\mu = \lambda$ das Lebesguemaß ist, so ist diese Voraussetzung äquivalent zur Riemann-Integrierbarkeit der Indikatorfunktion 1_B, $B \subset X$ (vgl. (1.20)).

Lemma 1.54 Seien X ein kompakter metrisierbarer Raum und $\mathcal{B}_X$ die Borel-σ-Algebra auf X. Wenn $(\mu_n)_{n \geq 1}$ eine Folge in $\mathcal{M}(X)$ ist, die schwach* gegen μ konvergiert, so gilt

---

[6] Wenn X eine Menge und $B \subset X$ ist, so ist $1_B : X \longrightarrow \mathbb{R}$ die *Indikatorfunktion*

$$1_B(x) = \begin{cases} 1 & \text{für } x \in B, \\ 0 & \text{für } x \in X \smallsetminus B. \end{cases} \tag{1.20}$$

auch $\lim_{n\to\infty}\mu_n(A) = \mu(A)$ für jede Menge $A \in \mathcal{B}_X$, deren Rand ∂A die Bedingung $\mu(\partial A) = 0$ erfüllt.

Beweis Sei $F \subset X$ abgeschlossen. Für $k \geq 1$ sei $f_k(x) = \max(0, 1 - k\,d(x, F))$, wobei d eine Metrik auf X ist. Für alle $k \geq 1$ haben wir dann $f_k \in C(X)$ und $1_F \leq f_k$ (vgl. (1.20)), woraus wegen der schwachen*-Konvergenz von $(\mu_n)_{n\geq1}$ gegen μ folgt, dass $\limsup_{n\to\infty}\mu_n(F) \leq$ $\limsup_{n\to\infty}\int f_k\,d\mu_n = \int f_k\,d\mu$ ist. Wegen $\lim_{k\to\infty}f_k = 1_F$ und $f_k \leq 1$ für alle $k \geq 1$ erhalten wir aus dem Satz über dominierte Konvergenz, dass $\lim_{k\to\infty}\int f_k\,d\mu = \mu(F)$ gilt. Somit ist $\limsup_{n\to\infty}\mu_n(F) \leq \mu(F)$ gezeigt.

Sei nun $U \subset X$ offen. Dann gilt $\limsup_{n\to\infty}\mu_n(X \smallsetminus U) \leq \mu(X \smallsetminus U)$, da $X \smallsetminus U$ abgeschlossen ist. Wegen $\mu_n(X \smallsetminus U) = 1 - \mu_n(U)$ und $\mu(X \smallsetminus U) = 1 - \mu(U)$ ergibt sich $\liminf_{n\to\infty}\mu_n(U) \geq \mu(U)$.

Sei jetzt $A \in \mathcal{B}_X$ mit $\mu(\partial A) = 0$. Ist U das Innere von A und F der Abschluss von A, so gilt $U \subset A \subset F$ und $F \smallsetminus U = \partial A$, woraus $\mu(U) = \mu(A) = \mu(F)$ folgt. Wir haben oben gezeigt, dass $\limsup_{n\to\infty}\mu_n(F) \leq \mu(F) = \mu(A)$ und $\liminf_{n\to\infty}\mu_n(U) \geq \mu(U) = \mu(A)$ gilt. Es folgt $\lim_{n\to\infty}\mu_n(A) = \mu(A)$. □

Man kann endliche Maße μ und ν auf $\mathcal{B}_X$ addieren und mit nichtnegativen Zahlen multiplizieren. Sind μ und ν in $\mathcal{M}(X)$, so ist auch $\alpha\mu + (1 - \alpha)\nu \in \mathcal{M}(X)$ für alle $\alpha \in [0,1]$. Die Menge $\mathcal{M}(X)$ ist somit *konvex*.

Satz 1.55 *Ist X ein kompakter metrisierbarer Raum, dann ist die konvexe Menge $\mathcal{M}(X)$ kompakt in der schwachen*-Topologie.*

Beweis Wie in Aufgabe 1.53 ordnen wir die in Lemma 1.49 konstruierte abzählbare dichte Teilmenge $\mathcal{D}$ von $C(X)$ als Folge $\mathcal{D} = (h_1, h_2, \dots)$ an.

Sei $(\mu_n)_{n\geq1}$ eine beliebige Folge in $\mathcal{M}(X)$. Da die Folge $(\mu_n(h_1))_{n\geq1}$ durch $\|h_1\|_\infty$ beschränkt ist, existiert eine Teilfolge $\mathbf{n}^{(1)} = (n_k^{(1)})_{k\geq1}$ der natürlichen Zahlen, für die $\phi(h_1) = \lim_{k\to\infty}\mu_{n_k^{(1)}}(h_1)$ existiert. Wir wählen eine unendliche Teilfolge $\mathbf{n}^{(2)} = (n_k^{(2)})_{k\geq1}$ von $\mathbf{n}^{(1)}$, für die auch $\phi(h_2) = \lim_{k\to\infty}\mu_{n_k^{(1)}}(h_2)$ existiert. Auf diese Weise bekommen wir sukzessiv abnehmende Teilfolgen $\mathbf{n}^{(m)}$ von $\mathbb{N}$, sodass, für jedes $m \geq 1$, $\phi(h_j) := \lim_{k\to\infty}\mu_{n_k^{(m)}}(h_j)$ für $j = 1, \dots, m$ existiert. Für $k \geq 1$ sei $\nu_k = \mu_{n_k^{(k)}}$. Dann ist $(\nu_k)_{k\geq1}$ eine Teilfolge von $(\mu_n)_{n\geq1}$. Für jedes $m \geq 1$ ist $(\nu_k)_{k\geq m}$ eine Teilfolge von $(\mu_{n^{(m)}})_{k\geq m}$, sodass $\phi(h_m) = \lim_{k\to\infty}\nu_k(h_m)$ existiert.

Seien nun $f \in C(X)$ beliebig und $\varepsilon > 0$. Da $\mathcal{D}$ dicht in $C(X)$ liegt, existiert ein $h \in \mathcal{D}$ mit $\|f - h\|_\infty < \frac{\varepsilon}{3}$. Da die Folge $(\nu_k(h))_{k\geq1}$ konvergiert, existiert ein n_0, sodass $|\nu_k(h) - \nu_m(h)| < \frac{\varepsilon}{3}$ für alle $k, m \geq n_0$ gilt. Für $k, m \geq n_0$ ergibt sich dann $|\nu_k(f) - \nu_m(f)| \leq |\nu_k(f) - \nu_k(h)| + |\nu_k(h) - \nu_m(h)| + |\nu_m(h) - \nu_m(f)| < \varepsilon$. Somit ist $(\nu_k(f))_{k\geq1}$ eine Cauchyfolge in $\mathbb{R}$. Daher existiert ebenso eine reelle Zahl $\phi(f)$ mit $\lim_{k\to\infty}\nu_k(f) = \phi(f)$.

Die so erhaltene Abbildung $\phi\colon C(X) \longrightarrow \mathbb{R}$ ist ein positives lineares Funktional mit $\phi(1) = 1$, da $v_k\colon C(X) \longrightarrow \mathbb{R}$ für jedes $k \geq 1$ ein positives lineares Funktional mit $v_k(1) = 1$ ist. Aus dem Rieszschen Darstellungssatz [3, Satz XI.3] ergibt sich die Existenz eines Wahrscheinlichkeitsmaßes μ auf $\mathcal{B}_X$, sodass $\phi(f) = \mu(f)$ für alle $f \in C(X)$ gilt. Die Folge $(v_k)_{k \geq 1}$ ist eine Teilfolge von $(\mu_n)_{n \geq 1}$, die gegen $\mu \in \mathcal{M}(X)$ konvergiert. Damit ist die Folgenkompaktheit von $\mathcal{M}(X)$ gezeigt. Wegen Aufgabe 1.53 ist die schwache* Topologie auf $\mathcal{M}(X)$ metrisierbar und damit ist Kompaktheit äquivalent zu Folgenkompaktheit. □

1.3.2   Existenz invarianter Maße

Definition 1.56 (Invariante Maße)

Es sei (X, T) ein topologisches dynamisches System. Ein Maß $\mu \in \mathcal{M}(X)$ ist T-*invariant*, wenn $\mu(T^{-1}(B)) = \mu(B)$ für alle $B \in \mathcal{B}_X$ gilt. Die Menge der T-invarianten Maße in $\mathcal{M}(X)$ wird mit $\mathcal{M}(X)^T$ bezeichnet.

Lemma 1.57 Seien (X, T) ein topologisches dynamisches System und $\mu \in \mathcal{M}(X)$. Dann liegt μ in $\mathcal{M}(X)^T$, wenn $\int f \circ T\, d\mu = \int f\, d\mu$ für alle $f \in C(X)$ gilt.

Beweis Sei v das Bildmaß $T_*\mu$ von μ, das durch

$$T_*\mu(B) = \mu(T^{-1}B), \quad B \in \mathcal{B}_X, \tag{1.22}$$

gegeben ist. Nach Voraussetzung gilt $\int f\, dv = \int f\, d\mu$ für alle $f \in C(X)$. Aus Lemma 1.51 folgt dann $v = \mu$, d. h., $T_*\mu = \mu \in \mathcal{M}(X)^T$. □

Anstatt die Invarianz der Integrale stetiger Funktionen zu überprüfen, ist es manchmal nützlich, die Invarianz der Maße geeigneter Klassen von Borelmengen in X zu verifizieren, um daraus die Invarianz eines Maßes $\mu \in \mathcal{M}(X)$ zu schließen.

Lemma 1.58 Es seien (X, T) ein topologisches dynamisches System und $\mathcal{E}$ ein Semiring, der die Borel-σ-Algebra $\mathcal{B}_X$ erzeugt. Wenn ein Maß $\mu \in \mathcal{M}(X)$ die Bedingung $\mu(T^{-1}(E)) = \mu(E)$ für alle $E \in \mathcal{E}$ erfüllt, dann liegt $\mu \in \mathcal{M}(X)^T$.

Beweis Sei $v(A) = \mu(T^{-1}(A))$ für alle $A \in \mathcal{B}_X$. Dadurch ist ein Wahrscheinlichkeitsmaß $v \in \mathcal{M}(X)$ definiert. Nach Voraussetzung stimmen die Wahrscheinlichkeitsmaße μ und v auf dem Semiring $\mathcal{E}$ überein, der die σ-Algebra $\mathcal{B}_X$ erzeugt. Aus dem Eindeutigkeitssatz für Maße [3, Kapitel VII] folgt, dass dann μ und v auf ganz $\mathcal{B}_X$ übereinstimmen. Somit ist μ T-invariant. □

Lemma 1.59 Sei (X, T) ein topologisches dynamisches System. Sei $n_1 < n_2 < n_3 < \dots$ eine Folge in $\mathbb{N}$ und $\nu_k \in \mathcal{M}(X)$ für $k \geq 1$. Ist $\mu_k = \frac{1}{n_k} \sum_{j=0}^{n_k-1} T_*^j \nu_k$ und konvergiert die Folge $(\mu_k)_{k\geq1}$ schwach* gegen ein Maß $\mu \in \mathcal{M}(X)$, dann gilt $\mu \in \mathcal{M}(X)^T$.

Beweis Sei $f \in C(X)$. Für $k \geq 1$ gilt $\int f \, d\mu_k = \frac{1}{n_k} \sum_{j=0}^{n_k-1} \int f \circ T^j \, d\nu_k$ und $\int f \circ T \, d\mu_k = \frac{1}{n_k} \sum_{j=1}^{n_k} \int f \circ T^j \, d\nu_k$. Es folgt $|\int f \circ T \, d\mu_k - \int f \, d\mu_k| \leq \frac{2}{n_k} \|f\|_\infty$. Mit $k \to \infty$ erhalten wir $\int f \circ T \, d\mu = \int f \, d\mu$. Da das für alle $f \in C(X)$ gilt, erhalten wir $\mu \in \mathcal{M}(X)^T$ wegen Lemma 1.57. $\qquad\square$

Satz 1.60 (Satz von Kryloff-Bogoliuboff) *Sei (X, T) ein topologisches dynamisches System. Dann ist $\mathcal{M}(X)^T$ eine abgeschlossene (und daher auch kompakte), konvexe, nichtleere Teilmenge von $\mathcal{M}(X)$.*

Beweis Seien $\nu \in \mathcal{M}(X)$ beliebig und $\nu_n = \frac{1}{n} \sum_{j=0}^{n-1} T_*^j \nu$ für $n \geq 1$. Mit Hilfe von Satz 1.55 finden wir eine Teilfolge $(\nu_{n_k})_{k\geq1}$ von $(\nu_n)_{n\geq1}$, die gegen ein Maß $\mu \in \mathcal{M}(X)$ konvergiert. Wegen Lemma 1.59 liegt μ in $\mathcal{M}(X)^T$. Damit haben wir gezeigt, dass $\mathcal{M}(X)^T \neq \varnothing$ ist. Die Konvexität von $\mathcal{M}(X)^T$ ist offensichtlich.

Die Topologie auf $\mathcal{M}(X)$ ist so gewählt, dass für jedes $f \in C(X)$ die Abbildung $\nu \mapsto \nu(f) = \int f \, d\nu$ stetig ist. Für jedes $f \in C(X)$ ist natürlich auch $f \circ T \in C(X)$, und die Menge $M_f = \{\nu \in \mathcal{M}(X) : \nu(f) = \nu(f \circ T)\}$ ist wegen der Stetigkeit der Abbildungen $\nu \mapsto \nu(f)$ und $\nu \mapsto \nu(f \circ T)$ abgeschlossen. Damit ist auch $\mathcal{M}(X)^T = \bigcap_{f \in C(X)} M_f$ abgeschlossen und wegen Satz 1.55 kompakt. $\qquad\square$

Ist x ein periodischer Punkt im dynamischen System (X, T) mit Periode p, dann ist durch $\mu(A) = \frac{1}{p} \sum_{j=0}^{p-1} 1_A(T^j(x))$ ein T-invariantes Wahrscheinlichkeitsmaß $\mu \in \mathcal{M}(X)$ definiert, wobei 1_A die Indikatorfunktion (1.20) ist. Für jeden periodischen Punkt $x \in X$ existiert somit ein auf der Bahn von x konzentriertes Maß in $\mathcal{M}(X)^T$.

Topologische dynamische Systeme, die durch eine lineare Transformation $(\mathrm{mod}\,1)$ definiert werden, haben oft das Lebesguemaß als invariantes Maß. Beispiele dafür sind die Rotation R_α und die Transformation $T_2(x) = 2x \,(\mathrm{mod}\,1)$ auf dem eindimensionalen Torus sowie die Transformation $T_A(x) = Ax \,(\mathrm{mod}\,1)$ auf dem d-dimensionalen Torus $\mathbb{T}^d$, wobei A eine $d \times d$-Matrix mit ganzzahligen Koeffizienten und Determinante 1 oder -1 ist.

Beispiel 1.61

Es sei λ das Lebesguemaß auf $\mathbb{T}$.

(1) Wir betrachten die durch ein $\alpha \in \mathbb{R}$ definierte Rotation des Kreises $R_\alpha : \mathbb{T} \longrightarrow \mathbb{T}$ aus Beispiel 1.2. Für $a \in (0,1]$ und $I = [0,a) \subset [0,1)$ ist $R_\alpha^{-1}(I)$ das um $-\alpha$ verschobene Intervall in $\mathbb{T}$. Diese Verschiebung ändert die Länge des Intervalls I nicht, also ist $\lambda(R_\alpha^{-1}(I)) = \lambda(I)$. Da die Menge $\{[0,a) : a \in (0,1]\}$ ein Semiring ist, der $\mathcal{B}_\mathbb{T}$ erzeugt, ist λ nach Lemma 1.58 R_α-invariant.

(2) Es sei nun $T_2 \colon \mathbb{T} \longrightarrow \mathbb{T}$ die Transformation $T_2(x) = 2x \pmod 1$ auf $\mathbb{T}$ aus Beispiel 1.3. Wir zeigen, dass λ auch unter T_2 invariant ist.

Ist $a \in (0,1]$ und $I = [0,a)$, dann gilt $T^{-1}(I) = [0, \frac{a}{2}) \cup [\frac{1}{2}, \frac{1+a}{2})$ und daher auch $\lambda(T^{-1}(I)) = \lambda(I)$. Wie im vorigen Beispiel (1) folgt daraus, dass λ T-invariant ist.

Beispiel 1.62 (Lebesguemaß auf $\mathbb{T}^d$)

Wir fassen Rotationen und Automorphismen des d-dimensionalen Torus $\mathbb{T}^d$ in einer Transformation zusammen. Sei $\boldsymbol{\alpha} \in \mathbb{R}^d$ und sei A eine $d \times d$-Matrix mit ganzzahligen Koeffizienten und Determinante 1 oder -1. Die Transformation $T \colon \mathbb{T}^d \longrightarrow \mathbb{T}^d$ sei definiert durch $T(\mathbf{x}) = A\mathbf{x} + \boldsymbol{\alpha} \pmod 1$. Das ist eine invertierbare affine $(\bmod 1)$ Abbildung auf $\mathbb{T}^d$. Die inverse Abbildung ist durch $S(\mathbf{x}) = A^{-1}\mathbf{x} - A^{-1}\boldsymbol{\alpha} \pmod 1$ gegeben: Da $T(\mathbf{x}) = A\mathbf{x} + \boldsymbol{\alpha} + \mathbf{n}$ für ein $\mathbf{n} \in \mathbb{Z}^d$ gilt, erhalten wir $S(T(\mathbf{x})) = A^{-1}A\mathbf{x} + A^{-1}\boldsymbol{\alpha} + A^{-1}\mathbf{n} - A^{-1}\boldsymbol{\alpha} \pmod 1$. Da auch A^{-1} Koeffizienten in $\mathbb{Z}$ hat, gilt $A^{-1}\mathbf{n} \in \mathbb{Z}^d$ und $S(T(\mathbf{x})) = \mathbf{x} \pmod 1 = \mathbf{x}$, womit gezeigt ist, dass S die inverse Transformation zu T ist.

Wir zeigen, dass das d-dimensionale Lebesguemaß λ^d auf $\mathbb{T}^d$ invariant unter T ist. Die Menge der „Rechtecke" $\mathcal{R} = \left\{ \prod_{j=1}^d [a_j, b_j) : 0 \le a_j < b_1 \le 1 \right\} \cup \{\varnothing\}$ ist ein Semiring, der die Borel-σ-Algebra $\mathcal{B}_{\mathbb{T}^d}$ erzeugt. Ein d-dimensionales Rechteck $R \in \mathcal{R}$ wird durch die lineare Abbildung $\mathbf{x} \mapsto A^{-1}\mathbf{x} - A^{-1}\boldsymbol{\alpha}$ auf ein d-dimensionales Parallelogramm abgebildet, das dasselbe Lebesguemaß wie R hat. Um $T^{-1}(R) = S(R)$ zu erhalten, nimmt man dieses Parallelogramm jetzt noch modulo 1, wodurch es in endlich viele Teile zerlegt wird, die verschoben werden. Da diese Teile nach dem Verschieben wegen der Injektivität von S paarweise disjunkt liegen und da das Lebesguemaß translationsinvariant ist, erhalten wir $\lambda^d(T^{-1}(R)) = \lambda^d(R)$. Aus Lemma 1.58 folgt jetzt, dass das d-dimensionale Lebesguemaß λ^d invariant unter T ist.

1.3.3   Invariante Maße auf Shifträumen

Shifträume besitzen zumeist viele periodische Punkte. Auf den Bahnen dieser periodischen Punkte sitzen invariante Wahrscheinlichkeitsmaße, wie wir uns bereits überlegt haben. Der folgende Satz gibt uns die Möglichkeit, weitere invariante Maße zu finden.

Satz 1.63 (Konstruktion shiftinvarianter Maße)   *Sei (Σ_N, σ) der zweiseitige Shiftraum mit N-elementigem Alphabet $A = \{0, \ldots, N-1\}$. Für $n \ge 0$ und $i_0, i_1, \ldots, i_n \in A$ seien nichtnegative Zahlen $q_{i_0 i_1 \ldots i_n}$ gegeben, sodass $\sum_{j \in A} q_j = 1$,*

$$\sum_{j \in A} q_{i_0 i_1 \ldots i_n j} = q_{i_0 i_1 \ldots i_n}, \quad \text{und} \quad \sum_{j \in A} q_{j i_0 i_1 \ldots i_n} = q_{i_0 i_1 \ldots i_n} \tag{1.23}$$

für alle $n \ge 0$ und $i_0, i_1, \ldots, i_n \in A$ gelten. Dann existiert ein eindeutig bestimmtes σ-invariantes Wahrscheinlichkeitsmaß μ auf der Borel-σ-Algebra $\mathcal{B} = \mathcal{B}_{\Sigma_N}$ des Shiftraums Σ_N, sodass

$$\mu\big({}_m[i_0 i_1 \ldots i_n]\big) = q_{i_0 i_1 \ldots i_n} \tag{1.24}$$

für alle $m \in \mathbb{Z}$, $n \ge 0$ und $i_0, i_1, \ldots, i_n \in A$ erfüllt ist.

Dasselbe Resultat, jedoch nur für $m \ge 0$, gilt auch für den einseitigen Shiftraum Σ_N^+.

Die nachfolgenden Beispiele 1.64 und 1.65 können helfen, den Beweis von Satz 1.63 verständlich zu machen. Es empfiehlt sich daher, jetzt schon einen Blick auf diese Beispiele zu werfen und sie beim Lesen des folgenden Beweises im Auge zu behalten.

Beweis von Satz 1.63 Wir haben uns bereits überlegt, dass jede offene Teilmenge von Σ_N eine Zylindermenge der Form (1.12) enthält und dass jede Zylindermenge offen und abgeschlossen ist (Aufgaben 1.29 und 21). Damit ist jede offene Teilmenge von Σ_N eine Vereinigung von Zylindermengen. Da es nur abzählbar viele Zylindermengen gibt, ist jede offene Menge auch eine *abzählbare* Vereinigung von Zylindermengen.

Es sei nun $\mathcal{A}$ die Algebra der offen-abgeschlossenen Teilmengen von Σ_N die, wie wir gerade gesehen haben, ein durchschnittsstabiler Erzeuger von $\mathcal{B}$ ist. Da die Elemente von $\mathcal{A}$ kompakt sind, ist jedes nichtleere $A \in \mathcal{A}$ eine *endliche* Vereinigung von Zylindermengen (die ja offen sind; vgl. wieder die Aufgaben 1.29 und 21). Wenn nun $A = \bigcup_{j=1}^{k} C_j$ ist, wobei die C_j Zylindermengen der Form

$$C_j = {}_{m_j}[i_0^{(j)} \ldots i_{n_j}^{(j)}], \quad j = 1, \ldots, k,$$

sind, so wählen wir ein $M \geq \max\{|m_j| + n_j : j = 1, \ldots, n\}$ und können damit jedes C_j in eindeutiger Weise als Vereinigung von paarweise disjunkten Zylindermengen der Form ${}_{-M}[i_0 \ldots i_{2M+1}]$ für geeignete Worter $i_0 \ldots i_{2M+1}$ schreiben. Damit haben wir A auf eindeutige Weise als Vereinigung

$$A = \bigcup_{j=1}^{l} {}_{-M}[i_0^{(j)} \ldots i_{2M+1}^{(j)}] \tag{1.25}$$

von paarweise disjunkten Zylindern dargestellt, und wir setzen

$$\nu(A) = \sum_{j=1}^{l} \mu({}_{-M}[i_0^{(j)} \ldots i_{2M+1}^{(j)}]),$$

wobei $\mu({}_{-M}[i_0^{(j)} \ldots i_{2M+1}^{(j)}])$ durch (1.24) gegeben ist. Die Bedingung (1.23) besagt nun, dass diese Definition von $\nu(A)$ nicht von der speziellen Wahl von M abhängt. Der Vollständigkeit halber setzen wir noch $\nu(\varnothing) = 0$.

Mit dieser Überlegung haben wir auch gezeigt, dass bei jeder Zerlegung $A = \bigcup_{j=1}^{k} A_k$ einer Menge $A \in \mathcal{E}$ in endlich viele paarweise disjunkte Elemente von $\mathcal{E}$ die Gleichung

$$\nu(A) = \sum_{j=1}^{k} \nu(A_j) \tag{1.26}$$

gilt, denn die Mengen A_j stellen ja nur eine bestimmte „Gruppierung" der Zylindermengen in (1.25) dar (wobei wir natürlich wieder voraussetzen, dass M genügend groß ist).

Aus der durch (1.26) beschriebenen *Additivität* der Mengenfunktion ν auf der Algebra $\mathcal{E}$ folgt, dass ν auf $\mathcal{E}$ sogar σ-additiv ist: Wenn $A = \bigcup_{j=1}^{\infty} A_j$ eine unendliche Zerlegung einer

Menge $A \in \mathcal{E}$ in paarweise disjunkte Elemente von $\mathcal{E}$ ist, so bilden die offenen Mengen A_j eine Überdeckung der kompakten Menge A, die eine endliche Teilüberdeckung haben muss. Da die A_j disjunkt sind, können nur endlich viele von ihnen nichtleer sein. Damit erhalten wir, dass für jede derartige Zerlegung von A auch

$$\nu(A) = \sum_{j=1}^{\infty} \nu(A_j) \tag{1.27}$$

gilt. Mit anderen Worten, die Mengenfunktion ν ist σ-*additiv* auf der Algebra $\mathcal{E}$.

Schließlich setzen wir für jedes $A \in \mathcal{E}$

$$\kappa(A) = \inf\left\{\sum_{n \geq 1} \nu(E_n) : E_1, E_2, \cdots \in \mathcal{E}, A \subset \bigcup_{n \geq 1} E_n\right\}. \tag{1.28}$$

Da $E_1 = A, E_n = \varnothing$ für $n \geq 2$, eine der Überdeckungen von A auf der rechten Seite von (1.28) ist, ist $\kappa(A) \leq \nu(A)$ für jedes $A \in \mathcal{E}$. Andererseits ist, für jede Überdeckung $A \subset \bigcup_{n \geq 1} E_n$ in (1.28), $\sum_{n \geq 1} \nu(E_n) \geq \sum_{n \geq 1} \nu(F_n)$, wobei $F_n = A \cap E_n \smallsetminus \bigcup_{j=1}^{n-1} E_j \in \mathcal{E}$ ist. Wegen (1.27) ist $\sum_{n \geq 1} \nu(F_n) = \nu(A)$, womit gezeigt ist, dass $\kappa(A) \geq \nu(A)$ und daher $\kappa(A) = \nu(A)$ für alle $A \in \mathcal{E}$ ist. Aus dem Fortsetzungssatz für Maße in [3, Kapitel XI] ergibt sich nun, dass es auf der Borel-σ-Algebra $\mathcal{B}$ ein eindeutig bestimmtes Wahrscheinlichkeitsmaß μ gibt, das auf $\mathcal{E}$ mit $\nu = \kappa$ übereinstimmt.

Damit ist der Satz für den zweiseitigen Shift Σ_N bewiesen. Durch $\pi^+(\ldots, i_{-1}, i_0, i_1, \ldots) = i_0, i_1, \ldots$ ist eine Faktorabbildung von Σ_N nach Σ_N^+ definiert (Beispiel 1.44). Wir setzen $\mu^+ = \pi_*^+ \mu$ und erhalten, für alle $m \geq 0$ und $i_0, i_1, \ldots, i_n \in \mathsf{A}$,

$$\mu^+\big(_m[i_0 i_1 \ldots i_n]\big) = \mu\big((\pi^+)^{-1}\big(_m[i_0 i_1 \ldots i_n]\big)\big) = \mu\big(_m[i_0 i_1 \ldots i_n]\big) = q_{i_0 i_1 \ldots i_n},$$

wobei $_m[i_0 i_1 \ldots i_n]$ in dieser Rechnung zuerst eine Teilmenge von Σ_N^+ und dann eine von Σ_N ist. Damit ist der Satz auch für Σ_N^+ bewiesen. $\qquad\square$

Mit Satz 1.63 ist es auch leicht, spezielle σ-invariante Maße auf den Shifträumen Σ_N und Σ_N^+ mit Alphabet $\mathsf{A} = \{0, \ldots, N-1\}$ zu konstruieren.

Beispiel 1.64 (Bernoullimaße)
Ein Vektor $\pi = (\pi_i)_{i \in \mathsf{A}}$ heißt *stochastisch*, wenn $\sum_{i \in \mathsf{A}} \pi_i = 1$ und $\pi_i \geq 0$ für alle $i \in \mathsf{A}$ gilt. Für $n \geq 0$ und $i_0, i_1, \ldots, i_n \in \mathsf{A}$ definieren wir dann $q_{i_0 i_1 \ldots i_n} = \pi_{i_0} \pi_{i_1} \ldots \pi_{i_n}$. Die Bedingungen aus Satz 1.63 sind leicht nachzuprüfen. Es existiert somit ein σ-invariantes Wahrscheinlichkeitsmaß μ auf dem zweiseitigen Shiftraum Σ_N, sodass $\mu(_m[i_0 i_1 \ldots i_n]) = \pi_{i_0} \pi_{i_1} \ldots \pi_{i_n}$ für alle $m \in \mathbb{Z}$, $n \geq 0$ und $i_0, i_1, \ldots, i_n \in \mathsf{A}$ gilt. Auch auf dem einseitigen Shiftraum Σ_N^+ existiert ein σ-invariantes Wahrscheinlichkeitsmaß μ mit dieser Eigenschaft (wobei jetzt natürlich $m \geq 0$ ist). Ein derartiges Maß auf Σ_N oder Σ_N^+ nennt man *Bernoullimaß* oder π-*Bernoullimaß*.

Beispiel 1.65 (Markovmaße)
Eine $N \times N$-Matrix $\mathsf{P} = (\mathsf{P}_{ij})$ heißt *stochastisch*, wenn ihre Koeffizienten P_{ij} für alle $i, j \in \mathsf{A}$ nichtnegativ sind und $\sum_{j \in \mathsf{A}} \mathsf{P}_{ij} = 1$ für alle $i \in \mathsf{A}$ gilt. Eine stochastische Matrix $\mathsf{P} = (\mathsf{P}_{ij})$ heißt *strikt positiv*, wenn alle P_{ij} positiv sind.

Ist π ein stochastischer Vektor und P eine stochastische Matrix, sodass $\pi P = \pi$ gilt, dann definieren wir $q_{i_0 i_1 \ldots i_n} = \pi_{i_0} P_{i_0 i_1} P_{i_1 i_2} \ldots P_{i_{n-1} i_n}$ für $n \geq 0$ und $i_0, i_1, \ldots, i_n \in A$. Die Bedingungen aus Satz 1.63 sind erfüllt. Es existiert also ein σ-invariantes Wahrscheinlichkeitsmaß μ auf dem zweiseitigen Shiftraum Σ_N, sodass

$$\mu\big({}_m[i_0 i_1 \ldots i_n]\big) = \pi_{i_0} P_{i_0 i_1} P_{i_1 i_2} \ldots P_{i_{n-1} i_n} \tag{1.29}$$

für alle $m \in \mathbb{Z}$, $n \geq 0$ und $i_0, i_1, \ldots, i_n \in A$ gilt. Ein entsprechendes Maß existiert auch wieder auf dem einseitigen Shiftraum Σ_N^+.

Ein auf diese Weise definiertes Maß nennt man *Markovmaß* oder (π, P)-*Markovmaß*.

Aufgabe 1.66

Es sei P eine stochastische $N \times N$-Matrix mit $N \geq 2$. Zeigen Sie, dass es einen stochastischen Vektor π mit $\pi P = \pi$ gibt.

Hinweis: Für jedes $k \geq 1$ sei $Q_k = \frac{1}{k} \sum_{i=1}^{k} P^i$. Wenn Q ein Häufungspunkt der Folge $(Q_k)_{k \geq 1}$ stochastischer Matrizen ist, so ist Q ebenfalls stochastisch, und es gilt $PQ = QP = Q$ (siehe auch Satz 2.58 in Abschn. 2.3.3).

Beispiele 1.67 (Markovmaße auf Markovshifts)

Es sei A ein (endliches) Alphabet, M eine $A \times A$-Matrix mit Koeffizienten 0 und 1 und $\Sigma_M \subset A^{\mathbb{Z}}$ der in Definition 1.30 beschriebene zweiseitige Markovshift.

(1) Eine $A \times A$-stochastische Matrix P ist *kompatibel* mit M, wenn $P_{a,a'} \leq M_{a,a'}$ für alle $(a, a') \in A \times A$ ist.

Zu jedem stochastischen Vektor π mit $\pi P = \pi$ erhält man ein shiftinvariantes Wahrscheinlichkeitsmaß μ auf $\mathcal{B}_{\Sigma_M}$, das für jede Zylindermenge ${}_m[i_0 i_1 \ldots i_n]$ durch (1.29) definiert ist.

(2) Für jedes $k \geq 1$ definieren wir die k-Block-Darstellung $\Sigma_{M^{(k)}} \subset A^{(k)\mathbb{Z}}$ wie in Aufgabe 1.36. Die dort definierte Abbildung $\Phi_l^{(k)} : \Sigma_{M^{(k)}} \longrightarrow \Sigma_M$ erlaubt es uns, zu jedem shiftinvarianten Wahrscheinlichkeitsmaß ν auf $\mathcal{B}_{\Sigma_{M^{(k)}}}$ ein Maß $\mu = \Phi_* \nu$ auf Σ_M zu definieren, das für $B \in \mathcal{B}_{\Sigma_M}$ durch $\mu(B) = \Phi_* \nu(B) = \nu(\Phi^{-1}(B))$ gegeben ist.

Wenn ν ein Markovmaß auf $\Sigma_{M^{(k)}}$ ist, so nennt man das Maß $\mu = \Phi_* \nu$ ein *k-Block Markovmaß* auf Σ_M.

1.3.4 Eindeutige Ergodizität

Shifträume wie Σ_N, $N \geq 2$, haben viele invariante Maße (z. B. Markovmaße). Aber nicht alle topologischen dynamischen Systeme haben viele invariante Maße.

Definition 1.68 (Eindeutige Ergodizität)

Ein topologisches dynamisches System (X, T) heißt *eindeutig ergodisch*, wenn genau ein T-invariantes Wahrscheinlichkeitsmaß auf der Borel-σ-Algebra $\mathcal{B}_X$ existiert.

Es ist ersichtlich, dass die dynamischen Systeme in den Beispielen 1.1, 1.3 oder 1.9 nicht eindeutig ergodisch sind. Die irrationalen Rotationen in Beispiel 1.2 sind hingegen eindeutig ergodisch.

Beispiel 1.69 (Irrationale Rotationen)
Wir wählen $\alpha \in \mathbb{R}$ irrational und betrachten die Rotation R_α auf $\mathbb{T}$ (Beispiel 1.2). In Beispiel 1.61 haben wir gesehen, dass das Lebesguemaß λ auf $\mathcal{B}_\mathbb{T}$ R_α-invariant ist.

Um zu zeigen, dass λ das einzige R_α-invariante Maß in $\mathcal{M}(\mathbb{T})$ ist, betrachten wir, für jedes $k \in \mathbb{Z}$, die durch $\chi_k(x) = e^{2\pi i k x}$, $x \in \mathbb{T}$, definierte Funktion $\chi_k \colon \mathbb{T} \longrightarrow \mathbb{C}$, wobei $\mathbb{C}$ die Menge der komplexen Zahlen bedeutet.

Für jedes $k \in \mathbb{Z}$ ist offensichtlich $\chi_k \circ R_\alpha = e^{2\pi i k \alpha} \chi_k$. Für jedes $\mu \in \mathcal{M}(X)^{R_\alpha}$ gilt daher einerseits $\int \chi_k \circ R_\alpha \, d\mu = e^{2\pi i k \alpha} \int \chi_k \, d\mu$, andererseits ist aber (wegen der R_α-Invarianz von μ) $\int \chi_k \circ R_\alpha \, d\mu = \int \chi_k \, d\mu$. Da α irrational ist, ist $e^{2\pi i k \alpha} \neq 1$ und daher $\int \chi_k \, d\mu = 0$ für $k \neq 0$.

Damit sehen wir, dass $\int \chi_k \, d\mu = \int \chi_k \, d\lambda$ für jedes $k \in \mathbb{Z}$. Damit gilt auch $\int h \, d\mu = \int h \, d\lambda$ für jede endliche komplexe Linearkombination der Funktionen χ_k, $k \in \mathbb{Z}$. Die Menge $\mathcal{A}$ aller derartigen Linearkombinationen ist eine komplexe Funktionenalgebra, die die Punkte von $\mathbb{T}$ trennt und die invariant unter der komplexen Konjugation ist. Nach dem Satz von Stone-Weierstrass[7] ist $\mathcal{A}$ daher bezüglich der Maximumnorm dicht in $C(\mathbb{T}, \mathbb{C})$. Daher folgt aus Lemma 1.51, dass $\mu = \lambda$ ist.

Beispiel 1.70 (Kilometerzähler)
Ein Kilometerzähler lässt sich als dynamisches System auffassen. Die Transformation besteht darin, dass zum Kilometerstand 1 dazugezählt wird. Unser Kilometerzähler hat jedoch unendlich viele Stellen. Sei $A = \{0, 1, \ldots, b-1\}$ die Menge der Ziffern zur Basis b und $X_b = A^\mathbb{N}$ die Menge der Zahlen zur Basis b, wobei wir $\mathbf{x} = (x_k)_{k \geq 0} \in X_b$ als die *Zahl* $\sum_{k=0}^\infty x_k b^k$ interpretieren. Das ist natürlich nur dann eine echte Zahl, wenn alle bis auf endlich viele der Ziffern $x_0 x_1 x_2 \ldots$ gleich 0 sind. Wir lassen jedoch auch unechte (unendliche) Zahlen zu.

Als Menge stimmt X_b mit Σ_b^+ überein. Wir versehen X_b auch mit derselben Topologie wie Σ_b^+, die von den Zylindermengen erzeugt wird. Die Transformation T auf X_b beschreibt einen Kilometerzähler: T addiert 1 zu x_0 mit möglichem Übertrag auf x_1, x_2, usw. Um das formaler auszudrücken, nehmen wir $\mathbf{x} = (x_0, x_1, x_2, \ldots)$ in X_b und wählen das kleinste $m \geq 0$ mit $x_m < b-1$. Dann definieren wir $T(\mathbf{x}) = \mathbf{y} = (y_k)_{k \geq 0}$ mit $y_j = 0$ für $j < m$, $y_m = x_m + 1$, und $y_k = x_k$ für $k > m$. Ist $x_j = b-1$ für alle j, das heißt $m = \infty$, dann gilt $y_k = 0$ für alle j. Für die früher auf dem Shiftraum eingeführte Metrik d gilt $d(T(\mathbf{u}), T(\mathbf{v})) = d(\mathbf{u}, \mathbf{v})$ für alle $\mathbf{u}$ und $\mathbf{v}$ in X_b: Wenn $\mathbf{u}$ und $\mathbf{v}$ in den ersten m Koordinaten übereinstimmen, so gilt das auch für $T(\mathbf{y})$ und $T(\mathbf{v})$ – und umgekehrt. Somit ist T eine Isometrie und daher injektiv und stetig.

Man überprüft leicht, dass T auch surjektiv ist: Zu jedem $\mathbf{x} \in X_b$ kann man eine explizite Folge $\mathbf{y}$ angeben, für die $T(\mathbf{x}) = \mathbf{y}$ ist. Für einen allgemeineren Beweis der Surjektivität von T verweisen wir auf Aufgabe 1.72.

Sei $n \geq 1$. Für $0 \leq r \leq b^n - 1$ sei $Z_{n,r} = {}_0[i_0 i_1 \ldots i_{n-1}]$ mit $r = \sum_{k=0}^{n-1} i_k b^k$. Aus obiger Definition folgt dann, dass $Z_{n,r}$ für $0 \leq r < b^n - 1$ durch T auf $Z_{n,r+1}$ bijektiv abgebildet wird und Z_{n,b^n-1} auf $Z_{n,0}$. Ist μ ein T-invariantes Wahrscheinlichkeitsmaß, dann haben die Mengen $Z_{n,r}$ für $0 \leq r \leq b^n - 1$ alle gleiches Maß wegen $T^{-1}(Z_{n,r}) = Z_{n,r-1}$ für $1 \leq r \leq b^n - 1$ und $T^{-1}(Z_{n,0}) = Z_{n,b^n-1}$. Somit gilt $\mu(Z_{n,r}) = \frac{1}{b^n}$ für $0 \leq r \leq b^n - 1$. Sei ν das $(\frac{1}{b}, \frac{1}{b}, \ldots, \frac{1}{b})$-Bernoullimaß, das oben konstruiert wurde. Sei $\mathcal{E} = \{Z_{n,r} : n \geq 1, 0 \leq r \leq b^n - 1\}$. Dann gilt $\nu(T^{-1}(E)) = \nu(E)$ und $\mu(E) = \nu(E)$ für alle $E \in \mathcal{E}$. Da $\mathcal{E}$ ein Semiring ist, der $\mathcal{B}_{X_b}$ erzeugt, ist ν wegen Lemma 1.58 ein T-invariantes Maß, und $\mu = \nu$ folgt aus dem Eindeutigkeitssatz für Wahrscheinlichkeitsmaße. Somit ist der Kilometerzähler (X_b, T) eindeutig ergodisch mit T-invariantem Maß ν.

---

[7] Wir verwenden die folgende allgemeine Formulierung des *Satzes von Stone-Weierstrass* (vgl. [15, Theorem 5.7]): *Es sei X ein kompakter metrisierbarer Raum und $\mathcal{A} \subset C(X, \mathbb{C})$ eine Funktionenalgebra, die die Punkte trennt und die mit jeder Funktion h auch die konjugiert komplexe Funktion $\bar{h}$ enthält. Dann ist $\mathcal{A}$ dicht in $C(X, \mathbb{C})$ bezüglich der Maximumnorm.*

Aufgaben 1.71 (Verallgemeinerte Kilometerzähler)

Man kann das Beispiel 1.70 variieren, indem man eine beliebige Folge $\mathbf{b} = (b_n)_{n\geq 0}$ von ganzen Zahlen $b_n \geq 2$ wählt und $X_\mathbf{b} = \prod_{n\geq 0}\{0,\ldots,b_n - 1\}$ setzt. In der Produkttopologie ist $X_\mathbf{b}$ ein kompakter metrisierbarer Raum.

Wir definieren einen Homöomorphismus $T_\mathbf{b}\colon X_\mathbf{b} \longrightarrow X_\mathbf{b}$ wie in Beispiel 1.70: Für jedes $\mathbf{x} = (x_k)_{k\geq 0}$ in $X_\mathbf{b}$ wählen wir das kleinste $m \geq 0$, für das $x_m < b_m - 1$ gilt, und setzen $T_\mathbf{b}(\mathbf{x}) = \mathbf{y} = (y_k)_{k\geq 0}$ mit $y_k = 0$ für $j < m$, $y_m = x_m + 1$, und $y_k = x_k$ für $k > m$. Ist $x_m = b_m - 1$ für alle m, so setzen wir $y_k = 0$ für alle j.

(1) Zeigen Sie, dass $T_\mathbf{b}$ eindeutig ergodisch ist.
(2) Wenn v das eindeutige $T_\mathbf{b}$-invariante Maß in $\mathcal{M}(X_\mathbf{b})$ ist, bestimmen Sie $v(C)$ für jede Zylindermenge $C = {}_0[i_0 i_1 \ldots i_m] = \{\mathbf{x} \in X_\mathbf{b} : x_k = i_k \text{ for } k = 0,\ldots,m\} \subset X_\mathbf{b}$.

Aufgaben 1.72 (Gruppenstruktur von Kilometerzählern)

Im Beispiel 1.69 ist die Transformation R_α durch eine Translation auf der kompakten Gruppe $\mathbb{T}$ gegeben. Wir überlegen uns jetzt, dass es sich auch in Bcispiel 1.70 und Aufgabe 1.71 um Translationen auf kompakten Gruppen handelt. Der Raum X_b in Beispiel 1.70 kann in der Form $X_b = (\mathbb{Z}/b\mathbb{Z})^{\mathbb{N}_0}$ als kartesisches Produkt der endlichen Gruppen $\mathbb{Z}/b\mathbb{Z}$ geschrieben werden. Damit ist auch X_b eine Gruppe bezüglich der koordinatenweisen Addition $(\mathrm{mod}\, b)$. Die dem Beispiel 1.70 zugrunde liegende Gruppenstruktur auf X_b ist aber eine andere: Die Summe $\mathbf{z} = \mathbf{x} \oplus \mathbf{y}$ zweier Folgen $\mathbf{x} = (x_k)_{k\geq 0}$ und $\mathbf{y} = (y_k)_{k\geq 0}$ in X_b ist induktiv definiert durch *koordinatenweise Addition* $(\mathrm{mod}\, b)$ *mit Übertrag*: Beginnend mit der Koordinate 0 setzen wir $z_0 = x_0 + y_0 \;(\mathrm{mod}\, b)$ und

$$u_0 = \begin{cases} 0, & \text{wenn } x_0 + y_0 < b, \\ 1, & \text{wenn } x_0 + y_0 \geq b. \end{cases}$$

Wenn $z_0,\ldots,z_m$ und $u_0,\ldots,u_m$ definiert sind, so ist $z_{m+1} = x_{m+1} + y_{m+1} + u_m \;(\mathrm{mod}\, b)$ und

$$u_{m+1} = \begin{cases} 0, & \text{wenn } x_m + y_m + u_m < b, \\ 1, & \text{wenn } x_m + y_m \geq b. \end{cases}$$

(1) Beweisen Sie, dass X_b bezüglich der so definierten Operation $\oplus$ eine kompakte abelsche topologische Gruppe ist und dass $T_b(\mathbf{x}) = \mathbf{x} \oplus \mathbf{1}$ für alle $\mathbf{x} \in X_b$ ist, wobei $\mathbf{1} = (1,0,0,\ldots) \in X_b$ ist.
(2) Was ist das Inverse von $\mathbf{1} = (1,0,0,\ldots)$ in $(X_b, \oplus)$?
(3) Beweisen Sie, dass die Vielfachen von $\mathbf{1}$ dicht in X_b liegen.
(4) Beschreiben Sie die analoge Gruppenstruktur von $X_\mathbf{b}$ in Aufgabe 1.71.

▶ **Bemerkung 1.73 (Ring der p-adischen ganzen Zahlen)** Wenn die Zahl b in Beispiel 1.70 eine Primzahl $p \geq 2$ ist, so betrachtet man auf $X_p = X_b$ nicht nur die in Aufgabe 1.72 eingeführte Addition $\oplus$, sondern auch eine hier mit $\star$ bezeichnete *Multiplikation mit Übertrag*, die folgendermaßen definiert ist: Für $\mathbf{x} = (x_0, x_1, \ldots)$ und $\mathbf{y} = (y_0, y_1, \ldots)$ in X_p ist $\mathbf{z} = \mathbf{x} \star \mathbf{y}$ induktiv gegeben durch $z_0 = x_0 y_0 \;(\mathrm{mod}\, p)$ und

$$v_0 = k \quad \text{wenn} \quad kp \leq x_0 y_0 < (k+1)p;$$

wenn $z_0,\ldots,z_m$ und $v_0,\ldots,v_m$ bestimmt sind, so setzt man $z_{m+1} = x_{m+1}y_0 + \cdots + x_0 y_{m+1} + v_m \;(\mathrm{mod}\, p)$ und

$$v_{m+1} = k \quad \text{wenn} \quad kp \leq x_{m+1}y_0 + \cdots + x_0 y_{m+1} + v_m < (k+1)p.$$

Mit der Addition $\oplus$ und der Multiplikation $\star$ ist X_p ein Integritätsbereich, den man den *Ring der p-adischen ganzen Zahlen* nennt und mit $\mathbb{Z}_p$ bezeichnet (zum Unterschied von $\mathbb{Z}_{/p} = \mathbb{Z}/p\mathbb{Z}$).

Das Phänomen der eindeutigen Ergodizität tritt nicht nur bei Gruppentranslationen auf (wie in den Beispielen 1.69 und 1.70 oder in den Aufgaben 1.71 und 34), sondern auch in vielen anderen Beispielen, die die historische Entwicklung der Theorie der dynamischen Systeme entscheidend beeinflusst haben. Um eindeutige Ergodizität in größerer Allgemeinheit zu untersuchen, ist der folgende Satz nützlich, der ein Kriterium für die eindeutige Ergodizität topologischer dynamischer Systeme liefert.

Satz 1.74 *Es sei (X, T) ein topologisches dynamisches System. Die folgenden Bedingungen sind äquivalent.*

(1) (X, T) is eindeutig ergodisch.

(2) Zu jedem $f \in C(X)$ gibt es eine Konstante $c(f) \in \mathbb{R}$, sodass die Folge $(M_n(f) := \frac{1}{n} \sum_{k=0}^{n-1} f \circ T^k)_{n \geq 1}$ punktweise gegen $c(f)$ konvergiert.

(3) Zu jedem $f \in C(X)$ gibt es eine Konstante $c(f) \in \mathbb{R}$, sodass die Folge $(M_n(f))_{n \geq 1}$ gleichmäßig gegen $c(f)$ konvergiert.

Beweis Offensichtlich gilt (3) $\Rightarrow$ (2). Um zu beweisen, dass (1) aus (2) folgt, stellen wir zunächst fest, dass für jedes $f \in C(X)$ und jedes $n \geq 1$, $\|M_n(f)\|_\infty \leq \|f\|_\infty$ gilt. Wenn μ ein T-invariantes Wahrscheinlichkeitsmaß auf $\mathcal{B}_X$ ist, so folgt aus der T-Invarianz von μ und dem Satz über dominierte Konvergenz, dass $\int f\, d\mu = \int M_n(f)\, d\mu = \lim_{n \to \infty} \int M_n(f)\, d\mu = c(f)$ ist. Wenn nun ν ein zweites T-invariantes Wahrscheinlichkeitsmaß auf $\mathcal{B}_X$ ist, so gilt $\int f\, d\mu = c(f) = \int f\, d\nu$ für alle $f \in C(X)$. Aus Lemma 1.51 folgt $\mu = \nu$. Damit ist die eindeutige Ergodizität von (X, T) bewiesen.

Schließlich beweisen wir (1) $\Rightarrow$ (3). Nehmen wir an, dass (X, T) eindeutig ergodisch ist mit (eindeutig bestimmtem) T-invariantem Wahrscheinlichkeitsmaß ν. Wegen der Beschränktheit der Folge $(M_n(f)(x_n))_{n \geq 1}$ für jedes $x_n \in X$ ist es klar, dass jede Teilfolge dieser Folge eine weitere, konvergente, Teilfolge haben muss. Falls $M_n(f)$ nicht für alle $f \in C(X)$ gleichmäßig gegen $\mu(f)$ strebt, dann gäbe es eine Folge $(x_n)_{n \geq 1}$ in X, eine Folge $m_1 < m_2 < m_3 < \cdots$ von natürlichen Zahlen und eine Funktion $g \in C(X)$, für die $\lim_{k \to \infty} M_{m_k}(g)(x_k) = a \neq \int g\, d\nu$ gilt.

Wir wenden Lemma 1.59 auf die Folge $(m_k)_{k \geq 1}$ und die Folge von Maßen $(\nu_k = \mathrm{p}_{x_k})_{k \geq 1}$ an, wobei p_{x_k} das in x_k konzentrierte Punktmaß ist. Aufgrund der Kompaktheit von $\mathcal{M}(X)$ hat die Folge $(\mu_k := \frac{1}{m_k} \sum_{j=0}^{m_k-1} T_\star^j \nu_k)$ eine konvergente Teilfolge, die wegen Lemma 1.59 in der schwachen*-Topologie gegen ein Maß $\mu \in \mathcal{M}(X)^T$ konvergiert. Damit gilt auch, dass $\int g\, d\mu = a$ ist. Aus diesem Widerspruch zu unserer Annahme folgt, dass (2) gelten muss, womit der Satz vollständig bewiesen ist. $\qquad\square$

1.3.5   Existenz ergodischer Maße

Im vorigen Abschnitt haben wir uns mit eindeutig ergodischen topologischen dynamischen Systemen beschäftigt. Was können wir über die Menge $\mathcal{M}(X)^T$ aussagen, wenn sie aus mehr als einem Element besteht? Wir beginnen mit einer allgemeinen Aussage über abgeschlossene konvexe Teilmengen von $\mathcal{M}(X)$.

Definition 1.75

Sei $\mathcal{K}$ eine konvexe Teilmenge von $\mathcal{M}(X)$. Man nennt $\mu \in \mathcal{K}$ einen *Extremalpunkt* von $\mathcal{K}$, wenn $\mu = \alpha\rho + (1-\alpha)\tau$ mit $0 < \alpha < 1$ und $\rho, \tau \in \mathcal{K}$ nur für $\rho = \tau = \mu$ gilt.

Satz 1.76 (Existenz von Extremalpunkten konvexer Mengen) *Jede nichtleere schwach*-abgeschlossene konvexe Teilmenge $\mathcal{K}$ von $\mathcal{M}(X)$ hat mindestens einen Extremalpunkt.*

Beweis Wir ordnen die abzählbare dichte Menge $\mathcal{D} \subset C(X)$ aus Lemma 1.49 als Folge $\mathcal{D} = (h_1, h_2, h_3, \dots)$ an und konstruieren induktiv abgeschlossene nichtleere Teilmengen $\mathcal{K}_0 \supset \mathcal{K}_1 \supset \mathcal{K}_2 \supset \dots$ von $\mathcal{K}$. Wir beginnen den Induktionsprozess mit $\mathcal{K}_0 = \mathcal{K}$ und nehmen an, dass die Teilmenge $\mathcal{K}_{j-1}$, $j \geq 1$, bereits konstruiert ist. Dann setzen wir

$$q_j = \sup_{v \in \mathcal{K}_{j-1}} v(h_j) = \max_{v \in \mathcal{K}_{j-1}} v(h_j) \quad \text{und} \quad \mathcal{K}_j = \{v \in \mathcal{K}_{j-1} : v(h_j) = q_j\}.$$

Da die Abbildungen $v \mapsto v(h_j)$ schwach*-stetig sind und $\mathcal{K}_{j-1}$ schwach*-kompakt ist, ist das Supremum in der ersten Gleichung ein Maximum, womit klar ist, dass $\mathcal{K}_j$ abgeschlossen, also insbesondere wieder kompakt, und nichtleer ist.

Damit sind die abgeschlossenen nichtleeren Teilmengen $\mathcal{K}_0 \supset \mathcal{K}_1 \supset \mathcal{K}_2 \supset \dots$ von $\mathcal{K}$ konstruiert.

Für $n \geq 0$ sei $\mu_n \in \mathcal{K}_n$ beliebig. Wegen Satz 1.55 existiert eine Teilfolge $(\mu_{n_k})_{k \geq 1}$ von $(\mu_n)_{n \geq 1}$, die gegen ein $\mu \in \mathcal{M}(X)$ konvergiert. Für jedes $m \geq 1$ liegt dann μ in $\mathcal{K}_m$, da $\mathcal{K}_m$ abgeschlossen ist und die Folge $(\mu_{n_k})_{k \geq m}$ in $\mathcal{K}_m$ liegt. Insbesondere gilt $\mu \in \mathcal{K}$. Wir beweisen, dass μ ein Extremalpunkt von $\mathcal{K}$ ist.

Dazu sei $\mu = \alpha\rho + (1-\alpha)\tau$ mit $0 < \alpha < 1$ und $\rho, \tau \in \mathcal{K}$. Wir zeigen, dass ρ und τ für alle $j \geq 0$ in $\mathcal{K}_j$ liegen. Wegen $\mathcal{K}_0 = \mathcal{K}$ gilt das für $j = 0$. Sei $j \geq 1$ und $\rho, \tau \in \mathcal{K}_{j-1}$ bereits gezeigt. Es gilt $q_j = \mu(h_j) = \alpha\rho(h_j) + (1-\alpha)\tau(h_j)$. Aus der Definition von q_j folgt $\rho(h_j) \leq q_j$ und $\tau(h_j) \leq q_j$. Somit erhalten wir $\rho(h_j) = q_j$ und $\tau(h_j) = q_j$, d. h. ρ und τ liegen in $\mathcal{K}_j$.

Wir haben gezeigt, dass $\rho(h_j) = \tau(h_j) = \mu(h_j)$ für alle $j \geq 1$ gilt. Nun ist $\mathcal{D} = \{h_1, h_2, h_3, \dots\}$ eine dichte Teilmenge von $C(X)$, sodass $\rho = \tau = \mu$ aus Lemma 1.51 folgt. Das beweist, dass μ ein Extremalpunkt von $\mathcal{K}$ ist. $\qquad\square$

Aufgabe 1.77

Zeigen Sie, dass jede nichtleere abgeschlossene konvexe Teilmenge $\mathcal{K}$ von $\mathcal{M}(X)$, die nicht nur aus einem Punkt besteht, mindestens zwei verschiedene Extremalpunkte hat.

Laut Satz 1.76 muss die Menge $\mathcal{M}(X)^T$ Extremalpunkte enthalten, von denen wir uns besondere Eigenschaften erwarten dürfen.

Wir erinnern daran, dass eine Teilmenge $E \subset X$ T-*invariant* ist, wenn $T(E) \subset E$ gilt. Damit ist E genau dann invariant, wenn $T^{-1}(E) \supset T^{-1}(T(E)) \supset E$ ist. Aus der Perspektive der Maßtheorie ist die letzte Charakterisierung der Invarianz vorzuziehen, da z. B. für eine Borelmenge E in einem kompakten metrischen Raum X das Bild $T(E)$ unter T keine Borelmenge sein muss, während $T^{-1}(E)$ natürlich wieder Borel ist.

Definition 1.78 (Ergodizität)

Ein Maß $\mu \in \mathcal{M}(X)^T$ heißt *ergodisch*, wenn für jede T-invariante Menge $B \in \mathcal{B}_X$ entweder $\mu(B) = 0$ oder $\mu(B) = 1$ ist.

▶ **Bemerkung 1.79** Ergodizität ist eine maßtheoretische Irreduzibilitätseigenschaft des dynamischen Systems (X, T): Sie bedeutet, dass es keine bezüglich des invarianten Maßes μ nichttriviale Zerlegung des Raumes X in T-invariante Borelmengen gibt.

Satz 1.80 (Ergodizität der Extremalpunkte von $\mathcal{M}(X)^T$) *Sei (X, T) ein topologisches dynamisches System. Dann sind die Extremalpunkte von $\mathcal{M}(X)^T$ genau die ergodischen Maße von T.*

Beweis Sei $\mu \in \mathcal{M}(X)^T$ ein Maß, das nicht ergodisch ist. Dann existiert eine T-invariante Menge $C \in \mathcal{B}_X$ mit $C \subset T^{-1}(C)$ und $0 < \mu(C) < 1$. Aus der T-Invarianz von μ erhalten wir, dass $\mu(T^{-1}(C) \smallsetminus C) = 0$ ist. Die Menge $D = \bigcup_{n \geq 0} T^{-n}(C) \supset C$ erfüllt die Bedingungen, dass $\mu(D) = \mu(C)$ und $T^{-1}D = D$ ist.

Wir definieren $\mu_1(A) = \frac{\mu(A \cap D)}{\mu(D)}$ und $\mu_2(A) = \frac{\mu(A \cap (X \smallsetminus D))}{\mu(X \smallsetminus D)}$ für jedes $A \in \mathcal{B}_X$. Wegen $T^{-1}(D) = D$ und $T^{-1}(X \smallsetminus D) = X \smallsetminus D$ sind μ_1 und μ_2 Maße in $\mathcal{M}(X)^T$. Es gilt $\mu_1 \neq \mu_2$ und $\mu = \alpha \mu_1 + (1 - \alpha)\mu_2$ mit $\alpha = \mu(D) \in (0, 1)$. Das beweist, dass μ kein Extremalpunkt von $\mathcal{M}(X)^T$ ist.

Zur Umkehrung nehmen wir an, dass $\mu = \alpha \mu_1 + (1 - \alpha)\mu_2$ für Maße $\mu_1 \neq \mu_2$ in $\mathcal{M}(X)^T$ und $\alpha \in (0, 1)$ gilt. Wir setzen $\rho = \mu_1 - \mu_2$ und erhalten so ein von 0 verschiedenes signiertes Maß auf $\mathcal{B}_X$. Mit Hilfe der *Jordanzerlegung* [3, Satz IX.9] finden wir eindeutig bestimmte endliche Maße τ_1 und τ_2 auf $\mathcal{B}_X$ mit $\rho = \tau_1 - \tau_2$ und $\tau_1 \perp \tau_2$. Die letzte Bedingung bedeutet, dass es eine Borelmenge $E \subset X$ gibt mit $\tau_2(E) = \tau_1(X \smallsetminus E) = 0$. Falls E' eine weitere derartige Menge ist, dann sieht man leicht, dass $\tau_2(E \bigtriangleup E') = \tau_1(E \bigtriangleup E')$. Da $\mu_1 \neq \mu_2$ ist, sind die Maße τ_1 und τ_2 von 0 verschieden, und die Eindeutigkeit der Jordanzerlegung garantiert, dass sie T-invariant sind. Damit erfüllt $E' = T^{-1}E$ dieselbe Eigenschaft wie E, und es folgt $\tau_1(E \bigtriangleup T^{-1}E) = \tau_2(E \bigtriangleup T^{-1}E) = 0$.

Die Menge $F = \bigcap_{n\geq 0} T^{-n}(E) \in \mathcal{B}_X$ erfüllt die Bedingungen $T^{-1}(F) \supset F$ und $\tau_2(F) = \tau_1(X \smallsetminus F) = 0$. Des Weiteren gilt, dass

$$\mu(F) \geq \alpha\mu_1(F) = \alpha\tau(F) + \alpha\mu_2(F) \geq \alpha\tau_1(F) > 0$$

und ebenso $\mu(X \smallsetminus F) \geq (1-\alpha)\tau_2(F) > 0$ ist. Also gilt $0 < \mu(F) < 1$, womit gezeigt ist, dass μ nicht ergodisch ist. $\qquad\square$

Korollar 1.81 (Ergodizität eindeutig ergodischer Systeme) Wenn (X, T) ein eindeutig ergodisches topologisches dynamisches System ist, so ist das invariante Maß $\mu \in \mathcal{M}(X)^T$ ergodisch.

Aus Aufgabe 1.77 ergibt sich weiterhin folgendes Korollar.

Korollar 1.82 (Ergodische Maße nicht eindeutig ergodischer Systeme) Wenn ein topologisches dynamisches System (X, T) nicht eindeutig ergodisch ist, so gibt es mindestens zwei verschiedene ergodische Maße in $\mathcal{M}(X)^T$.

1.4 Aufgaben

Topologische dynamische Systeme

1. Zeigen Sie, dass jede Zahl $x \in [0,1]$ höchstens zwei Ziffernentwicklungen zur Basis 2 hat. Bestimmen Sie die Menge aller $x \in [0,1]$, die zwei derartige Ziffernentwicklungen haben, und zeigen Sie, dass diese Menge abzählbar ist.

2. Es sei $(\mathbb{T}, T_2)$ das in Beispiel 1.3 beschriebene dynamische System. Wie in Beispiel 1.3 fassen wir die Elemente von $\mathbb{T}$ als reelle Zahlen im mit der Metrik (1.1) versehenen Intervall $[0,1)$ auf.
(1) Zeigen Sie, dass die Bahn eines Punktes $x \in \mathbb{T}$ genau dann endlich ist, wenn x rational ist.
(2) Zeigen Sie: Ein Punkt $x \in \mathbb{T}$ ist genau dann periodisch, wenn $x = \frac{p}{q}$ ist, wobei p und q teilerfremd sind und q ungerade ist.
(3) Für welche Punkte $x \in \mathbb{T}$ ist $\lim_{k\to\infty} T_2^k(x) = 0$? Wie viele derartige Punkte gibt es? Liegt die Menge dieser Punkte dicht in $\mathbb{T}$?
(4) Gibt es einen Punkt $x \in \mathbb{T}$ mit $\lim_{k\to\infty} T_2^k(x) = \frac{1}{2}$?
(5) Für jede natürliche Zahl $p \geq 2$ definieren wir $T_p \colon \mathbb{T} \longrightarrow \mathbb{T}$ durch $T_p x = px \pmod 1$. Es sei $p \geq 2$. Bestimmen Sie die Menge der periodischen Punkte für T_p. Für welche Punkte $x \in \mathbb{T}$ ist $\lim_{k\to\infty} T_p^k(x) = 0$?

3. (1) Wie sehen die ω-Limesmengen der verschiedenen Punkte $x \in \overline{\mathbb{R}}$ in Beispiel 1.1 aus?
(2) Es sei x ein periodischer Punkt eines dynamischen Systems (X, T) mit Periode $p \geq 1$. Zeigen Sie, dass $\omega(x) = \{x, T(x), \ldots, T^{p-1}(x)\}$ ist. Wie sieht $\omega(x)$ aus, wenn x ein nichtperiodischer Punkt mit endlicher Bahn ist?

(3) Es sei (X, T) ein dynamisches System. Zeigen Sie: Wenn X keine isolierten Punkte enthält und die Bahn $\mathcal{O}_T^+(x)$ eines Punktes $x \in X$ dicht in X ist, so ist $\omega(x) = X$. Muss das auch gelten, wenn X isolierte Punkte enthält?

(4) Es sei $(\mathbb{T}, T_2)$ das dynamische System von Beispiel 1.3. Zeigen Sie, dass es einen Punkt $x \in \mathbb{T}$ gibt, für den $\omega(x) = \{2^{-n} : n \geq 0\}$ ist.

4. (1) Ist $y \in X$ periodisch mit Periode p, dann gilt $\omega(y) = \{y, T(y), \ldots, T^{p-1}(y)\}$. Somit ist jeder periodische Punkt rekurrent. Zeigen Sie, dass ein Punkt $x \in X$ mit endlicher Bahn genau dann rekurrent ist, wenn er periodisch ist.

(2) Bestimmen Sie die rekurrenten Punkte in den Beispielen 1.1 und 1.2. Wie sehen die ω-Limesmengen in Beispiel 1.2 aus?

5. (1) Im Beispiel 1.3 ist die Bestimmung der rekurrenten Punkte $x \in \mathbb{T}$ schwieriger: Können Sie zeigen, dass es für T_2 sowohl überabzählbar viele rekurrente Punkte als auch überabzählbar viele nichtrekurrente Punkte gibt und dass beide Mengen dicht liegen?

(2) Wenn $T_3 \colon \mathbb{T} \longrightarrow \mathbb{T}$ die in Aufgabe 2 (5) definierte Transformation $T_3 x = 3x \pmod 1$ ist, können Sie Punkte $x \in \mathbb{T}$ finden, für die die Limesmenge $\omega(x)$ bezüglich der Transformation T_3 überabzählbar ist und leeres Inneres besitzt?

Hinweis: Sie können in Aufgabe 5 (2) den Punkt x so wählen, dass $\omega(x)$ gleich der klassischen Cantormenge ist.

(3) Verallgemeinern Sie Aufgabe 5 (2) auf Multiplikation mit einer beliebigen Zahl $p \geq 2$: Wenn $p \geq 2$ und $T_p x = px \pmod 1$ ist, können Sie Punkte $x \in \mathbb{T}$ finden, für die die Limesmenge $\omega(x)$ bezüglich der Transformation T_p überabzählbar ist und leeres Inneres besitzt?

Mit den gegebenen Hilfsmitteln ist die Lösung der Aufgaben 5 nicht ganz einfach. Wir werden auf diese Probleme im Abschn. 1.2 über *Symbolische Dynamik* zurückkommen, der Hilfsmittel zu einer wesentlich einfacheren Behandlung dieser Fragen liefern wird (siehe Aufgabe 26).

6. Bestimmen Sie die nichtwandernde Menge $\Omega(T)$ in den Beispielen 1.1–1.3. Geben Sie insbesondere in einem dieser Beispiele Punkte an, die nichtwandernd und ebenso nicht rekurrent sind.

7. Es seien (X, T) ein topologisches dynamisches System und $Y \subset X$ eine nichtleere abgeschlossene T-invariante Teilmenge von X. Sei weiterhin $S = T|_Y$. Für jedes $y \in Y$ bezeichnen wir mit $\omega_S(y)$ und $\omega_T(y)$ die ω-Limesmengen von y in den dynamischen Systemen (X, T) und (Y, S). Dann gilt offensichtlich $\omega_T(y) = \omega_S(y)$ für alle $y \in Y$. Zeigen Sie, dass die Mengen der nichtwandernden Punkte von (X, T) und (Y, S) die Bedingung $\Omega(S) \subset \Omega(T) \cap Y$ erfüllen. Finden Sie ein Beispiel mit $\Omega(S) \neq \Omega(T) \cap Y$.

8. (1) Zeigen Sie, dass die Expansivität eines dynamischen Systems nicht von der Wahl der Metrik d auf X abhängt. Wenn also T bezüglich einer Metrik d auf X expansiv ist, so ist es auch bezüglich jeder anderen Metrik d' auf X expansiv (natürlich muss auch d' die Topologie von X induzieren). Beim Wechsel der Metrik können sich aber die expansiven Konstanten ändern.

(2) Sind die Transformationen in den Beispielen 1.1 bzw. 1.2 expansiv?

(3) Es sei (X, T) ein invertierbares topologisches dynamisches System. Kann T expansiv sein, wenn es eine T-invariante Metrik auf X gibt? (Eine Metrik d auf X ist T-*invariant*, wenn $d(T(x), T(y)) = d(x, y)$ für alle $x, y \in X$ gilt.)

(4) Zeigen Sie: Wenn (X, T) expansiv ist, so hat T für jedes $n \geq 1$ nur endlich viele periodische Punkte mit Periode n.

(5) Zeigen Sie: Wenn (X, T) expansiv ist, so ist auch T^k für jedes $k \geq 2$ expansiv. Umgekehrt ist (X, T) expansiv, wenn T^k für ein $k \geq 1$ expansiv ist.

9. (1) Zeigen Sie, dass der durch die Matrix $A = \left(\begin{smallmatrix} 1 & 0 \\ 1 & 1 \end{smallmatrix}\right)$ definierte Automorphismus T_A von $\mathbb{T}^2$ nicht expansiv ist. Zeigen Sie außerdem, dass T_A für jedes $n \geq 1$ überabzählbar viele periodische Punkte mit Periode n hat.

   (2) Zeigen Sie, dass der durch eine Matrix $A \in \mathrm{GL}(2, \mathbb{Z})$ definierte Automorphismus T_A von $\mathbb{T}^2$ genau dann expansiv ist, wenn A hyperbolisch ist.

   Hinweis: Wir definieren die *Maximumnorm* $\|\cdot\|$ auf $\mathbb{R}^2$ durch

   $$\|\mathbf{v}\| = \max\{|v_1|, |v_2|\}, \qquad \mathbf{v} = (v_1, v_2) \in \mathbb{R}^2. \tag{1.30}$$

   Für jede 2×2-Matrix M mit reellen Koeffizienten definieren wir die Norm $\|M\|$ von M durch

   $$\|M\| = \max_{\{\mathbf{v} \in \mathbb{R}^2 : \|\mathbf{v}\| \leq 1\}} \|M\mathbf{v}\|. \tag{1.31}$$

   Es sei nun $A \in \mathrm{GL}(2, \mathbb{Z})$. Wegen Lemma 1.11 ist T_A genau dann nicht expansiv, wenn es ein $\mathbf{z} = (z_1, z_2) \in \mathbb{T}^2$ gibt mit $\mathbf{z} \neq \mathbf{0}$ und $\mathbf{z} \in \bigcap_{n \in \mathbb{Z}} T_A^n(B_\epsilon(\mathbf{0}))$, wobei $B_\epsilon(\mathbf{0})$ wie im Beweis von Lemma 1.11 definiert ist und wir $\epsilon < \frac{1}{4\|A\|}$ annehmen. Wir setzen $V = \{\mathbf{v} \in \mathbb{R}^2 : \|\mathbf{v}\| \leq \epsilon\}$ und bezeichnen mit $\mathbf{v} \in V$ jenen Punkt, für den $\mathbf{v} \pmod 1 = \mathbf{z}$ gilt.
   - Zeigen Sie, dass $A^k \mathbf{v} \in V$ für jedes $k \in \mathbb{Z}$ ist.
   - Zeigen Sie, dass die Existenz eines Elements $\mathbf{v} \in \mathbb{R}^2 \setminus \{\mathbf{0}\}$ mit $A^k \mathbf{v} \in V$ für jedes $k \in \mathbb{Z}$ nur möglich ist, wenn A nicht hyperbolisch ist.

   (3) Zeigen Sie, dass jeder expansive Automorphismus T_A von $\mathbb{T}^2$ mit $A \in \mathrm{GL}(2, \mathbb{Z})$ die folgende bemerkenswerte Eigenschaft besitzt (*Anosov's orbit closing property*): Zu jedem $\varepsilon > 0$ gibt es ein $\delta > 0$, sodass wir zu jedem $n \geq 1$ und jedem $\mathbf{x} \in \mathbb{T}^2$ mit $\mathrm{d}^{(2)}(\mathbf{x}, T_A^n(\mathbf{x})) < \delta$ ein $\mathbf{y} \in \mathbb{T}^2$ finden können, für das $T_A^n(\mathbf{y}) = \mathbf{y}$ und $\mathrm{d}^{(2)}(T_A^k(\mathbf{x}), T_A^k(\mathbf{y})) < \varepsilon$ für $0 \leq k \leq n$ gilt.

   Mit anderen Worten: Wenn ein Punkt $\mathbf{x}$ *bis auf einen kleinen Fehler* periodisch mit Periode n unter T_A ist, so gibt es einen periodischen Punkt $\mathbf{y}$ von T_A mit Periode n, der diese Bahn von $\mathbf{x}$ auf den ersten n Schritten bis auf einen Fehler der Größe ε verfolgt.

   Hinweis: Wenn $\mathrm{d}^{(2)}(\mathbf{x}, T_A^n(\mathbf{x})) < \delta < 1/4$ ist, so gibt es ein eindeutiges $\mathbf{v} \in \mathbb{R}^2$ mit $\|\mathbf{v}\| < 1/4$ und $\mathbf{v} \pmod 1 = T_A^n(\mathbf{x}) - \mathbf{x}$.

   Da A keine Eigenwerte vom Absolutbetrag 1 hat, ist $A^n - I$ invertierbar (wobei I die Einheitsmatrix $\left(\begin{smallmatrix} 1 & 0 \\ 0 & 1 \end{smallmatrix}\right)$ ist). Daher können wir ein $\mathbf{w} \in \mathbb{R}^2$ finden, das die Bedingung $\mathbf{v} = A^n\mathbf{w} - \mathbf{w}$ erfüllt. Wenn nun $\|\mathbf{v}\|$ genügend klein ist, so ist $\|A^k\mathbf{w}\| < \varepsilon$ für $k = 0, \ldots, n$, und der Punkt $\mathbf{y} = \mathbf{x} - \lfloor \mathbf{w} \pmod 1 \rfloor$ hat alle gewünschten Eigenschaften.

10. Es sei (X, T) ein topologisches dynamisches System. Zeigen Sie Folgendes:
    (a) Wenn T topologisch transitiv ist und X keine isolierten Punkte enthält, so ist T surjektiv;
    (b) Wenn X unendlich und T topologisch transitiv und surjektiv ist, dann enthält X keine isolierten Punkte.

11. Entscheiden Sie, ob die topologischen dynamischen Systeme in den Beispielen 1.1 und 1.2 topologisch transitiv sind.

12. Zeigen Sie, dass das topologische dynamische System in Beispiel 1.1 nicht topologisch mischend ist.

13. Zeigen Sie, dass die Transformation $T_2(x) = 2x \pmod 1$ auf $\mathbb{T}$ (Beispiel 1.3) topologisch exakt ist. Somit ist sie auch topologisch mischend und transitiv, d. h., es existiert eine dichte Bahn. Können Sie explizit einen Punkt $x \in \mathbb{T}$ angeben, dessen Bahn unter T_2 dicht in $\mathbb{T}$ ist? (Siehe auch Aufgabe 26 (1).)

14. Wir setzen $A = \left(\begin{smallmatrix} 1 & 0 \\ 1 & 1 \end{smallmatrix}\right)$, $B = \left(\begin{smallmatrix} 0 & 1 \\ 1 & 1 \end{smallmatrix}\right)$ und betrachten die wie in Beispiel 1.9 definierten Automorphismen T_A und T_B von $\mathbb{T}^2$.
    Entscheiden Sie (mit Beweis), ob T_A und T_B topologisch transitiv sind. Sind T_A und T_B auch topologisch mischend?

15. Ist die Transformation $T_2 x = 2x \pmod 1$ auf $\mathbb{T}$ in Beispiel 1.3 minimal? Sind die Transformationen in Beispiel 1.9 minimal?

16. Es sei S die in Beispiel 1.1 beschriebene Transformation auf dem Intervall $X = [-1,1]$. Bestimmen Sie die minimalen Teilmengen von S. Stimmt die Vereinigung dieser minimalen Teilmengen mit X überein?

17. Bestimmen Sie die minimalen Teilmengen der folgenden topologischen dynamischen Systeme. Kann man in diesen Beispielen den Raum X in eine Vereinigung paarweise disjunkter minimaler Mengen zerlegen?

    (1) Es sei R_α die in Beispiel 1.2 definierte Rotation des Kreises $\mathbb{T}$. Beschreiben Sie – in Abhängigkeit von $\alpha \in \mathbb{R}$ – die minimalen Teilmengen von $(\mathbb{T}, R_\alpha)$.

    (2) Es sei $D = \{z \in \mathbb{C} : |z| \le 1\}$ die in der komplexen Ebene liegende Einheitskreisscheibe, und $S_\alpha : D \longrightarrow D$ sei die durch Multiplikation mit $e^{2\pi i \alpha}$ gegebene Drehung von D, wobei α eine reelle Zahl ist. Beschreiben Sie die minimalen Teilmengen von (D, S_α) in Abhängigkeit von α.

    (3) Bestimmen Sie die minimalen Teilmengen der in Aufgabe 9 (1) definierten Transformation $T_A : \mathbb{T}^2 \longrightarrow \mathbb{T}^2$.

18. Finden Sie minimale Teilmengen des in Beispiel 1.3 beschriebenen Systems $(\mathbb{T}, T_2)$, das durch Multiplikation mit 2 gegeben ist. Können Sie eine unendliche minimale Teilmenge $Y \subset X$ finden? Zeigen Sie, dass für dieses dynamische System eine Zerlegung von X in minimale Teilmengen nicht möglich ist.

    Wir verweisen auf Abschn. 1.2 über *Symbolische Dynamik* für Methoden zur leichteren Beantwortung dieser Frage.

19. **Bestimmung rekurrenter Punkte** (1) Bestimmen Sie die rekurrenten Punkte der in Aufgabe 9 (1) definierten Transformation $T_A : \mathbb{T}^2 \longrightarrow \mathbb{T}^2$.

    (2) Es sei $T_A : \mathbb{T}^2 \longrightarrow \mathbb{T}^2$ die durch die Matrix $A = \left(\begin{smallmatrix} 0 & 1 \\ 1 & 1 \end{smallmatrix} \right)$ definierte Transformation in Beispiel 1.9. Finden Sie einen Punkt $\mathbf{x} \in \mathbb{T}^2$, der unter T_A *nicht* rekurrent ist.

Symbolische Dynamik

20. Beweisen Sie, dass auch der metrische Raum $(\mathsf{A}^{\mathbb{Z}}, d)$ kompakt ist.

21. (1) Überprüfen Sie die zu den Aufgaben 1.29 (1)–(3) analogen Aussagen für die Zylindermengen und die Algebra $\mathcal{A}$ der offenen und abgeschlossenen Teilmengen von $\mathsf{A}^{\mathbb{Z}}$.

    (2) Es seien A ein endliches Alphabet und $X \subset \mathsf{A}^{\mathbb{Z}}$ eine abgeschlossene, strikt shiftinvariante Teilmenge (vgl. (1.11)). Zeigen Sie, dass σ ein expansiver Homöomorphismus von X ist (wegen Aufgabe 8 müssen wir uns ja auf keine spezielle Metrik auf X festlegen).

22. Beweisen Sie Satz 1.32 für zweiseitige Markovshifts, wobei „exakt" durch „topologisch mischend" ersetzt werden muss.

23. Sei M eine nicht nilpotente $N \times N$-Matrix mit Koeffizienten 0 und 1. Zeigen Sie, dass Σ_{M} (oder Σ_{M}^+) für $n \ge 1$ genau $\operatorname{tr}(\mathsf{M}^n)$ Punkte mit Periode n hat. Hier bezeichnet $\operatorname{tr}(\mathsf{B})$ die Spur einer beliebigen quadratischen Matrix B.

24. Es sei Γ ein endlicher gerichteter Graph mit den Knoten $0, 1, \ldots, N-1$, und M_Γ sei die durch (1.14) definierte $N \times N$-Matrix mit Koeffizienten 0 und 1. Zeigen Sie, dass M_Γ genau dann irreduzibel ist, wenn es zu jedem $i, j \in \{0, \ldots, N-1\}$ einen Weg in Γ gibt, der vom Knoten i zum Knoten j führt.

    Zeigen Sie weiterhin, dass der Markovshift $(X_{\mathsf{M}_\Gamma}, \sigma)$ genau dann einen Fixpunkt hat, wenn der Graph Γ eine *Schleife*, also eine Kante $i \to i$ mit $i \in \{0, \ldots, N-1\}$, besitzt.

25. Wir betrachten die Graphen

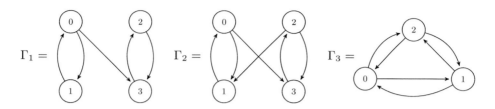

Ist die Matrix M_{Γ_i}, $i = 1, 2, 3$, irreduzibel? Ist sie aperiodisch?

26. Es sei $\phi\colon \Sigma_2^+ \longrightarrow \mathbb{T}$ die Faktorabbildung (1.17). Aus Aufgabe 1 wissen wir, dass jeder Punkt $t \in \mathbb{T}$ höchstens zwei Urbilder unter ϕ in Σ_2^+ besitzt und dass die Menge $\{t \in \mathbb{T} \cdot |\phi^{-1}(\{t\})| > 1\}$ aller Punkte mit mehr als einem Urbild abzählbar ist.

(1) Zeigen Sie, dass ein Punkt $x \in \Sigma_2^+$ genau dann die Bedingung $\omega(x) = \Sigma_2^+$ erfüllt, wenn jedes endliche Wort $i_0 i_1 \ldots i_K$ von Symbolen aus der Menge $A = \{0, 1\}$ unendlich oft in der Folge $(x_n)_{n \geq 0}$ vorkommt (d. h. wenn es unendlich viele $n \geq 0$ gibt, für die $x_{k+n} = i_k$ für $k = 0, \ldots, K$ gilt).

(2) Es sei $K \geq 2$, und $Y \subset \Sigma_2^+$ sei die Menge aller Punkte, die ein gegebenes Wort $w = i_0 i_1 \ldots i_K$ von Symbolen aus der Menge $A = \{0, 1\}$ *nicht* enthält. Zeigen Sie, dass $\phi(Y)$ eine nirgends dichte, überabzählbare abgeschlossene T_2-invariante Teilmenge von $\mathbb{T}$ ist. Finden Sie einen Punkt $x \in \mathbb{T}$, für den $\omega(x) = \phi(Y)$ gilt.

27. **Konstruktion eines minimalen Teilshifts von Σ_2**   Wir wählen $\alpha \in \mathbb{R}$ irrational und betrachten die Rotation R_α des Kreises $\mathbb{T}$ aus Beispiel 1.2. Wir zerlegen den Kreis $\mathbb{T}$ in die disjunkten Teilmengen $A_0 = [0, 1/2)$ und $A_1 = [1/2, 1)$ und definieren, für jedes $x \in \mathbb{T}$, eine Folge $\psi(x) \in \Sigma_2$, indem wir für jedes $n \in \mathbb{Z}$

$$\psi(x)_n = \begin{cases} 0, & \text{wenn } R_\alpha^n(x) \in A_0, \\ 1, & \text{wenn } R_\alpha^n(x) \in A_1 \end{cases}$$

setzen. Die so definierte Abbildung $\psi\colon \mathbb{T} \longrightarrow \Sigma_2$ ist injektiv, da es zu jedem Paar $x, y \in \mathbb{T}$ mit $x \neq y$ ein $n \in \mathbb{Z}$ gibt, für das $R_\alpha^n(x) \in A_0$ und $R_\alpha^n(y) \in A_1$ liegt.

Wir bezeichnen mit $\mathcal{O}_{R_\alpha}(0)$ und $\mathcal{O}_{R_\alpha}(1/2)$ die Bahnen der Punkte 0 und $1/2$ unter R_α und setzen

$$D = \mathbb{T} \smallsetminus (\mathcal{O}_{R_\alpha}(0) \cup \mathcal{O}_{R_\alpha}(1/2)).$$

Dann ist ψ in jedem Punkt $x \in D$ stetig: Zu jedem $M \geq 0$ gibt es ein kleines Intervall um x, innerhalb dessen sich die Koordinaten $\psi(x)_{-M}, \ldots, \psi(x)_M$ nicht ändern. In jedem Punkt $x \in \mathcal{O}_{R_\alpha}(0) \cup \mathcal{O}_{R_\alpha}(1/2)$ ist ψ allerdings unstetig: Wenn $x = R_\alpha^{-k}(0)$ oder $x = R_\alpha^{-k}(1/2)$ ist, so ist $\psi(x)_k$ in keinem offenen Intervall um x konstant, selbst wenn dieses Intervall beliebig klein ist. Es sei $Y = \overline{\psi(\mathbb{T})} \subset \Sigma_2$ der Abschluss von $\psi(\mathbb{T})$. Da $\psi \circ R_\alpha = \sigma \circ \psi$ gilt, ist $\psi(\mathbb{T})$ und damit auch Y shiftinvariant. Für jedes $y \in Y$ setzen wir

$$\Phi(y) = \bigcap_{n \in \mathbb{Z}} R_\alpha^{-n}(B_{y_n}),$$

wobei $B_i = \overline{A_i}$ der Abschluss von A_i ist (d. h. $B_0 = [0, 1/2]$ und $B_1 = [1/2, 1) \cup \{0\}$). Beweisen Sie die folgenden Aussagen:

(1) Für jedes $y \in Y$ ist $\Phi(y) \neq \varnothing$ und besteht aus einem einzigen Punkt, sodass wir eine Abbildung $\phi: Y \longrightarrow \mathbb{T}$ durch die Bedingung

$$\phi(y) \in \Phi(y), \quad y \in Y,$$

definieren können. Zeigen Sie, dass ϕ stetig ist.

(2) Für jedes $x \in \mathbb{T}$ gilt $\phi \circ \psi(x) = x$.

(3) Die Abbildung ϕ ist höchstens 2 zu 1, d. h. $|\phi^{-1}(\{x\})| \leq 2$ für alle $x \in \mathbb{T}$. Weiterhin hat jedes $x \in D$ nur ein einziges Urbild.

(4) Das topologische dynamische System (Y, σ) ist minimal.

Invariante Maße

28. $\mathcal{B}_X$ **ist abzählbar erzeugt**   Sei X ein kompakter metrisierbarer Raum. Zeigen Sie, dass es eine abzählbare Mengenalgebra $\mathcal{A} \subset \mathcal{B}_X$ gibt, die die σ-Algebra $\mathcal{B}_X$ erzeugt (d. h., $\mathcal{B}_X$ ist die kleinste σ-Algebra, die $\mathcal{A}$ enthält). Zeigen Sie außerdem, dass jede derartige Algebra $\mathcal{A}$ die Punkte von X trennt (d. h., für alle $x, y \in X$ mit $x \neq y$ gibt es ein $A \in \mathcal{A}$ mit $x \in A$ und $y \notin A$).

29. Sei (X, T) ein topologisches dynamisches System, und $T^\infty X \subset X$ sei durch (1.19) definiert. Zeigen Sie, dass $\mu(T^\infty X) = 1$ für jedes $\mu \in \mathcal{M}(X)^T$ gilt.

30. Nennen Sie alle invarianten Wahrscheinlichkeitsmaße der dynamischen Systeme $(\overline{\mathbb{R}}, T)$ oder $([-1,1], S)$ in Beispiel 1.1?

31. (1) Zeigen Sie, dass die Konstruktion von Satz 1.63 jedes beliebige shiftinvariante Wahrscheinlichkeitsmaß μ auf Σ_N (oder auf Σ_N^+) ergibt.

(2) Es sei $\pi^+: \Sigma_N \longrightarrow \Sigma_N^+$ die Faktorabbildung aus Beispiel 1.44. Beweisen Sie, dass es zu jedem shiftinvarianten Wahrscheinlichkeitsmaß μ auf Σ_N^+ ein eindeutig bestimmtes shiftinvariantes Wahrscheinlichkeitsmaß $\bar{\mu}$ auf Σ_N mit $\pi_*^+ \bar{\mu} = \mu$ gibt.

32. Es seien A ein endliches Alphabet, M eine $A \times A$-Matrix mit Koeffizienten 0 und 1 und $\Sigma_M \subset A^{\mathbb{Z}}$ der zugehörige zweiseitige Markovshift.

Wenn μ ein shiftinvariantes Wahrscheinlichkeitsmaß auf Σ_M und $k \geq 1$ ist, so definieren wir folgendermaßen eine $A^{(k)} \times A^{(k)}$-Matrix $P^{(k)}$: Für jedes Paar $\mathbf{b} = b_0 \ldots b_k, \mathbf{b}' = b_0' \ldots b_k' \in A^{(k)}$ setzen wir

$$P_{\mathbf{b},\mathbf{b}'}^{(k)} = \begin{cases} \frac{\mu({}_0[b_0 b_1 \ldots b_k b_k'])}{\mu({}_0[b_0 b_1 \ldots b_k])}, & \text{wenn } b_i' = b_{i+1} \text{ für } i = 0, \ldots, k-1 \text{ ist,} \\ 0 & \text{ansonsten.} \end{cases}$$

(1) Zeigen Sie, dass $P^{(k)}$ stochastisch und mit $M^{(k)}$ kompatibel ist und dass der durch $\pi_{\mathbf{b}} = \mu({}_0[b_0 b_1 \ldots b_k])$, $\mathbf{b} \in A^{(k)}$, gegebene Zeilenvektor stochastisch ist und die Bedingung $\pi P^{(k)} = \pi$ erfüllt.

(2) Zeigen Sie, dass die Vereinigung der Mengen aller k-Block Markovmaße mit $k \geq 1$ dicht in $\mathcal{M}(\Sigma_M)^\sigma$ ist.

33. **Einfaches Beispiel einer eindeutig ergodischen Transformation**   Es sei $X = \mathbb{Z} \cup \{\infty\}$ die Ein-Punkt-Kompaktifizierung von $\mathbb{Z}$, und $T: X \longrightarrow X$ sei gegeben durch $Tn = n + 1$ für $n \in \mathbb{Z}$ und $T\infty = \infty$. Zeigen Sie, dass $T: X \longrightarrow X$ stetig und eindeutig ergodisch, aber nicht minimal ist. Was ist das eindeutige T-invariante Wahrscheinlichkeitsmaß auf X?

34. **Allgemeine Gruppentranslationen**   Beweisen Sie folgende Aussage: Wenn X eine kompakte abelsche Gruppe und $x_0 \in X$ ein Element ist, dessen Vielfache $\{k x_0 : k \in \mathbb{Z}\}$ dicht in X liegen, dann ist die durch $T_{x_0} y = y + x_0$, $y \in X$, gegebene Transformation $T_{x_0}: X \longrightarrow X$ eindeutig ergodisch auf X.

35. **Eindeutige Ergodizität irrationaler Rotationen auf $\mathbb{T}^d$**   Sei $\boldsymbol{\alpha} = (\alpha_1, \ldots, \alpha_d) \in \mathbb{R}^d$, sodass $1, \alpha_1, \ldots, \alpha_d$ linear unabhängig über $\mathbb{Q}$ sind. Wir definieren $R_{\boldsymbol{\alpha}}: \mathbb{T}^d \longrightarrow \mathbb{T}^d$ durch $R_{\boldsymbol{\alpha}}(\mathbf{x}) = \mathbf{x} + \boldsymbol{\alpha} \pmod{1}$ für jedes $\mathbf{x} \in \mathbb{T}^d$, wobei $(\bmod\, 1)$ koordinatenweise zu verstehen ist.
    Zeigen Sie, dass $R_{\boldsymbol{\alpha}}$ eindeutig ergodisch ist. Stimmt diese Aussage auch, wenn man nur annimmt, dass die Zahlen $\alpha_1, \ldots, \alpha_d$ linear unabhängig über $\mathbb{Q}$ sind?
    Hinweis: Betrachten Sie die Mittel $M_n(f) = \frac{1}{n} \sum_{k=0}^{n-1} f \circ R_{\boldsymbol{\alpha}}^k$ für die Funktionen $f_{\mathbf{m}}: \mathbb{T}^d \longrightarrow \mathbb{C}$ von der Form

$$f_{\mathbf{m}}(x_1, \ldots, x_d) = e^{2\pi i \sum_{j=1}^{d} x_j m_j} \tag{1.32}$$

    für $\mathbf{m} = (m_1, \ldots, m_d) \in \mathbb{Z}^d$. Aufgrund des Satzes von Stone-Weierstrass liegen die endlichen komplexen Linearkombinationen dieser Funktionen dicht in $C(\mathbb{T}^d, \mathbb{C})$ bezüglich der Maximumnorm.

36. **Konvergenz von Mitteln nichtstetiger Funktionen**   Es sei $\boldsymbol{\alpha} = (\alpha_1, \ldots, \alpha_d) \in \mathbb{R}^d$, sodass $1, \alpha_1, \ldots, \alpha_d$ linear unabhängig über $\mathbb{Q}$ sind. Wir definieren $R_{\boldsymbol{\alpha}}: \mathbb{T}^d \longrightarrow \mathbb{T}^d$ wie in Aufgabe 35. Zeigen Sie, dass für jede Riemann-integrierbare Funktion $f: \mathbb{T}^d \longrightarrow \mathbb{R}$ die Mittel $\frac{1}{n} \sum_{k=0}^{n-1} f \circ R_{\boldsymbol{\alpha}}^k$ punktweise gegen $\int f \, d\lambda^d$ konvergieren.
    Hinweis: Lemma 1.54.

37. Es seien $\alpha \in \mathbb{R} \setminus \mathbb{Z}$ und $R_\alpha: \mathbb{T} \longrightarrow \mathbb{T}$ die (jetzt nicht unbedingt irrationale) Rotation aus Beispiel 1.2. Weiterhin sei $I \subset \mathbb{T}$ ein offenes Intervall der Länge $\leq \frac{1}{4}$, und $D = \{n \in \mathbb{Z} : R_\alpha^n(I) \cap I = \varnothing\}$. Zeigen Sie, dass $\liminf_n \frac{|D \cap \{0, \ldots, n-1\}|}{n} \geq \frac{2}{5}$ ist, wobei $|D \cap \{0, \ldots, n-1\}|$ die Kardinalität von $D \cap \{0, \ldots, n-1\}$ ist.

38. **Benfordsches Gesetz**   (1) Für jedes $k \geq 1$ sei ℓ_k die erste Ziffer in der Dezimaldarstellung der Zahl 2^k (also $\ell_1 = 2, \ell_2 = 4, \ell_3 = 8, \ell_4 = 1, \ell_5 = 3, \ldots$). Zeigen Sie, dass $\lim_{n \to \infty} \frac{1}{n} |\{k : 1 \leq k \leq n, \ell_k = 1\}| = \log_{10} 2$ ist.
    (2) Wenn ℓ_k' die erste Ziffer von 3^k ist, bestimmen Sie auch die Limiten

$$\lim_{n \to \infty} \frac{1}{n} |\{k : 1 \leq k \leq n, (\ell_k, \ell_k') = (i, i)\}|, \quad i = 1, \ldots, 9.$$

Hinweis: Wenden Sie die Aufgaben 35 und 36 auf $\alpha = \log_{10} 2 \in \mathbb{T}$ bzw. $\boldsymbol{\alpha} = (\log_{10} 2, \log_{10} 3) \in \mathbb{T}^2$ an.

Ergodentheorie

2

In Kap. 1 haben wir stetige Transformationen auf kompakten metrischen Räumen untersucht, jedoch bereits in mehreren Beispielen invariante Wahrscheinlichkeitsmaße auf der Borel-σ-Algebra des kompakten Raumes gefunden. Damit lassen sich derartige Transformationen (und v. a. ihr asymptotisches Verhalten) auch mit maßtheoretischen Methoden beschreiben und untersuchen. In diesem Kapitel lassen wir die Topologie beiseite und betrachten Transformationen auf abstrakten Maßräumen. Die Untersuchung derartiger Transformationen ist Gegenstand der *Ergodentheorie*. Auf den historischen Ursprung des Namens „Ergodentheorie" werden wir im Anschluss an die Definition 2.12 der Ergodizität eingehen.

2.1 Ergodensätze

Wir geben zunächst noch einmal die Definition eines invariantes Maßes, jedoch in einer etwas allgemeineren Form.

Es seien X eine Menge, $\mathcal{P}(X)$ die Menge aller Teilmengen von X und $\mathcal{S} \subset \mathcal{P}(X)$ eine σ-Algebra. Dann nennt man $(X, \mathcal{S})$ einen *messbaren Raum*. Wenn μ ein Wahrscheinlichkeitsmaß auf $\mathcal{S}$ ist, so stellt $(X, \mathcal{S}, \mu)$ einen *Wahrscheinlichkeitsraum* dar. Wenn $(Y, \mathcal{T})$ ein zweiter messbarer Raum ist, so heißt eine Abbildung $\phi\colon X \longrightarrow Y$ *messbar* (oder $(\mathcal{S}, \mathcal{T})$-*messbar*), wenn $\phi^{-1}(\mathcal{T}) \subset \mathcal{S}$ gilt. Wenn es eine Bijektion $\phi\colon X \longrightarrow Y$ mit $\phi(\mathcal{S}) = \mathcal{T}$ gibt, so nennt man die Räume $(X, \mathcal{S})$ und $(Y, \mathcal{T})$ *isomorph* und ϕ ist ein *messbarer Isomorphismus* von $(X, \mathcal{S})$ und $(Y, \mathcal{T})$.

Definition 2.1 (Bildmaß und maßtreue Transformation)

Es seien $(X, \mathcal{S}, \mu)$ ein Wahrscheinlichkeitsraum, $(Y, \mathcal{T})$ ein messbarer Raum und $T\colon X \longrightarrow Y$ eine messbare Transformation. Das durch $v(B) = \mu(T^{-1}(B))$, $B \in \mathcal{T}$, gegebene Wahrscheinlichkeitsmaß v auf der σ-Algebra $\mathcal{T}$ heißt *Bildmaß* von μ unter T und wird mit $T_*\mu$ oder μT^{-1} bezeichnet.

M. Einsiedler, K. Schmidt, *Dynamische Systeme*, Mathematik Kompakt,
DOI 10.1007/978-3-0348-0634-3_2, © Springer Basel 2014

Wenn $(X, \mathcal{S}, \mu)$ ein Wahrscheinlichkeitsraum und $T: X \longrightarrow X$ eine messbare (d. h. $(\mathcal{S}, \mathcal{S})$-messbare) Transformation ist, für die $T_* \mu = \mu$ gilt, so nennt man T *maßtreu* oder *maßerhaltend* und das Maß μ *T-invariant*.

Eine maßtreue Transformation $T: X \longrightarrow X$ ist *invertierbar*, wenn T^{-1} existiert und messbar ist. Wenn T invertierbar ist, so ist natürlich auch T^{-1} maßtreu.

Die Invarianz von Maßen lässt sich auch mit Hilfe von Integralen ausdrücken.

Für $p \geq 1$ wird die Menge aller messbaren reellwertigen Funktionen f auf X, die die Bedingung $\int |f|^p \, d\mu < \infty$ erfüllen, mit $\mathcal{L}_p(\mu)$ oder $\mathcal{L}_p(X, \mathcal{S}, \mu)$ bezeichnet. Der Raum der messbaren beschränkten Funktionen $f: X \longrightarrow \mathbb{R}$ wird mit $\mathcal{L}_\infty(\mu)$ oder $\mathcal{L}_\infty(X, \mathcal{S}, \mu)$ bezeichnet. Die Menge der Äquivalenzklassen der Funktionen in $\mathcal{L}_p(\mu)$ wird mit $L_p(\mu) = \{[f] : f \in \mathcal{L}^p(\mu)\}$ bezeichnet.[1]

Für $[f] \in L_p(\mu)$ bezeichnet man mit $\|f\|_p = \left(\int |f|^p \, d\mu \right)^{1/p}$ die L_p-Norm der Äquivalenzklasse $[f]$ (die natürlich nicht von der Wahl des Repräsentanten $f \in [f]$ abhängt). Bezüglich dieser Norm ist $L_p(\mu)$ ein Banachraum [3, Kapitel VI].

Zumeist betrachten wir $\mathcal{L}_p$-Räume reellwertiger Funktionen. Falls wir doch komplexwertige Funktionen zulassen müssen, verwenden wir die Bezeichnungen $\mathcal{L}_p(\mu, \mathbb{C})$ oder $\mathcal{L}_p(X, \mathcal{S}, \mu, \mathbb{C})$ (bzw. $L_p(\mu, \mathbb{C})$ oder $L_p(X, \mathcal{S}, \mu, \mathbb{C})$ für die entsprechenden Räume von Äquivalenzklassen).

Obwohl man im Prinzip sorgfältig zwischen den Funktionenräumen $\mathcal{L}_p(\mu)$ und den Räumen $L_p(\mu)$ der Äquivalenzklassen unterscheiden muss, ist es sowohl in der Maßtheorie als auch in der Ergodentheorie üblich, diesen Unterschied *nicht* in der Notation zum Ausdruck zu bringen. So spricht man von Elementen von $L_p(\mu)$ als „Funktionen" und schreibt $f \in L_p(\mu)$, auch wenn man eigentlich die Äquivalenzklasse $[f] \in L_p(\mu)$ meint. Wenn es wirklich nötig ist, *Funktionen* und nicht *Äquivalenzklassen* zu betrachten, dann nennt man manchmal eine Funktion $f \in \mathcal{L}_p(\mu)$ eine *Version* der Äquivalenzklasse $[f] \in L_p(\mu)$.

Satz 2.2 *Seien $(X, \mathcal{S}, \mu)$ ein Wahrscheinlichkeitsraum, $T: X \longrightarrow X$ eine messbare Transformation und $v = T_* \mu$ das Bildmaß von μ unter T. Ist $f: X \longrightarrow \mathbb{R}$ messbar, dann liegt $f \circ T$ in $\mathcal{L}_1(\mu)$ genau dann, wenn f in $\mathcal{L}_1(v)$ liegt, und es gilt $\int f \circ T \, d\mu = \int f \, dv$.*

Beweis Es gilt $\int g \circ T \, d\mu = \int g \, dv$ für jede messbare nichtnegative Funktion $g: X \longrightarrow \mathbb{R}$ aufgrund der Transformationsformel in [3, Kapitel IV]. (Für Elementarfunktionen ist dies direkt aus den Definitionen ersichtlich. Für messbare nichtnegative Funktionen ergibt sich diese Formel aus dem Satz über monotone Konvergenz.)

Wenn nun $f: X \longrightarrow \mathbb{R}$ eine beliebige messbare Funktion ist, dann setzen wir $f^+ = \max(f, 0)$ und $f^- = \max(-f, 0)$ und erhalten so zwei nichtnegative messbare Funktionen

---

[1] Wir erinnern daran, dass zwei messbare Funktionen f, g auf X als *äquivalent* (genauer: als *äquivalent* (mod μ)) bezeichnet werden (in Symbolen: $f = g$ (mod μ) oder $f = g$ μ-f.ü.), wenn $\mu(\{x : f(x) \neq g(x)\}) = 0$ ist.

mit $f = f^+ - f^-$. Wir haben gesehen, dass $\int f^+ \circ T \, d\mu = \int f^+ \, d\nu$ und $\int f^- \circ T \, d\mu = \int f^- \, d\nu$ gilt. Daher sind die Integrale $\int f^+ \circ T \, d\mu$ und $\int f^- \circ T \, d\mu$ genau dann endlich, wenn die Integrale $\int f^+ \, d\nu$ und $\int f^- \, d\nu$ endlich sind, d. h., $f \circ T$ liegt in $\mathcal{L}_1(\mu)$ genau dann, wenn f in $\mathcal{L}_1(\nu)$ liegt. Außerdem erhalten wir $\int f \circ T \, d\mu = \int f^+ \circ T \, d\mu - \int f^- \circ T \, d\mu = \int f \, d\nu - \int f^- \, d\nu = \int f \, d\nu$. □

Korollar 2.3 (Invarianz des Integrals) Es sei $T: X \longrightarrow X$ eine maßtreue Transformation auf dem Wahrscheinlichkeitsraum $(X, \mathcal{S}, \mu)$. Liegt f in $\mathcal{L}_1(\mu)$, dann auch $f \circ T$, und es gilt $\int f \circ T \, d\mu = \int f \, d\mu$.

Beweis Da T maßtreu ist, ist $T_* \mu = \mu$. Somit folgt das Korollar aus Satz 2.2. □

Wir untersuchen jetzt Eigenschaften der Bahnen einer maßtreuen Transformation. Der folgende Satz gibt Auskunft über die Rückkehr typischer Bahnen in eine vorgegebene Menge.

Satz 2.4 (Poincaréscher Rekurrenzsatz) *Sei $T: X \longrightarrow X$ eine maßtreue Transformation auf dem Wahrscheinlichkeitsraum $(X, \mathcal{S}, \mu)$. Sei weiterhin $E \in \mathcal{S}$ und $\mu(E) > 0$. Für fast jedes $x \in E$ existiert eine unendliche Folge $n_1 < n_2 < \ldots$ in $\mathbb{N}$ mit $T^{n_j}(x) \in E$ für $j \geq 1$.*

Beweis Wir setzen $A_m = \bigcup_{k=m}^{\infty} T^{-k}(E)$ für $m \geq 0$ und $A = \bigcap_{m=0}^{\infty} A_m$. Dann ist A die Menge aller $x \in X$ mit der folgenden Eigenschaft: Für jedes $m \geq 0$ existiert ein $k \geq m$ mit $T^k(x) \in E$. Somit existiert für jedes $x \in A$ eine Folge $n_1 < n_2 < \ldots$ in $\mathbb{N}$ mit $T^{n_j}(x) \in E$ für $j \geq 1$. Es genügt also $\mu(E \setminus A) = 0$ zu zeigen, was bedeutet, dass fast alle $x \in E$ zur Menge A gehören.

Wegen $T^{-1}(A_m) = A_{m+1}$ und der Maßtreu von T muss $\mu(A_m) = \mu(A_{m+1})$ gelten und daher auch $\mu(A_m) = \mu(A_0)$ für alle $m \geq 1$. Des Weiteren gilt $A_m \supset A_{m+1}$ für $m \geq 0$, woraus wir $\mu(A) = \lim_{m \to \infty} \mu(A_m) = \mu(A_0)$ erhalten. Wegen $E \subset A_0$ und $A \subset A_0$ folgt schließlich $\mu(E \setminus A) \leq \mu(A_0 \setminus A) = \mu(A_0) - \mu(A) = 0$. □

Nun stellt sich die Frage nach der *Häufigkeit*, mit der die Bahn eines Punktes $x \in X$ eine vorgegebene Menge $E \in \mathcal{S}$ besucht. Die Anzahl dieser Besuche in den ersten n Schritten ist $\sum_{j=0}^{n-1} 1_E(T^j(x))$. Wir interessieren uns für die *durchschnittliche Häufigkeit* dieser Besuche, also für $\lim_{n \to \infty} \frac{1}{n} \sum_{j=0}^{n-1} 1_E(T^j(x))$, falls dieser Grenzwert existiert. Derartige Fragen werden von den sogenannten *Ergodensätzen* beantwortet, die die Mittelwerte von Funktionen $f: X \longrightarrow \mathbb{R}$ entlang der Bahnen „typischer" Punkte im Maßraum behandeln, d. h. $\lim_{n \to \infty} \frac{1}{n} \sum_{j=0}^{n-1} f(T^j(x))$ für typische $x \in X$. Solche Grenzwerte werden oft auch *Zeitmittel* genannt.

Zur Charakterisierung dieser Mittel benötigen wir einen wichtigen Begriff aus der Wahrscheinlichkeitstheorie.

Definition 2.5 (Bedingte Erwartung)

Es seien $(X, \mathcal{S}, \mu)$ ein Wahrscheinlichkeitsraum, $f \in \mathcal{L}_1(\mu)$ und $\mathcal{T}$ eine Teil-σ-Algebra von $\mathcal{S}$. Eine Funktion $g \in \mathcal{L}_1(\mu)$, die messbar bezüglich $\mathcal{T}$ ist und $\int 1_A g \, d\mu = \int 1_A f \, d\mu$ für alle $A \in \mathcal{T}$ erfüllt, heißt *bedingte Erwartung von f, gegeben $\mathcal{T}$.* Sie wird mit $E(f \mid \mathcal{T})$ oder $E_\mu(f \mid \mathcal{T})$ bezeichnet.

Mit Hilfe des Satzes von Radon-Nikodym zeigt man, dass für jede Funktion $f \in \mathcal{L}_1(\mu)$ und jede Teil-σ-Algebra $\mathcal{T} \subset \mathcal{S}$ eine bedingte Erwartung $E(f \mid \mathcal{T})$ existiert, die in $\mathcal{L}_1(\mu)$ liegt (vgl. [3, Kapitel IX]). Außerdem ist diese bedingte Erwartung fast sicher eindeutig bestimmt: Wenn zwei Funktionen g und g' in $\mathcal{L}_1(\mu)$ liegen und die Definition einer bedingten Erwartung von f erfüllen, dann gilt $g = g' \pmod{\mu}$ (d. h. $g = g'$ μ-f.ü.)

Die in Definition 2.5 eingeführte *bedingte Erwartung* $E_\mu(\cdot \mid \mathcal{T}) = E(\cdot \mid \mathcal{T})$ hat folgende Eigenschaften (vgl. z. B. [12, Kapitel 6] oder [18, Kapitel 14]):

(1) Die Abbildung $f \mapsto E(f \mid \mathcal{T})$ ist linear $(\mathrm{mod}\,\mu)$.
(2) Wenn $f \geq 0 \pmod{\mu}$ ist, so ist auch $E(f \mid \mathcal{T}) \geq 0 \pmod{\mu}$.
(3) Für $f \in \mathcal{L}_1(X, \mathcal{S}, \mu)$ und $g \in \mathcal{L}^\infty(X, \mathcal{T}, \mu)$ ist $E(gf \mid \mathcal{T}) = g E(f, \mathcal{T}) \pmod{\mu}$.
(4) Die Einschränkung der bedingten Erwartung $E(\cdot \mid \mathcal{T})$ auf den in $L_1(X, \mathcal{S}, \mu)$ enthaltenen Hilbertraum $L_2(X, \mathcal{S}, \mu)$ ist der Projektionsoperator auf den abgeschlossenen linearen Teilraum $L_2(X, \mathcal{T}, \mu) \subset L_2(X, \mathcal{S}, \mu)$.

Lemma 2.6 (Jensensche Ungleichung) Es sei $(X, \mathcal{S}, \mu)$ ein Wahrscheinlichkeitsraum. Wenn $J \subset [0, \infty) = \mathbb{R}_+$ ein Intervall und $\phi \colon J \longrightarrow \mathbb{R}$ eine konvexe[2] Funktion ist, so gilt

$$E(\phi \circ f \mid \mathcal{T}) \geq \phi(E(f \mid \mathcal{T})).$$

Insbesondere gilt für $p \in [1, \infty]$

$$\|f\|_p \geq \|E(|f| \mid \mathcal{T})\|_p \geq \|E(f \mid \mathcal{T})\|_p$$

für alle $f \in \mathcal{L}_p(\mu)$. Die bedingte Erwartung ist also auf jedem L_p mit $1 \leq p \leq \infty$ eine Kontraktion.

Aufgabe 2.7

Beweisen Sie Lemma 2.6.

Hinweis: Ersetzen Sie das Integral im Beweis von [3, Satz V.7] durch die bedingte Erwartung. Verwenden Sie anschließend die konvexe Funktion $f(t) = t^p$ für $p \geq 1$. Für $p = \infty$ verwenden Sie die obige Positivitätseigenschaft (2).

Für den Ergodensatz ist die *σ-Algebra $\mathcal{S}^T$ der T-invarianten messbaren Teilmengen* aus dem folgenden Lemma wichtig.

---

[2] Eine Funktion $\phi \colon J \longrightarrow \mathbb{R}$ ist *konvex*, wenn $\phi(tx + (1-t)y) \leq t\phi(x) + (1-t)\phi(y)$ für $0 \leq t \leq 1$ und $x < y$ in J gilt.

Lemma 2.8 Seien $(X, \mathcal{S})$ ein messbarer Raum und $T\colon X \longrightarrow X$ eine messbare Transformation. Dann ist $\mathcal{S}^T = \{A \in \mathcal{S} : T^{-1}(A) = A\}$ eine σ-Algebra. Eine Funktion $f\colon X \longrightarrow \mathbb{R}$ ist genau dann messbar bezüglich $\mathcal{S}^T$, wenn sie messbar bezüglich $\mathcal{S}$ ist und $f \circ T = f$ erfüllt.

Beweis Da T^{-1} mit Mengenoperationen vertauschbar ist, gilt $T^{-1}(\varnothing) = \varnothing$, $T^{-1}(A^c) = (T^{-1}(A))^c$ und $T^{-1}(\bigcup_{n=0}^{\infty} A_n) = \bigcup_{n=0}^{\infty} T^{-1}(A_n)$ für alle Teilmengen A, A_n von X. Daraus folgt, dass $\mathcal{S}^T$ die Eigenschaften einer σ-Algebra erfüllt.

Um die zweite Aussage zu zeigen, sei $f\colon X \longrightarrow \mathbb{R}$ eine beliebige Funktion. Für $t \in \mathbb{R}$ definieren wir die Mengen $A_t = \{x \in X : f(x) < t\}$.

Ist f messbar bezüglich $\mathcal{S}^T$, dann gilt $A_t \in \mathcal{S}^T$ für alle $t \in \mathbb{R}$. Würde ein $x \in X$ existieren mit $f(T(x)) \neq f(x)$, dann könnte man ein $t \in \mathbb{R}$ finden, sodass A_t einen der Punkte x oder $T(x)$ enthält, den anderen aber nicht. Daraus folgt $T^{-1}(A_t) \neq A_t$, im Widerspruch zur Annahme dass $A_t \in \mathcal{S}^T$ ist. Damit ist $f \circ T = f$ gezeigt. Die Messbarkeit von f bezüglich $\mathcal{S}$ folgt wegen $\mathcal{S}^T \subset \mathcal{S}$.

Ist nun f eine messbare Funktion, die $f \circ T = f$ erfüllt, dann gilt $A_t \in \mathcal{S}$ und $T^{-1}(A_t) = A_t$ und daher auch $A_t \in \mathcal{S}^T$ für alle $t \in \mathbb{R}$. Das zeigt, dass f $\mathcal{S}^T$-messbar ist. $\square$

Da man in der Maßtheorie im Allgemeinen nicht zwischen Mengen unterscheidet, die sich nur um eine Nullmenge (also eine Menge vom Maß null) unterscheiden, kann man auch den Begriff der Invarianz von Mengen unter T abschwächen und Mengen $A \in \mathcal{S}$ betrachten, die sich nur um eine Nullmenge von $T^{-1}(A)$ unterscheiden. Das folgende Lemma besagt, dass das keine wesentliche Änderung des Invarianzbegriffs ist.

Lemma 2.9 Es sei $T\colon X \longrightarrow X$ eine maßtreue Transformation auf einem Wahrscheinlichkeitsraum $(X, \mathcal{S}, \mu)$. Dann ist $\mathcal{S}^T_\mu = \{A \in \mathcal{S} : \mu(A \,\triangle\, T^{-1}(A)) = 0\}$ eine σ-Algebra. Weiterhin existiert zu jedem $A \in \mathcal{S}^T_\mu$ eine Menge $B \in \mathcal{S}^T$ mit $\mu(A \,\triangle\, B) = 0$.

Beweis Für jede Folge $(A_n)_{n \geq 1}$ in $\mathcal{S}^T_\mu$ ist

$$T^{-1}\Big(\bigcup_{n \geq 1} A_n\Big) \,\triangle\, \Big(\bigcup_{n \geq 1} A_n\Big) \subset \bigcup_{n \geq 1} \big(T^{-1}(A_n) \,\triangle\, A_n\big)$$

und daher auch $\bigcup_{n \geq 1} A_n \in \mathcal{S}^T_\mu$. Des Weiteren ist $T^{-1}(X \smallsetminus A) \,\triangle\, (X \smallsetminus A) = T^{-1}(A) \,\triangle\, A$ und somit $X \smallsetminus A \in \mathcal{S}^T_\mu$ für jedes $A \in \mathcal{S}^T_\mu$. Daher ist $\mathcal{S}^T_\mu$ abgeschlossen bezüglich Komplementen und abzählbaren Vereinigungen. Da $\mathcal{S}^T_\mu$ die leere Menge enthält, ist $\mathcal{S}^T_\mu$ eine σ-Algebra.

Es sei nun $A \in \mathcal{S}$ mit $\mu(T^{-1}(A) \,\triangle\, A) = 0$. Da T maßtreu ist, ist

$$\mu(T^{-n}(A) \,\triangle\, A) \leq \sum_{j=0}^{n-1} \mu(T^{-j-1}(A) \,\triangle\, T^{-j}(A)) = \sum_{j=0}^{n-1} \mu(T^{-j}(T^{-1}(A) \,\triangle\, A)) = 0$$

für jedes $n \geq 1$. Damit ist auch

$$\mu\Big(A \bigtriangleup \bigcup_{j \geq n} T^{-j}(A)\Big) \leq \sum_{j \geq 0} \mu(A \bigtriangleup T^{-j}(A)) = 0$$

für jedes $n \geq 0$. Wir setzen $A_n = \bigcup_{j \geq n} T^{-j}(A)$ und $A_\infty = \bigcap_{n \geq 0} A_n = T^{-1}(A_\infty)$. Da die Folge $(A_n)_{n \geq 0}$ monoton abnehmend ist, erhalten wir aus der Stetigkeit von μ, dass $\mu(A \bigtriangleup A_\infty) = \lim_{n \to \infty} \mu(A \bigtriangleup A_n) = 0$ ist. Damit haben wir eine Menge $B = A_\infty \in \mathcal{S}^T$ gefunden, die $\mu(A \bigtriangleup B) = 0$ erfüllt. $\qquad\square$

Der folgende Satz wird als *punktweiser* oder *individueller* Ergodensatz bezeichnet, da er die fast sichere punktweise Konvergenz der Zeitmittel zum Inhalt hat. Er wurde im Jahr 1931 von Birkhoff[3] bewiesen. Wir geben hier einen neueren Beweis aus [9], der sich durch seine Kürze auszeichnet.

Satz 2.10 (Individueller Ergodensatz) *Seien $T \colon X \longrightarrow X$ eine maßtreue Transformation auf dem Wahrscheinlichkeitsraum $(X, \mathcal{S}, \mu)$ und $\mathcal{S}^T$ die σ-Algebra der T-invarianten messbaren Teilmengen von X. Für jedes $f \in \mathcal{L}_1(\mu)$ konvergiert das „ergodische Mittel"* $\frac{1}{n} \sum_{j=0}^{n-1} f \circ T^j$ *für $n \to \infty$ fast sicher gegen $E(f \mid \mathcal{S}^T)$.*

Beweis Ist $h \colon X \longrightarrow \mathbb{R}$ eine Funktion, dann definieren wir $S_k h = \sum_{j=0}^{k-1} h \circ T^j$ für $k \geq 1$ und $S_0 h = 0$. Sei $f \in \mathcal{L}_1(\mu)$, $\varepsilon > 0$ und $g = f - E(f \mid \mathcal{S}^T) - \varepsilon$. Es gilt $g \in \mathcal{L}_1(\mu)$, da mit f auch $E(f \mid \mathcal{S}^T)$ in $\mathcal{L}_1(\mu)$ liegt.

Wir wollen zeigen, dass $\limsup_{n \to \infty} \frac{1}{n} S_n g$ fast sicher ≤ 0 ist. Da aus der Bedingung $\limsup_{n \to \infty} \frac{1}{n} S_n g > 0$ auch $\limsup_{n \to \infty} S_n g = \infty$ folgt, genügt es zu zeigen, dass $A = \{x \in X : \sup_{k \geq 1} S_k g(x) = \infty\}$ eine Nullmenge ist.

Es gilt $S_k g(T(x)) = S_{k+1} g(x) - g(x)$ für $k \geq 0$. Daraus folgt, dass $T(x) \in A$ genau dann gilt, wenn $x \in A$ gilt, womit $A \in \mathcal{S}^T$ gezeigt ist. Für $n \geq 1$ setzen wir $M_n = \max_{0 \leq k \leq n} S_k g$. Dann ist $M_{n+1}(x) = \max\{0, g(x) + M_n(T(x))\}$ und daher auch

$$M_{n+1}(x) - M_n(T(x)) = \max\{-M_n(T(x)), g(x)\}.$$

Daraus folgt, dass $\lim_{n \to \infty} M_{n+1}(x) - M_n(T(x)) = g(x)$ für alle $x \in A$ gilt und dass $g(x) \leq M_{n+1}(x) - M_n(T(x)) \leq \max\{0, g(x)\}$ für alle $n \geq 1$ und $x \in X$ erfüllt ist. Nun liegt g in $\mathcal{L}_1(\mu)$, sodass $\lim_{n \to \infty} \int 1_A (M_{n+1} - M_n \circ T) \, d\mu = \int 1_A g \, d\mu$ aus dem Satz über dominierte Konvergenz folgt.

Oben wurde $T^{-1}(A) = A$ gezeigt, d. h. $1_A \circ T = 1_A$. Für $n \geq 1$ ist dann $\int 1_A (M_n \circ T) \, d\mu = \int (1_A \circ T)(M_n \circ T) \, d\mu = \int 1_A M_n \, d\mu$ wegen Korollar 2.3, woraus wir $\int 1_A (M_{n+1} -$

---

[3] George David Birkhoff (1884–1944) war ein einflussreicher amerikanischer Mathematiker, der v. a. für seinen individuellen Ergodensatz bekannt ist.

$M_n \circ T) \, d\mu = \int 1_A M_{n+1} \, d\mu - \int 1_A M_n \, d\mu \geq 0$ erhalten, da $M_{n+1} \geq M_n$ unmittelbar aus der Definition folgt. Damit ist $\int 1_A g \, d\mu \geq 0$ gezeigt.

Da A in $\mathcal{S}^T$ liegt, folgt $\int 1_A f \, d\mu = \int 1_A E(f \,|\, \mathcal{S}^T) \, d\mu$ aus den Eigenschaften der bedingten Erwartung. Die Definition von g ergibt dann $\int 1_A g \, d\mu = -\varepsilon \mu(A)$, woraus $\mu(A) = 0$ folgt.

Es sei nun $U_\varepsilon = X \setminus A$. Dann gilt $\mu(U_\varepsilon) = 1$ und $\sup_{k \geq 1} S_k g(x) < \infty$ für alle $x \in U_\varepsilon$. Da $E(f \,|\, \mathcal{S}^T)$ messbar ist bezüglich $\mathcal{S}^T$, gilt $E(f \,|\, \mathcal{S}^T) \circ T = E(f \,|\, \mathcal{S}^T)$ nach Lemma 2.8. Es folgt $\frac{1}{n} S_n E(f \,|\, \mathcal{S}^T) = E(f \,|\, \mathcal{S}^T)$ für alle $n \geq 1$. Für $x \in U_\varepsilon$ ist $\limsup_{n \to \infty} \frac{1}{n} S_n g(x) \leq 0$. Nach Definition von g folgt daraus $\limsup_{n \to \infty} \frac{1}{n} S_n f(x) \leq E(f \,|\, \mathcal{S}^T)(x) + \varepsilon$.

Dasselbe kann man für $-f$ anstelle von f beweisen: Es existiert eine Menge $V_\varepsilon \subset X$ mit $\mu(V_\varepsilon) = 1$ und $\limsup_{n \to \infty} -\frac{1}{n} S_n f(x) \leq -E(f \,|\, \mathcal{S}^T)(x) + \varepsilon$ für alle $x \in V_\varepsilon$. Es folgt $\liminf_{n \to \infty} \frac{1}{n} S_n f(x) \geq E(f \,|\, \mathcal{S}^T)(x) - \varepsilon$ für alle $x \in V_\varepsilon$ wegen der Identität $E(-f \,|\, \mathcal{S}^T) = -E(f \,|\, \mathcal{S}^T)$. Setzt man jetzt $G = \bigcap_{m=1}^{\infty} U_{1/m} \cap \bigcap_{m=1}^{\infty} V_{1/m}$, dann ist $\mu(G) = 1$ und $\lim_{n \to \infty} \frac{1}{n} S_n f(x) = E(f \,|\, \mathcal{S}^T)(x)$ für alle $x \in G$. $\qquad\square$

Als Folgerung aus dem individuellen Ergodensatz erhalten wir den L_p-Ergodensatz, der im Jahr 1930 von John von Neumann[4] bewiesen wurde.

> **Satz 2.11 (L_p-Ergodensatz)** *Sei* $T \colon X \longrightarrow X$ *eine maßtreue Transformation auf dem Wahrscheinlichkeitsraum* $(X, \mathcal{S}, \mu)$ *und* $\mathcal{S}^T \subset \mathcal{S}$ *die σ-Algebra der invarianten Teilmengen. Sei weiterhin* $p \geq 1$. *Für alle* $f \in \mathcal{L}_p(\mu)$ *liegt dann* $E(f \,|\, \mathcal{S}^T)$ *ebenfalls in* $\mathcal{L}_p(\mu)$, *und es gilt* $\lim_{n \to \infty} \left\| \frac{1}{n} \sum_{j=0}^{n-1} f \circ T^j - E(f \,|\, \mathcal{S}^T) \right\|_p = 0.$

Beweis Es sei $f \in \mathcal{L}_p(\mu)$. Aus Lemma 2.6 wissen wir, dass $E(f \,|\, \mathcal{S}^T) \in \mathcal{L}_p(\mu)$ ist.

Für $m \geq 1$ sei $C_m = \{x \in X : |f(x)| \leq m\}$ und $f_m = f 1_{C_m}$. Dann ist $\lim_{m \to \infty} |f(x) - f_m(x)|^p = 0$ für alle $x \in X$. Des Weiteren gilt $|f - f_m|^p \leq |f|^p$ für alle $m \geq 1$ und $\int |f|^p d\mu < \infty$, sodass man aufgrund des Satzes über dominierte Konvergenz die Gleichung $\lim_{m \to \infty} \int |f - f_m|^p d\mu = 0$ erhält. Damit ist gezeigt, dass $\lim_{m \to \infty} \|f - f_m\|_p = 0$ ist.

Für $n \geq 1$ und eine Funktion $h \colon X \longrightarrow \mathbb{R}$ sei $S_n h = \sum_{j=0}^{n-1} h \circ T^j$ wie im letzten Beweis. Sei $\varepsilon > 0$ vorgegeben. Es existiert ein $m \geq 1$ mit $\|f - f_m\|_p < \frac{\varepsilon}{4}$. Wegen Korollar 2.3 gilt $\|f \circ T^j - f_m \circ T^j\|_p = \|f - f_m\|_p < \frac{\varepsilon}{4}$ für alle $j \geq 1$, woraus $\|\frac{1}{n} S_n f - \frac{1}{n} S_n f_m\|_p \leq \frac{1}{n} \sum_{j=0}^{n-1} \|f \circ T^j - f_m \circ T^j\|_p < \frac{\varepsilon}{4}$ für alle $n \geq 1$ mit Hilfe der Dreiecksungleichung folgt. Da die bedingte Erwartung eine Kontraktion auf $\mathcal{L}_p(\mu)$ ist (Lemma 2.6), gilt auch $\|E(f \,|\, \mathcal{S}^T) - E(f_m \,|\, \mathcal{S}^T)\|_p = \|E(f - f_m \,|\, \mathcal{S}^T)\|_p \leq \|f - f_m\|_p < \frac{\varepsilon}{4}$.

---

[4] John von Neumann (1903–1957), geboren in Budapest, arbeitete ab 1930 in den USA. Seine Beiträge reichten von der Mathematik (z. B. Mengenlehre, Funktionalanalysis, Ergodentheorie, Geometrie, numerische Analysis), Physik (z. B. Quantenmechanik, Hydrodynamik, Strömungsdynamik), Ökonomie (Spieltheorie), Informatik (u. a. lineares Programmieren, Computerarchitektur, theoretische Computerwissenschaften) bis hin zur Statistik. Er gilt als einer der bedeutendsten Mathematiker der jüngeren Geschichte.

Wegen $|f_m| \leq m$ ist auch $|E(f_m | \mathcal{S}^T)| \leq m$ und $|f_m \circ T^j| \leq m$ für $j \geq 1$, woraus wir $|\frac{1}{n} S_n f_m - E(f_m | \mathcal{S}^T)|^p \leq (2m)^p$ für alle $n \geq 1$ erhalten. Ebenfalls wegen $|f_m| \leq m$ liegt f_m in $\mathcal{L}_1(\mu)$, sodass $\lim_{n\to\infty} \frac{1}{n} S_n f_m = E(f_m | \mathcal{S}^T)$ fast sicher nach Satz 2.10 gilt. Nun folgt $\lim_{n\to\infty} \int |\frac{1}{n} S_n f_m - E(f_m | \mathcal{S}^T)|^p \, d\mu = 0$ aus dem Satz über dominierte Konvergenz und daraus dann $\lim_{n\to\infty} \|\frac{1}{n} S_n f_m - E(f_m | \mathcal{S}^T)\|_p = 0$. Es existiert also ein n_0, sodass $\|\frac{1}{n} S_n f_m - E(f_m | \mathcal{S}^T)\|_p < \frac{\varepsilon}{2}$ für alle $n \geq n_0$ gilt. Mit Hilfe der Dreiecksungleichung folgt dann $\|\frac{1}{n} S_n f - E(f | \mathcal{S}^T)\|_p < \varepsilon$ für alle $n \geq n_0$. Damit ist $\lim_{n\to\infty} \|\frac{1}{n} S_n f - E(f | \mathcal{S}^T)\|_p = 0$ gezeigt. $\square$

Für $p = 2$ ist der Raum $L_p(\mu, \mathbb{C})$ in Satz 2.11 ein Hilbertraum mit Skalarprodukt $\langle\!\langle [f], [g] \rangle\!\rangle = \int f \bar{g} \, d\mu$. Die durch

$$U_T[f] = [f \circ T], \quad f \in \mathcal{L}_2(\mu) \tag{2.1}$$

gegebene lineare Abbildung $U_T : L_2(\mu) \longrightarrow L_2(\mu)$ ist wohldefiniert (da $f_1 \circ T = f_2 \circ T$ $(\mathrm{mod}\,\mu)$ ist, wenn $f_1 = f_2$ $(\mathrm{mod}\,\mu)$ ist), und erfüllt die Bedingung $\langle\!\langle U_t[f_1], U_T[f_2] \rangle\!\rangle = \langle\!\langle [f_1], [f_2] \rangle\!\rangle$ und $\|U_T[f_1]\|_2 = \|[f_1]\|_2$ für alle $f_1, f_2 \in \mathcal{L}_2(\mu)$.

2.2   Mischungseigenschaften

Die Ergodensätze besagen, dass die Zeitmittel einer Funktion $f \in \mathcal{L}_1(\mu)$ unter einer maßtreuen Transformation $T : X \longrightarrow X$ auf einem Wahrscheinlichkeitsraum $(X, \mathcal{S}, \mu)$ fast sicher gegen die bedingte Erwartung $E(f | \mathcal{S}^T)$ konvergieren. Diese bedingte Erwartung ist von besonders einfacher Form, wenn die σ-Algebra der T-invarianten Teilmengen $\mathcal{S}^T \subset \mathcal{S}$ in der σ-Algebra

$$\mathcal{N}_\mu = \{ B \in \mathcal{S} : \mu(B) \in \{0, 1\} \} \tag{2.2}$$

enthalten ist (vgl. Definition 1.78):

Definition 2.12 (Ergodizität)
Sei $(X, \mathcal{S}, \mu)$ ein Wahrscheinlichkeitsraum. Eine maßtreue Transformation $T : X \longrightarrow X$ heißt *ergodisch*, wenn für jedes $A \in \mathcal{S}^T$ entweder $\mu(A) = 0$ oder $\mu(A) = 1$ gilt.

▶ **Bemerkung 2.13 (Bemerkung zum Wort „Ergodizität")** Ist $T : X \longrightarrow X$ eine maßtreue ergodische Transformation auf einem Wahrscheinlichkeitsraum $(X, \mathcal{S}, \mu)$, so gilt $\mathcal{S}^T \subset \mathcal{N}_\mu$. Für eine Funktion $f \in \mathcal{L}_1(\mu)$ ist dann laut dem folgenden Satz 2.14 die bedingte Erwartung $E(f | \mathcal{S}^T)$ fast sicher gleich dem Integral $\int f \, d\mu$, d. h., das „Zeitmittel" $\lim_{n\to\infty} \frac{1}{n} \sum_{j=0}^{n-1} f \circ T^j$ von f entlang der Bahn von x stimmt für fast jedes $x \in X$ mit dem „Raummittel" $\int f \, d\mu$ von f überein.

Ludwig Boltzmann formulierte das Prinzip „*Zeitmittel = Raummittel*" für eine Klasse von mechanischen Systemen, die von äußeren Einflüssen isoliert sind und sich im Gleichgewichtszustand befinden. Unter der Voraussetzung, dass jedes Teilchen des Systems alle im System unter Erhaltung der Energie möglichen Zustände durchläuft (Boltzmann bezeichnete derartige Systeme als „*Ergoden*") besagt Boltzmanns Postulat, dass die Wahrscheinlichkeit eines bestimmten Zustands (oder einer Menge von Zuständen) eines Teilchens proportional zum Prozentsatz der Zeit ist, die das Teilchen in diesem Zustand (oder in dieser Menge von Zuständen) verbringt.

Boltzmanns Begriff der Ergode wurde schon bei seinem Erscheinen im Jahr 1884 als zu restriktiv kritisiert und wird heute durch den Begriff der *Ergodizität* im Sinne der Definition 1.78 ersetzt. Der individuelle Ergodensatz ist die exakte Interpretation von Boltzmanns Postulat für ergodische Systeme — allerdings eben nur für *fast jedes* Teilchen des Systems und nicht für *jedes* Teilchen.

Zur Frage der Gültigkeit von Boltzmanns Postulat für *jedes* Teilchen des Systems (d. h. für *jeden* Punkt unseres Raumes X) verweisen wir auf Abschn. 2.3.1.

Für eine ergodische Transformation ist also der in den Ergodensätzen auftretende Grenzwert bereits durch das Integral bestimmt. Die folgenden Sätze 2.14 und 2.18 charakterisieren wichtige Eigenschaften ergodischer Transformationen.

Satz 2.14 (Erste Charakterisierung der Ergodizität) *Sei* $T: X \longrightarrow X$ *eine maßtreue Transformation auf einem Wahrscheinlichkeitsraum* $(X, \mathcal{S}, \mu)$. *Die folgenden Aussagen sind äquivalent.*

(1) T ist ergodisch.

(2) Für $A \in \mathcal{S}$ mit $\mu(T^{-1}(A) \triangle A) = 0$ gilt entweder $\mu(A) = 0$ oder $\mu(A) = 1$.

(3) Ist $f: X \rightarrow \mathbb{R}$ eine messbare Funktion und $f \circ T = f \pmod{\mu}$, dann ist f fast sicher konstant.

(4) Ist $f: X \longrightarrow \mathbb{R}$ eine beschränkte messbare Funktion und $f \circ T = f \pmod{\mu}$, dann ist f fast sicher konstant.

Beweis Die Implikation (1) $\Rightarrow$ (2) folgt aus Lemma 2.9.

Um (2) $\Rightarrow$ (3) zu zeigen, seien $f: X \longrightarrow \mathbb{R}$ messbar und $f \circ T = f \pmod{\mu}$. Für $a \in \mathbb{R}$ sei $C_a = \{x \in X : f(x) < a\}$. Wenn f nicht konstant $\pmod{\mu}$ ist, dann gibt es ein $a \in \mathbb{R}$ mit $\mu(C_a) > 0$ und $\mu(X \setminus C_a) > 0$. Wegen $f \circ T = f \pmod{\mu}$ gilt jedoch $\mu(T^{-1}(C_a) \triangle C_a) = 0$, woraus wegen (2) entweder $\mu(C_a) = 0$ oder $\mu(C_a) = 1$ folgt. Dieser Widerspruch beweist (3).

Die Implikation (3) $\Rightarrow$ (4) ist offensichtlich. Wenn schließlich (4) gilt und A in $\mathcal{S}^T$ liegt, dann gilt $1_A \circ T = 1_A$ und daher (wegen (4)) $1_A = 0$ fast sicher oder $1_A = 1$ fast sicher. Daraus folgt $\mu(A) = 0$ oder $\mu(A) = 1$, womit (1) gezeigt ist. $\qquad \square$

Wir wenden Satz 2.14 auf Transformationen des n-dimensionalen Torus an.

Satz 2.15 *Seien* $\boldsymbol{\alpha} = (\alpha_1, \ldots, \alpha_d) \in \mathbb{R}^d$ *und A eine d × d-Matrix mit Koeffizienten in $\mathbb{Z}$ und Determinante 1 oder −1. Für jedes* $\mathbf{m} = (m_1, \ldots, m_d) \in \mathbb{Z}^d \setminus \{\mathbf{0}\}$ *sei entweder die Menge* $\{\mathbf{m}A^k : k \in \mathbb{Z}\}$ *unendlich, oder es gelte*

$$\sum_{j=0}^{k-1} \langle \mathbf{m}A^j, \boldsymbol{\alpha} \rangle \notin \mathbb{Z},$$

wenn $\mathbf{m}A^k = \mathbf{m}$ *für ein* $k \geq 1$ *ist. Dann ist die Transformation* $T(\mathbf{x}) = A\mathbf{x} + \boldsymbol{\alpha}$ (mod 1) *auf dem Wahrscheinlichkeitsraum* $(\mathbb{T}^d, \mathcal{B}_{\mathbb{T}^d}, \lambda^d)$ *ergodisch.*

Beweis Im Sinne der Bemerkungen auf Seite 48 unterscheiden wir nicht zwischen Funktionen und Äquivalenzklassen in $L_2(\mathbb{T}^d, \mathcal{B}_{\mathbb{T}^d}, \lambda^d, \mathbb{C})$.

Für jedes $\mathbf{m} = (m_1, \ldots, m_d) \in \mathbb{Z}^d$ betrachten wir die bereits in (1.32) eingeführte Funktion $f_{\mathbf{m}}(\mathbf{x}) = e^{2\pi i \sum_{j=1}^{d} m_j x_j}$, $\mathbf{x} = (x_1, \ldots, x_d) \in \mathbb{T}^d$. Für $\mathbf{m}, \mathbf{m}' \in \mathbb{Z}^d$ gilt

$$\langle\!\langle f_{\mathbf{m}}, f_{\mathbf{m}'} \rangle\!\rangle = \begin{cases} 1 & \text{für } \mathbf{m} = \mathbf{m}', \\ 0 & \text{für } \mathbf{m} \neq \mathbf{m}', \end{cases}$$

wobei $\langle\!\langle f, g \rangle\!\rangle = \int f\bar{g}\, d\lambda^d$ das Skalarprodukt in $L_2(\lambda^d, \mathbb{C})$ ist. Damit bilden diese Funktionen ein Orthonormalsystem in $L_2(\lambda^d, \mathbb{C})$. Wie wir in Aufgabe 1.35 gesehen haben, liegen die endlichen komplexen Linearkombinationen dieser Funktionen dicht in $C(\mathbb{T}^d)$ und daher auch in $L_2(\lambda^d, \mathbb{C})$. Daraus folgt, dass $\{f_{\mathbf{m}} : \mathbf{m} \in \mathbb{Z}^d\}$ eine Basis (genauer gesagt: ein *vollständiges* Orthonormalsystem) des Hilbertraums $L_2(\lambda^d, \mathbb{C})$ bilden. Wie man leicht nachrechnet, ist $U_T(f_{\mathbf{m}}) = f_{\mathbf{m}} \circ T = e^{2\pi i \langle \mathbf{m}, \boldsymbol{\alpha}\rangle} f_{\mathbf{m}A}$ für jedes $\mathbf{m} \in \mathbb{Z}^d$.

Es sei nun $g \colon \mathbb{T}^d \longrightarrow \mathbb{R}$ eine beschränkte messbare Funktion, die $g \circ T = g$ (mod λ^d) erfüllt. Dann liegt g in $L_2(\lambda^d) \subset L_2(\lambda^d, \mathbb{C})$ und kann daher auf eindeutige Weise in der Basis $\{f_{\mathbf{m}} : \mathbf{m} \in \mathbb{Z}^d\}$ entwickelt werden:

$$g = \sum_{\mathbf{m} \in \mathbb{Z}^d} c_{\mathbf{m}} f_{\mathbf{m}}, \tag{2.3}$$

wobei $c_{\mathbf{m}} = \langle\!\langle g, f_{\mathbf{m}} \rangle\!\rangle = \int g\overline{f_{\mathbf{m}}}\, d\lambda^d = \int g f_{-\mathbf{m}}\, d\lambda^d$ für jedes $\mathbf{m} \in \mathbb{Z}^d$ ist und wobei die Summe in (2.3) in der L_2-Norm konvergiert und die Bedingung $\|g\|_2^2 = \sum_{\mathbf{m} \in \mathbb{Z}^n} |c_{\mathbf{m}}|^2$ erfüllt. Die Darstellung (2.3) ist natürlich nichts anderes als die Entwicklung von g als *Fourierreihe*. Da U_T eine Isometrie auf $L_2(\lambda^d, \mathbb{C})$ ist, gilt

$$g = \sum_{\mathbf{m} \in \mathbb{Z}^d} c_{\mathbf{m}} f_{\mathbf{m}} = g \circ T = \sum_{\mathbf{m} \in \mathbb{Z}^d} c_{\mathbf{m}} f_{\mathbf{m}} \circ T = \sum_{\mathbf{m} \in \mathbb{Z}^d} c_{\mathbf{m}} e^{2\pi i \langle \mathbf{m}, \boldsymbol{\alpha}\rangle} f_{\mathbf{m}A}.$$

Wegen der Eindeutigkeit der Darstellung (2.3) gilt $c_{\mathbf{m}A} = c_{\mathbf{m}} e^{2\pi i \langle \mathbf{m}, \boldsymbol{\alpha}\rangle}$ für alle $\mathbf{m} \in \mathbb{Z}^d$.

Wenn nun $\mathbf{m} \in \mathbb{Z}^d \setminus \{\mathbf{0}\}$ ist, so gilt $|c_{\mathbf{n}}| = |c_{\mathbf{m}}|$ für alle $\mathbf{n} \in \{\mathbf{m}A^k : k \in \mathbb{Z}\}$. Wenn die Menge $\{\mathbf{m}A^k : k \in \mathbb{Z}\}$ unendlich ist, dann folgt $c_{\mathbf{m}} = 0$ wegen $\sum_{\mathbf{m} \in \mathbb{Z}^d} |c_{\mathbf{m}}|^2 < \infty$.

Wenn $\mathbf{m}A^k = \mathbf{m}$ für ein $k \geq 1$ und $\mathbf{m} \in \mathbb{Z}^d \setminus \{0\}$ ist, so ist laut Voraussetzung $c_{\mathbf{m}A} = c_{\mathbf{m}}e^{2\pi i \langle \mathbf{m}, \alpha \rangle}$ und $c_{\mathbf{m}A^2} = c_{\mathbf{m}}e^{2\pi i \langle \mathbf{m}, \alpha \rangle}e^{2\pi i \langle \mathbf{m}A, \alpha \rangle}$. Nach Voraussetzung und mittels Induktion ergibt sich also $c_{\mathbf{m}} = c_{\mathbf{m}A^k} = c_{\mathbf{m}}e^{2\pi i \sum_{j=0}^{k-1} \langle \mathbf{m}A^j, \alpha \rangle}$ und $e^{2\pi i \sum_{j=0}^{k-1} \langle \mathbf{m}A^j, \alpha \rangle} \neq 1$ und daher wieder $c_{\mathbf{m}} = 0$. Somit gilt $c_{\mathbf{m}} = 0$ für alle $\mathbf{m} \in \mathbb{Z}^d \setminus \{0\}$, womit gezeigt ist, dass g fast sicher konstant ist. Nach Satz 2.14 ist T ergodisch. □

Beispiel 2.16 (Rotationen auf $\mathbb{T}^d$)

Seien $\alpha \in \mathbb{R}^d$ und $R_\alpha \colon \mathbb{T}^d \longrightarrow \mathbb{T}^d$ durch $R_\alpha(\mathbf{x}) = \mathbf{x} + \alpha \pmod 1$ definiert. Nach Beispiel 1.62 ist R_α eine maßtreue Transformation auf dem Wahrscheinlichkeitsraum $(\mathbb{T}^d, \mathcal{B}_{\mathbb{T}^d}, \lambda^d)$. Wählt man in Satz 2.15 für A die Einheitsmatrix, dann erhält man, dass R_α ergodisch ist, wenn $\mathbf{n}\alpha \notin \mathbb{Z}$ für alle $\mathbf{n} \in \mathbb{Z}^d \setminus \{0\}$ ist. Das ist äquivalent zu der schon aus Aufgabe 1.35 bekannten Bedingung, dass $1, \alpha_1, \ldots, \alpha_d$ linear unabhängig über $\mathbb{Q}$ sind.

Beispiel 2.17 (Automorphismen von $\mathbb{T}^d$)

Sei A eine $d \times d$-Matrix mit Koeffizienten in $\mathbb{Z}$ und Determinante 1 oder -1. Die Transformation $T_A \colon \mathbb{T}^d \longrightarrow \mathbb{T}^d$ sei definiert durch $T_A(\mathbf{x}) = A\mathbf{x} \pmod 1$. Nach Beispiel 1.62 ist T_A wiederum eine maßtreue Transformation auf dem Wahrscheinlichkeitsraum $(\mathbb{T}^d, \mathcal{B}_{\mathbb{T}^d}, \lambda^d)$. Wir zeigen, dass die Transformation T_A ergodisch ist, wenn keiner der Eigenwerte von A eine Einheitswurzel ist. Das folgt aus Satz 2.15, wenn wir zeigen, dass unter dieser Voraussetzung die Menge $\{\mathbf{n}A^k : k \in \mathbb{Z}\}$ für jedes $\mathbf{n} \in \mathbb{Z}^d \setminus \{0\}$ unendlich ist.

Nehmen wir an, die Menge $\{\mathbf{n}A^k : k \in \mathbb{Z}\}$ sei für ein $\mathbf{n} \in \mathbb{Z}^d \setminus \{0\}$ endlich. Dann existieren k und l in $\mathbb{Z}$ mit $k < l$ und $\mathbf{n}A^k = \mathbf{n}A^l$. Für $m = l - k \in \mathbb{N}$ gilt dann $\mathbf{n}A^m = \mathbf{n}$. Damit hat A^m den linken Eigenvektor $\mathbf{n} \neq 0$ zum Eigenwert 1. Da die Mengen $\mathrm{EV}(A)$ und $\mathrm{EV}(A^m)$ der Eigenwerte von A und A^m die Bedingung $\mathrm{EV}(A^m) = \mathrm{EV}(A)^m = \{\gamma^m : \gamma \in \mathrm{EV}(A)\}$ erfüllen, gibt es ein $\gamma \in \mathrm{EV}(A)$ mit $\gamma^m = 1$, im Widerspruch zu unserer Voraussetzung.

Wenn also keiner der Eigenwerte von A eine Einheitswurzel ist, dann ist die Menge $\{\mathbf{n}A^k : k \in \mathbb{Z}\}$ für jedes $\mathbf{n} \in \mathbb{Z}^d \setminus \{0\}$ unendlich und T_A ist nach Satz 2.15 ergodisch.

Für topologische dynamische Systeme haben wir in Kap. 1 den Begriff der topologischen Transitivität eingeführt, der der Ergodizität maßerhaltender Transformationen auf Wahrscheinlichkeitsräumen entspricht. Wie in der topologischen Dynamik gibt es auch in der Ergodentheorie stärkere Formen der Transitivität, die ebenfalls als „Mischungseigenschaften" bezeichnet werden. Bevor wir diese formulieren, charakterisieren wir im folgenden Satz Ergodizität als eine quantitative Aussage über die „Mischung" von vorgegebenen Mengen $A, B \in \mathcal{S}$ durch T, d. h. über die Zahlen $\mu(T^{-n}(A) \cap B)$, $n \geq 1$.

Satz 2.18 (Zweite Charakterisierung der Ergodizität) *Seien $(X, \mathcal{S}, \mu)$ ein Wahrscheinlichkeitsraum und $T \colon X \longrightarrow X$ eine maßtreue Transformation. Die folgenden Aussagen sind äquivalent.*

(1) T ist ergodisch.
(2) Es gilt $\lim_{n \to \infty} \frac{1}{n} \sum_{j=0}^{n-1} \mu(T^{-j}(A) \cap B) = \mu(A)\mu(B)$ für alle $A, B \in \mathcal{S}$.
(3) Es gilt $\lim_{n \to \infty} \frac{1}{n} \sum_{j=0}^{n-1} \mu(T^{-j}(A) \cap A) = \mu(A)^2$ für alle $A \in \mathcal{S}$.

Beweis Um (1) $\Rightarrow$ (2) zu zeigen, nehmen wir zwei Mengen A und B in $\mathcal{S}$. Da wir (1) voraussetzen, folgt $\lim_{n\to\infty} \frac{1}{n} \sum_{j=0}^{n-1} 1_A \circ T^j = \int 1_A \, d\mu = \mu(A)$ fast sicher aus dem Ergodensatz. Wenn wir mit 1_B multiplizieren und den Satz über dominierte Konvergenz anwenden, erhalten wir $\lim_{n\to\infty} \frac{1}{n} \sum_{j=0}^{n-1} \mu(T^{-j}(A) \cap B) = \mu(A)\mu(B)$. Damit ist (2) gezeigt.

Die Implikation (2) $\Rightarrow$ (3) ist offensichtlich. Um (3) $\Rightarrow$ (1) zu zeigen, sei $A \in \mathcal{S}^T$ beliebig. Da wir (3) voraussetzen, ist $\lim_{n\to\infty} \frac{1}{n} \sum_{j=0}^{n-1} \mu(T^{-j}(A) \cap A) = \mu(A)^2$ erfüllt. Da A in $\mathcal{S}^T$ liegt, gilt $T^{-j}(A) \cap A = A$ für alle $j \geq 0$, sodass $\mu(A) = \mu(A)^2$ folgt. Also ist $\mu(A)$ entweder 0 oder 1, und (1) ist gezeigt.   □

Definition 2.19 (Mischungseigenschaften)

Es sei $(X, \mathcal{S}, \mu)$ ein Wahrscheinlichkeitsraum. Eine maßtreue Transformation $T\colon X \longrightarrow X$ heißt *schwach mischend*, wenn

$$\lim_{n\to\infty} \frac{1}{n} \sum_{j=0}^{n-1} |\mu(T^{-j}(A) \cap B) - \mu(A)\mu(B)| = 0 \tag{2.4}$$

für alle $A, B \in \mathcal{S}$ gilt, und *stark mischend*, wenn

$$\lim_{n\to\infty} \mu(T^{-n}(A) \cap B) = \mu(A)\mu(B) \tag{2.5}$$

für alle $A, B \in \mathcal{S}$ gilt.

Eine stark mischende Transformation ist schwach mischend und eine schwach mischende Transformation ist ergodisch wegen Satz 2.18.

Wir erinnern daran, dass im Sinne der Wahrscheinlichkeitstheorie zwei messbare Mengen A, B in einem Wahrscheinlichkeitsraum $(X, \mathcal{S}, \mu)$ *unabhängig* genannt werden, wenn $\mu(A \cap B) = \mu(A)\mu(B)$ gilt. Die Gleichung (2.5) beschreibt also die *asymptotische Unabhängigkeit* von $T^{-n}(A)$ und B.

Auch wenn die Definition der schwachen Mischung in (2.4) auf den ersten Blick einen künstlichen Eindruck erweckt, so werden wir in Satz 2.24 sehen, dass dieser Begriff sehr natürliche äquivalente Formulierungen besitzt. In der Tat ist der Begriff der schwachen Mischung für einen großen Teil der Ergodentheorie weitaus wichtiger als der Begriff der starken Mischung.

Satz 2.20 *Seien $(X, \mathcal{S}, \mu)$ ein Wahrscheinlichkeitsraum und $T\colon X \longrightarrow X$ eine maßtreue Transformation. Weiterhin sei $\mathcal{E} \subset \mathcal{S}$ ein Semiring, der die σ-Algebra $\mathcal{S}$ erzeugt. Wenn $\lim_{n\to\infty} \mu(T^{-n}(U) \cap V) = \mu(U)\mu(V)$ für alle $U, V \in \mathcal{E}$ gilt, dann ist T stark mischend. Wenn $\lim_{n\to\infty} \frac{1}{n} \sum_{j=0}^{n-1} \mu(T^{-j}(U) \cap V) = \mu(U)\mu(V)$ (bzw. Bedingung (2.4)) für alle $U, V \in \mathcal{E}$ gilt, dann ist T ergodisch (bzw. schwach mischend).*

Beweis Seien $V \in \mathcal{E}$ und $\mathcal{D}_V = \{A \in \mathcal{S} : \lim_{n\to\infty} \mu(T^{-n}(A) \cap V) = \mu(A)\mu(V)\}$. Wir zeigen, dass $\mathcal{D}_V$ eine σ-Algebra ist, die $\mathcal{E}$ enthält und die daher mit $\mathcal{S}$ übereinstimmt.

Für $A \in \mathcal{D}_V$ gilt $\mu(T^{-n}(A^c) \cap V) = \mu((T^{-n}(A))^c \cap V) = \mu(V) - \mu(T^{-n}(A) \cap V)$ für jedes $n \geq 0$. Damit erhalten wir, dass $\lim_{n \to \infty} \mu(T^{-n}(A^c) \cap V) = \mu(V) - \lim_{n \to \infty} \mu(T^{-n}(A) \cap V) = (1 - \mu(A))\mu(V) = \mu(A^c)\mu(V)$, sodass $\mathcal{D}_V$ abgeschlossen bezüglich Komplementbildung ist.

Wenn $A = \bigcup_{j=1}^m A_j$ eine Vereinigung paarweise disjunkter Mengen in $\mathcal{E}$ ist, so gilt $\mu(T^{-n}(A) \cap V) = \sum_{j=1}^m \mu(T^{-n}(A_j) \cap V)$ für $n \geq 1$ und daher

$$\lim_{n \to \infty} \mu(T^{-n}(A) \cap V) = \lim_{n \to \infty} \sum_{j=1}^m \mu(T^{-n}(A_j) \cap V)$$

$$= \sum_{j=1}^m \mu(A_j)\mu(V) = \mu(A)\mu(V).$$

Damit enthält $\mathcal{D}_V$ alle endlichen Vereinigungen disjunkter Mengen in $\mathcal{E}$. Da sich jede endliche Vereinigung von Mengen in $\mathcal{E}$ aufgrund der Eigenschaften eines Semirings auch als endliche Vereinigung disjunkter Mengen in $\mathcal{E}$ schreiben lässt und da $\mathcal{D}_V$ unter Komplementbildung abgeschlossen ist, enthält $\mathcal{D}_V$ die von $\mathcal{E}$ erzeugte Mengenalgebra.

Sei nun $(A_j)_{j \geq 1} \in \mathcal{D}_V$ eine monotone Folge, sodass entweder $A_j \subset A_{j+1}$ für alle $j \geq 1$ oder $A_j \supset A_{j+1}$ für alle $j \geq 1$ gilt. Wir behaupten, dass dann auch $\bigcup_{j \geq 1} A_j \in \mathcal{D}_V$ beziehungsweise $\bigcap_{j \geq 1} A_j \in \mathcal{D}_V$ gilt. Da wir schon wissen, dass $\mathcal{D}_V$ unter Komplementbildung abgeschlossen ist, genügt es, den aufsteigenden Fall $A_j \subset A_{j+1}$ für alle $j \geq 1$ zu betrachten. Sei $A = \bigcup_{j \geq 1} A_j$ und $\varepsilon > 0$, dann gibt es ein $j \geq 1$ mit $\mu(A \setminus A_j) < \varepsilon/3$. Daher folgt $|\mu(A \cap V) - \mu(A_j \cap V)| < \varepsilon/3$ und auch $|\mu(T^{-n}A \cap V) - \mu(T^{-n}A_j \cap V)| < \varepsilon/3$ für alle $n \geq 1$. Da $A_j \in \mathcal{D}_V$, gibt es ein n_0 mit $|\mu(T^{-n}A_j \cap V) - \mu(A_j)\mu(V)| < \varepsilon/3$ für alle $n \geq n_0$, was $|\mu(T^{-n}A \cap V) - \mu(A)\mu(V)| < \varepsilon$ zur Folge hat. Daher gilt $A \in \mathcal{D}_V$. Wir haben somit gesehen, dass $\mathcal{D}_V$ eine monotone Klasse[5] ist. Wegen des Satzes über monotone Klassen (Aufgabe 13) gilt daher, dass $\mathcal{D}_V = \mathcal{S}$ ist.

Seien jetzt $A \in \mathcal{S}$ und $\mathcal{D}'_A = \{B \in \mathcal{S} : \lim_{n \to \infty} \mu(T^{-n}(A) \cap B) = \mu(A)\mu(B)\}$. Ganz ähnlich wie oben zeigt man, dass $\mathcal{D}'_A$ eine monotone Klasse ist, die wiederum die von $\mathcal{E}$ erzeugte Algebra enthält. Nach dem Satz über monotone Klassen ist somit $\lim_{n \to \infty} \mu(T^{-n}(A) \cap B) = \mu(A)\mu(B)$ für alle A und B in $\mathcal{S}$ gezeigt, d. h., T ist stark mischend.

Der Beweis der zweiten Aussage über Ergodizität und schwache Mischung ist völlig analog. $\square$

Beispiel 2.21 (Multiplikation mit 2)

Sei $T : \mathbb{T} \longrightarrow \mathbb{T}$, wie in den Beispiel 1.3 durch $T(x) = 2x \pmod 1$ definiert. Laut Beispiel 1.61 (2) ist T eine maßtreue Transformation auf dem Wahrscheinlichkeitsraum $(\mathbb{T}, \mathcal{B}_{\mathbb{T}}, \lambda)$. Wir zeigen mit Hilfe von Satz 2.20, dass T stark mischend ist.

Seien $\mathcal{E}_k = \{[\frac{j}{2^k}, \frac{j+1}{2^k}) : 0 \leq j \leq 2^k - 1\}$ für $k \geq 1$ und $\mathcal{E} = \bigcup_{k=1}^\infty \mathcal{E}_k$. Dann ist $\mathcal{E}$ ein Semiring, der die Borel-σ-Algebra $\mathcal{B}_{\mathbb{T}}$ erzeugt. Seien U und V in $\mathcal{E}$ und k und m so, dass $U \in \mathcal{E}_m$ und $V \in \mathcal{E}_k$ gilt. Sei $n \geq k$. Dann ist V die disjunkte Vereinigung von 2^{n-k} Intervallen $V_1, V_2, \ldots, V_{2^{n-k}}$ aus $\mathcal{E}_n$. Nach

---

[5] Eine Mengenfamilie $\mathcal{M} \subset \mathcal{P}(\mathcal{X})$ ist eine *monotone Klasse*, wenn mit jeder monoton nicht abnehmenden Folge (A_j) in $\mathcal{M}$ auch $\bigcup_{j \geq 1} A_j \in \mathcal{M}$ ist und mit jeder monoton nicht zunehmenden Folge (A_j) auch $\bigcap_{j \geq 1} A_j \in \mathcal{M}$ ist.

Beispiel 1.3 bildet T^n jedes dieser Intervalle linear und bijektiv auf $[0, 1)$ ab. Daher ist $T^{-n}(U) \cap V_i$ für $1 \leq i \leq 2^{n-k}$ ein Intervall der Länge $\frac{1}{2^{m+n}}$, und $T^{-n}(U) \cap V$ ist die disjunkte Vereinigung von 2^{n-k} Intervallen der Länge $\frac{1}{2^{m+n}}$. Für $n \geq k$ erhalten wir also $\lambda(T^{-n}(U) \cap V) = 2^{n-k} \frac{1}{2^{m+n}} = \frac{1}{2^{m+k}} = \lambda(U)\lambda(V)$. Nach Satz 2.20 ist T stark mischend.

Sind $(X_1, \mathcal{S}_1, \mu_1)$ und $(X_2, \mathcal{S}_2, \mu_2)$ Wahrscheinlichkeitsräume, dann ist deren Produkt $(X_1 \times X_2, \mathcal{S}_1 \otimes \mathcal{S}_2, \mu_1 \otimes \mu_2)$ wieder ein Wahrscheinlichkeitsraum (vgl. [3, Kapitel VIII]). Sind $T_1 \colon X_1 \longrightarrow X_1$ und $T_2 \colon X_2 \longrightarrow X_2$ maßtreue Transformationen, dann ist auch $T_1 \times T_2 \colon X_1 \times X_2 \longrightarrow X_1 \times X_2$, definiert durch $(T_1 \times T_2)(x_1, x_2) = (T_1(x_1), T_2(x_2))$, eine maßtreue Transformation.

Um schwache Mischung in einer anschaulicheren Form zu charakterisieren, benötigen wir noch ein weiteres wichtiges Konzept.

Definition 2.22 (Eigenfunktionen)

Es sei T eine maßtreue Transformation auf einem Wahrscheinlichkeitsraum $(X, \mathcal{S}, \mu)$. Eine messbare Funktion $f \colon X \longrightarrow \mathbb{C}$, die nicht $= 0 \pmod{\mu}$ ist, stellt eine *Eigenfunktion* von T mit Eigenwert $\gamma \in \mathbb{C}$ dar, wenn $f \circ T = \gamma f \pmod{\mu}$ ist.

Aufgaben 2.23 (Eigenschaften von Eigenfunktionen)

Es sei T eine maßtreue ergodische Transformation auf einem Wahrscheinlichkeitsraum $(X, \mathcal{S}, \mu)$. Zeigen Sie Folgendes:

(1) Es sei $f \colon X \longrightarrow \mathbb{C}$ eine Eigenfunktion von T mit Eigenwert γ. Dann ist $|\gamma| = 1$ und $|f|$ ist konstant $\pmod{\mu}$.
(2) Wenn f_1 und f_2 Eigenfunktionen von T mit demselben Eigenwert γ sind, so ist f_2 ein konstantes Vielfaches von $f_1 \bmod \mu$).
(3) Wenn f_1 und f_2 Eigenfunktionen von T mit verschiedenen Eigenwerten sind, so ist $\langle\!\langle f_1, f_2 \rangle\!\rangle = \int f_1 \overline{f_2}\, d\mu = 0$.

Satz 2.24 (Charakterisierung der schwachen Mischung)　*Sei $(X, \mathcal{S}, \mu)$ ein Wahrscheinlichkeitsraum und $T \colon X \longrightarrow X$ eine maßtreue Transformation. Die folgenden Aussagen sind äquivalent.*

(1) T ist schwach mischend.
(2) Die Transformation $T \times T$ auf $(X \times X, \mathcal{S} \otimes \mathcal{S}, \mu \otimes \mu)$ ist ergodisch.
(3) Die Transformation $T \times T$ auf $(X \times X, \mathcal{S} \otimes \mathcal{S}, \mu \otimes \mu)$ ist schwach mischend.
(4) T ist ergodisch und jede Eigenfunktion von T ist konstant $\pmod{\mu}$.

Beweis Wir schreiben S für $T \times T$ und $\mathcal{C}$ für $\mathcal{S} \otimes \mathcal{S}$. Das Produktmaß $\mu \otimes \mu$ bezeichnen wir mit ν.

Wir zeigen (1) $\Rightarrow$ (3). Sei $\mathcal{G} = \{A \times B : A, B \in \mathcal{S}\}$. Dann ist $\mathcal{G}$ ein Semiring, der die σ-Algebra $\mathcal{C}$ erzeugt. Für Mengen $U = A \times B$ und $V = C \times D$ in $\mathcal{G}$ und für $j \geq 0$ gilt dann $v(S^{-j}(U) \cap V) = \mu(T^{-j}(A) \cap C)\mu(T^{-j}(B) \cap D)$. Verwendet man auch, dass $v(U) = \mu(A)\mu(B)$ und $v(V) = \mu(C)\mu(D)$ ist, dann erhält man

$$\frac{1}{n}\sum_{j=0}^{n-1}|v(S^{-j}(U) \cap V) - v(U)v(V)| \le \frac{1}{n}\sum_{j=0}^{n-1}|\mu(T^{-j}(A) \cap C) - \mu(A)\mu(C)|\mu(T^{-j}(B) \cap D)$$

$$+ \frac{1}{n}\sum_{j=0}^{n-1}|\mu(T^{-j}(B) \cap D) - \mu(B)\mu(D)|\mu(A)\mu(C)$$

für jedes $n \ge 1$. Nun gilt wegen (1), dass $\lim_{n\to\infty}\frac{1}{n}\sum_{j=0}^{n-1}|\mu(T^{-j}(A) \cap C) - \mu(A)\mu(C)| = 0$ und $\lim_{n\to\infty}\frac{1}{n}\sum_{j=0}^{n-1}|\mu(T^{-j}(B) \cap D) - \mu(B)\mu(D)| = 0$. Daher ist

$$\lim_{n\to\infty}\frac{1}{n}\sum_{j=0}^{n-1}|v(S^{-j}(U) \cap V) - v(U)v(V)| = 0.$$

Wegen Satz 2.20 ist die Transformation S auf $(X \times X, \mathcal{C}, v)$ schwach mischend, womit (3) gezeigt ist.

Da schwach mischende Transformationen immer ergodisch sind, folgt (3) $\Rightarrow$ (2). Wir zeigen jetzt (2) $\Rightarrow$ (1). Seien $A, B \in \mathcal{S}$. Dann können wir (wegen der Annahme in (2)) Satz 2.18 für $U = A \times X$ und $V = B \times X$ und für die Transformation S anwenden, woraus wir

$$\frac{1}{n}\sum_{j=0}^{n-1}\mu(T^{-j}A \cap B) \to \mu(A)\mu(B)$$

für $n \to \infty$ erhalten. Wir können aber auch $U = A \times A$ und $V = B \times B$ setzen, woraus sich

$$\frac{1}{n}\sum_{j=0}^{n-1}\mu(T^{-j}A \cap B)^2 \to \mu(A)^2\mu(B)^2$$

für $n \to \infty$ ergibt. Damit erhalten wir

$$\lim_{n\to\infty}\frac{1}{n}\sum_{j=0}^{n-1}(\mu(T^{-j}A \cap B) - \mu(A)\mu(B))^2$$

$$= \lim_{n\to\infty}\frac{1}{n}\sum_{j=0}^{n-1}(\mu(T^{-j}A \cap B)^2 - 2\mu(T^{-j}A \cap B)\mu(A)\mu(B) + \mu(A)^2\mu(B)^2) = 0.$$

Wir setzen $c_j = |\mu(T^{-j}A \cap B) - \mu(A)\mu(B)| \le 1$ und wählen n groß genug, sodass $\frac{1}{n}\sum_{j=0}^{n-1}c_n^2 < \varepsilon^3$ gilt. Dann ist $|\{j : 0 \le j < n \text{ und } c_j^2 \ge \varepsilon^2\}| < \varepsilon n$, und daher gilt

$$\frac{1}{n}\sum_{j=0}^{n-1}c_j = \frac{1}{n}\sum_{c_j<\varepsilon}c_j + \frac{1}{n}\sum_{c_j\ge\varepsilon}c_j < \varepsilon + \varepsilon.$$

Nach Definition von c_n und da $A, B \in \mathcal{S}$ beliebig waren, folgt nun (1).

Wir müssen noch zeigen, dass (4) äquivalent zu den ersten drei Bedingungen ist. Wenn nun (2) gilt, aber T eine nichtkonstante Eigenfunktion $f: X \longrightarrow \mathbb{C}$ mit Eigenwert $\gamma \in \mathbb{C}$ hat, so ist die durch $\phi(x_1, x_2) = f(x_1)\overline{f(x_2)}$ gegebene messbare Funktion $\phi: X_1 \times X_2 \longrightarrow \mathbb{C}$ invariant unter $T \times T$, aber nicht konstant (mod $\mu \otimes \mu$), im Widerspruch zur Annahme (2). Die Ergodizität von T folgt unmittelbar aus der Ergodizität von $T \times T$, da ja mit jeder T-invarianten Menge $A \in \mathcal{S}$ die Menge $A \times X_2$ invariant unter $T \times T$ wäre. Damit ist (2) $\Rightarrow$ (4) gezeigt.

Um jetzt noch (4) $\Rightarrow$ (2) zu zeigen, argumentieren wir indirekt und verwenden die Spektraltheorie kompakter selbstadjungierter Operatoren auf Hilberträumen (vgl. [4, §10]). Sei also $F \in L_2(X \times X, \mathcal{S} \otimes \mathcal{S}, \nu, \mathbb{C})$ eine nichtkonstante $\mathcal{S}$-invariante Funktion auf $X \times X$, wobei wir ohne Beschränkung der Allgemeinheit $\int_{X \times X} F d\nu = 0$ annehmen dürfen. Wenn wir $F_1(x, y) = \frac{1}{2}(F(x, y) + \overline{F(y, x)})$ und $F_2(x, y) = \frac{1}{2i}(F(x, y) - \overline{F(y, x)})$ setzen, so gilt $F = F_1 + iF_2$ und $\overline{F_k(y, x)} = F_k(x, y)$ für $k = 1, 2$. Damit können wir also ohne Beschränkung der Allgemeinheit fordern, dass F auch noch die Bedingung $\overline{F(y, x)} = F(x, y)$ erfüllt. Wir definieren nun einen Integraloperator $\mathcal{K}: L_2(X, \mathcal{S}, \mu, \mathbb{C}) \longrightarrow L_2(X, \mathcal{S}, \mu, \mathbb{C})$ durch die Formel

$$\mathcal{K}(f)(x) = \int_X F(x, y) f(y) \, d\mu(y).$$

Aus dem Satz von Fubini [3, Satz VIII.1] folgt, dass für μ-f.a. $x \in X$ die Funktion $y \mapsto F(x, y)$ im $L_2(X, \mathcal{S}, \mu, \mathbb{C})$ liegt. Daher ist $\mathcal{K}(f)(x)$ für μ-f.a. $x \in X$ wohldefiniert. Laut [15, Chapter IV, Exercise 15] oder [21, Chapter 3.2] ist die Abbildung $\mathcal{K}: L_2(X, \mathcal{S}, \mu, \mathbb{C}) \longrightarrow L_2(X, \mathcal{S}, \mu, \mathbb{C})$ ein kompakter linearer Operator.

Wir behaupten, dass $\mathcal{K} \neq 0$ ist. Da man jede Funktion in $L_2(X \times X, \mathcal{S} \otimes \mathcal{S}, \nu, \mathbb{C})$ in der L_2-norm beliebig gut durch endliche komplexe Linearkombinationen von Indikatorfunktionen $1_{B_1 \times B_2}$ messbarer Rechtecke $B_1 \times B_2 \subset X \times X$ approximieren kann, gibt es eine solche Linearkombination $G: X \times X \longrightarrow \mathbb{C}$ mit $\iint F(x, y)\overline{G(x, y)} \, d\mu(y) \, d\mu(x) > 0$. Aufgrund des Satzes von Fubini ist die Funktion $x \to \int F(x, y)\overline{G(x, y)} \, d\mu(y)$ eine nichttriviale L_1-Funktion auf X. Wegen der speziellen Form von G folgt daraus, dass es eine messbare Menge $B \subset X$ mit $\mu(B) > 0$ gibt, sodass $G(x_1, y) = G(x_2, y)$ für alle $x_1, x_2 \in B$ und alle $y \in X$ gilt und für die $\int_X F(x, y)\overline{G(x, y)} \, d\mu(y) \neq 0$ für alle x in einer Teilmenge $B' \subset B$ mit $\mu(B') > 0$ ist. Wir wählen ein $x \in B'$, setzen $f(y) = G(x, y)$ für alle $y \in X$ und erhalten $\mathcal{K}(f)(x) \neq 0$ für $x \in B'$. Damit ist $\mathcal{K} \neq 0$ bewiesen.
Da

$$\langle\!\langle \mathcal{K}f_1, f_2 \rangle\!\rangle = \iint F(x, y) f_1(y) \, d\mu(y) \overline{f_2(x)} \, d\mu(x)$$

$$= \iint f_1(y) \overline{F(y, x)f_2(x)} \, d\mu(x) \, d\mu(y) = \langle\!\langle f_1, \mathcal{K}f_2 \rangle\!\rangle$$

für alle $f_1, f_2 \in L_2(X, \mathcal{S}, \mu, \mathbb{C})$ gilt, ist der Operator $\mathcal{K}$ selbstadjungiert. Es folgt nun aus der Spektraltheorie kompakter selbstadjungierter Operatoren (siehe [15, S. 103 ff.]), dass $\mathcal{K}$ einen Eigenwert $\gamma \neq 0$ und einen zugehörigen endlich-dimensionalen Eigenraum $V_\gamma =$

$\ker(\mathcal{K} - \gamma)$ besitzt. Für die konstante Funktion $\mathbf{1} = 1_X$ gilt $\langle\!\langle \mathcal{K}\mathbf{1}, \mathbf{1} \rangle\!\rangle = \int_{X \times X} F\,dv = 0$, daher ist $1 \notin V_\gamma$.

Wir behaupten nun, dass $U_T(V_\gamma) \subseteq V_\gamma$ gilt. Sei also $f \in V_\gamma$. Dann ist

$$\mathcal{K}(U_T(f))(x) = \int_X F(x, y) f(Ty)\,d\mu(y) = \int_X F(Tx, Ty) f(Ty)\,d\mu(y)$$
$$= \int_X F(Tx, y) f(y)\,d\mu(y) = U_T(\mathcal{K}(f))(x) = \gamma U_T(f)(x)$$

für μ-f.a. $x \in X$ nach der Definition von $\mathcal{K}$ und U_T, der S-Invarianz von F und Lemma 2.3. Daher ist die Einschränkung von U_T auf den Raum V_γ eine unitäre Abbildung auf einem endlich-dimensionalen Vektorraum und besitzt auf diesem Raum zumindest einen Eigenvektor $f \in V_\gamma$. Da die konstante Funktion nicht zu V_γ gehört, haben wir hiermit eine nichtkonstante Eigenfunktion von T gefunden. Dieser Widerspruch zu (4) beendet den Beweis. $\qquad\square$

Beispiel 2.25 (Irrationale Rotationen)
Es seien $\alpha \in \mathbb{R}$ eine irrationale reelle Zahl und $T_\alpha \colon \mathbb{T} \longrightarrow \mathbb{T}$ die in Beispiel 1.2 definierte Rotation, die laut Beispiel 1.61 (1) maßerhaltend auf dem Wahrscheinlichkeitsraum $(\mathbb{T}, \mathcal{B}_\mathbb{T}, \lambda)$ ist. In Beispiel 1.2 sahen wir, dass die in (1.1) definierte Metrik d auf $\mathbb{T}$ invariant unter T_α ist. Für jedes $c > 0$ ist daher die Menge $D_c = \{(x, y) \in \mathbb{T}^2 : \mathrm{d}(x, y) < c\}$ invariant unter der Transformation $S = T_\alpha \times T_\alpha$ auf dem Produktraum $\mathbb{T} \times \mathbb{T}$. Da $(\lambda \otimes \lambda)(D_c) = c$ ist, hat die Transformation S auf $(\mathbb{T} \times \mathbb{T}, \mathcal{B}_{\mathbb{T}^2}, \lambda \otimes \lambda)$ invariante Borelmengen von beliebigem Maß $c \in (0, 1]$, sodass S nicht ergodisch und T_α nicht schwach mischend ist.

Man kann auch Eigenfunktionen verwenden, um zu zeigen, dass irrationale Rotationen nicht schwach mischend sind: Für jedes $m \in \mathbb{Z}$ erfüllt die Funktion $f_m(t) = e^{2\pi i m t}$, $t \in \mathbb{T}$, die Gleichung $f_m \circ R_\alpha = e^{2\pi i m \alpha} f_m$. Für $m \neq 0$ ist f_m also eine nichtkonstante Eigenfunktion, womit R_α wegen Satz 2.24 nicht schwach mischend sein kann.

Der Beweis des nächsten Satzes illustriert nochmals den Zusammenhang zwischen schwacher Mischung und Eigenfunktionen.

Satz 2.26 *Es sei T eine maßtreue Transformation auf einem Wahrscheinlichkeitsraum $(X, \mathcal{S}, \mu)$. Wenn T schwach mischend ist, so ist für jedes irrationale $\alpha \in \mathbb{R}$ die Transformation $T \times R_\alpha$ auf $(X \times \mathbb{T}, \mathcal{S} \otimes \mathcal{B}_\mathbb{T}, \mu \otimes \lambda)$ ergodisch.*

Beweis Wir setzen $Y = X \times \mathbb{T}$, $\mathcal{T} = \mathcal{S} \otimes \mathcal{B}_\mathbb{T}$, $v = \mu \otimes \lambda$ und $S = T \times R_\alpha$. Wenn S nicht ergodisch auf $(Y, \mathcal{T}, v)$ ist, so gibt es wegen Satz 2.14 eine S-invariante, beschränkte Funktion $g \colon Y \longrightarrow \mathbb{R}$. Für jedes $x \in X$ entwickeln wir die Funktion $g(x, \cdot) \colon \mathbb{T} \longrightarrow \mathbb{R}$ als Fourierreihe und erhalten die Darstellung

$$g(x, t) = \sum_{k \in \mathbb{Z}} g_k(x) e^{2\pi i k t}, \quad \text{mit } g_k(x) = \int_0^1 g(x, t) e^{-2\pi i k t}\,d\lambda(t)$$

für jedes $k \in \mathbb{Z}$. Da $g(x,t) = g \circ S(x,t) = g(Tx, t + \alpha)$ ist, folgt aus der Eindeutigkeit der Fourierentwicklung der Funktionen $g(x, \cdot)$, dass für jedes $k \in \mathbb{Z}$ fast sicher

$$g_k \circ T = g_k \cdot e^{-2\pi i k \alpha}$$

gilt. Damit ist also g_k eine Eigenfunktion von T mit Eigenwert $e^{2\pi i k \alpha}$. Wenn T als schwach mischend vorausgesetzt ist, ist laut Satz 2.24 (4) $g_k = 0$ für $k \neq 0$ und $g_0 = \int g_0 \, d\mu \pmod{\mu}$. Somit ist g konstant $\pmod{\nu}$ und S ist ergodisch. $\qquad\square$

Korollar 2.27 Es seien T eine schwach mischende maßtreue Transformation auf einem Wahrscheinlichkeitsraum $(X, \mathcal{S}, \mu)$ und $f \in \mathcal{L}_1(\mu)$. Dann gilt für jedes irrationale $\alpha \in \mathbb{R}$

$$\lim_{n \to \infty} \frac{1}{n} \sum_{k=0}^{n-1} e^{2\pi i k \alpha} f(T^k x) = 0 \quad \text{für} \quad \mu\text{-f.a. } x \in X. \tag{2.6}$$

Beweis Wir definieren $(Y, \mathcal{T}, \nu) = (X \times \mathbb{T}, \mathcal{S} \otimes \mathcal{B}_{\mathbb{T}}, \mu \otimes \lambda)$ und $S = T \times R_\alpha \colon Y \longrightarrow Y$ wie im Beweis von Satz 2.26 und setzen $g(x,t) = f(x)e^{2\pi i t}$, $(x,t) \in Y$. Da S wegen Satz 2.26 ergodisch ist, folgt aus dem individuellen Ergodensatz 2.10, dass

$$\lim_{n \to \infty} \frac{1}{n} \sum_{k=0}^{n-1} g(T^k x, t + k\alpha) = \lim_{n \to \infty} \frac{1}{n} \sum_{k=0}^{n-1} e^{2\pi i (t + k\alpha)} f(T^k x)$$

$$= e^{2\pi i t} \cdot \lim_{n \to \infty} \frac{1}{n} \sum_{k=0}^{n-1} e^{2\pi i k \alpha} f(T^k x) = 0$$

$(\mu \otimes \lambda)$-f.ü. auf Y ist. Damit ist (2.6) bewiesen. $\qquad\square$

Ebenso wie in der topologischen Dynamik spielen auch in der Ergodentheorie Begriffe wie Faktorabbildung und Isomorphie eine wichtige Rolle. Zunächst aber führen wir den Begriff eines *maßerhaltenden dynamischen Systems* ein, in Analogie zu den in Kap. 1 besprochenen topologischen dynamischen Systemen (X, T).

Definition 2.28 (Maßerhaltende Systeme)

Wenn $(X, \mathcal{S}, \mu)$ ein Wahrscheinlichkeitsraum und $T \colon X \longrightarrow X$ eine maßtreue Transformation ist, so bezeichnet man mit $(X, \mathcal{S}, \mu, T)$ das durch T auf $(X, \mathcal{S}, \mu)$ definierte *maßerhaltende dynamische System*. Das System $(X, \mathcal{S}, \mu, T)$ ist *ergodisch*, schwach mischend oder stark mischend, wenn T ergodisch, schwach mischend oder stark mischend ist.

Die Definition der *Invertierbarkeit* eines maßerhaltenden dynamischen Systems $(X, \mathcal{S}, \mu, T)$ ist etwas allgemeiner als wir es von den topologischen dynamischen Systemen her kennen. Da T messbar ist, gilt natürlich immer $T^{-1}\mathcal{S} \subset \mathcal{S}$. Im Sinne der Maßtheorie nennt man nun das System $(X, \mathcal{S}, \mu, T)$ *invertierbar*, wenn $T^{-1}\mathcal{S} = \mathcal{S} \pmod{\mu}$ gilt.

In Satz 5.13 werden wir diese Definition der Invertierbarkeit anhand von Shifträumen konkretisieren.

Definition 2.29 (Faktoren)

Wenn $(X, \mathcal{S}, \mu, T)$, $(X', \mathcal{S}', \mu', T')$ maßerhaltende dynamische Systeme und $\phi: X \longrightarrow X'$ eine messbare Abbildung mit den Eigenschaften $\phi_* \mu = \mu'$ und $\phi \circ T = T' \circ \phi \pmod{\mu}$ ist, so nennt man ϕ eine *messbare Faktorabbildung* und $(X', \mathcal{S}', \mu', T')$ einen (*messbaren*) *Faktor* des Systems $(X, \mathcal{S}, \mu, T)$.[6] Ein Faktor $(X', \mathcal{S}', \mu', T')$ von $(X, \mathcal{S}, \mu, T)$ ist *trivial*, wenn $\mu'(B) \subset \{0,1\}$ für jedes $B \in \mathcal{S}'$ gilt.

Wenn die Faktorabbildung $\phi: X \longrightarrow X'$ die Eigenschaft hat, dass $\phi^{-1}(\mathcal{S}') = \mathcal{S} \pmod{\mu}$ ist, so nennt man ϕ einen (*messbaren*) *Isomorphismus* der Systeme $(X, \mathcal{S}, \mu, T)$ und $(X', \mathcal{S}', \mu', T')$, die man dann auch als *isomorph* bezeichnet.[7]

Definition 2.30 (Invariante σ-Algebren)

Wenn $(X, \mathcal{S}, \mu, T)$ ein maßerhaltendes dynamisches System ist, so heißt eine Teil-σ-Algebra $\mathcal{T} \subset \mathcal{S}$ *invariant*, wenn $T^{-1}\mathcal{T} \subset \mathcal{T} \pmod{\mu}$ gilt. Die σ-Algebra $\mathcal{T} \subset \mathcal{S}$ ist *strikt invariant*, wenn $T^{-1}\mathcal{T} = \mathcal{T} \pmod{\mu}$ gilt.

Beispiele 2.31 (Durch invariante σ-Algebren definierte Faktoren)

(1) Es sei $(X, \mathcal{S}, \mu, T)$ ein maßerhaltendes dynamisches System, und $\mathcal{T} \subset \mathcal{S}$ sei eine invariante Teil-σ-Algebra (Definition 2.30). Dann ist $(X, \mathcal{T}, \mu, T)$ ein messbarer Faktor von $(X, \mathcal{S}, \mu, T)$. Als Faktorabbildung können wir hier die Identitätsabbildung auf X nehmen.

(2) Es seien $(X, \mathcal{S}, \mu, T)$ ein maßerhaltendes dynamisches System und $\mathcal{P}$ eine Zerlegung von X (Definition 3.1). Die von $\bigcup_{j=0}^{\infty} (\bigvee_{i=0}^{j} T^{-i}\mathcal{P})$ erzeugte σ-Algebra $\mathcal{T}_{\mathcal{P}}$ ist invariant und definiert einen messbaren Faktor $(X, \mathcal{T}_{\mathcal{P}}, \mu, T)$ von $(X, \mathcal{S}, \mu, T)$.

2.3 Anwendungen der Ergodensätze

2.3.1 Eindeutige Ergodizität und Gleichverteilung

Generische Punkte

Sei μ ein T-invariantes Wahrscheinlichkeitsmaß auf der Borel-σ-Algebra $\mathcal{B}_X$ eines topologischen dynamischen Systems (X, T). Wir nennen μ ein *ergodisches Maß*, wenn die Trans-

---

[6] Die Bedingung $\phi \circ T = T' \circ \phi \pmod{\mu}$ wird als *Äquivarianz* $(\mod{\mu})$ (oder einfach als *Äquivarianz*) von ϕ bezeichnet.

[7] Es gibt einen allgemeineren Isomorphiebegriff zwischen maßerhaltenden dynamischen Systemen $(X, \mathcal{S}, \mu, T)$, $(X', \mathcal{S}', \mu', T')$, der nur die Existenz eines äquivarianten Isomorphismus der Maßalgebren $\mathcal{S}_\mu$ und $\mathcal{S}'_{\mu'}$ voraussetzt. Wir werden auf diese Unterschiede nicht weiter eingehen, verweisen aber auf Aufgabe 23.

formation T auf dem Wahrscheinlichkeitsraum $(X, \mathcal{B}_X, \mu)$ ergodisch ist. Ist $f \in C(X)$ und $n \geq 1$, so schreiben wir $M_n f$ für $\frac{1}{n} \sum_{j=0}^{n-1} f \circ T^j$.

Definition 2.32 (Generische Punkte)

Seien (X, T) ein topologisches dynamisches System und μ ein T-invariantes ergodisches Maß auf $_X$ von X. Ein Punkt $x \in X$ heißt *generisch* für μ, wenn $\lim_{k \to \infty} M_n f(x) = \int f \, d\mu$ für alle $f \in C(X)$ gilt. Wir bezeichnen die Menge aller μ-generischen Punkte mit $G(\mu)$.

Satz 2.33 (Die Menge der generischen Punkte) *Seien (X, T) ein topologisches dynamisches System und μ ein ergodisches T-invariantes Maß auf $\mathcal{B}_X$. Dann gilt $G(\mu) \in \mathcal{B}_X$ und $\mu(G(\mu)) = 1$.*

Beweis Für $g \in C(X)$ sei $G_g(\mu) = \{x \in X : \lim_{n \to \infty} M_n g(x) = \int g \, d\mu\}$. Es gilt $G_g(\mu) \in \mathcal{B}_X$, und aus dem Ergodensatz folgt $\mu(G_g(\mu)) = 1$. Sei $\mathcal{D}$ eine abzählbare dichte Teilmenge von $C(X)$, die wegen Lemma 1.51 existiert, und sei $G_0(\mu) = \bigcap_{h \in \mathcal{D}} G_h(\mu)$. Dann gilt auch $G_0(\mu) \in \mathcal{B}_X$ und $\mu(G_0(\mu)) = 1$.

Seien nun $f \in C(X)$ und $x \in G_0(\mu)$ beliebig. Für jedes $\varepsilon > 0$ existiert ein $h \in \mathcal{D}$ mit $\|f - h\|_\infty < \frac{\varepsilon}{3}$, woraus $\|M_n f - M_n h\|_\infty < \frac{\varepsilon}{3}$ für alle $n \geq 1$ folgt. Wegen $x \in G_0(\mu)$ und $h \in \mathcal{D}$ gilt $x \in G_h(\mu)$ und somit $\lim_{n \to \infty} M_n h(x) = \int h \, d\mu$. Es existiert ein n_0 mit $|M_n h(x) - \int h \, d\mu| < \frac{\varepsilon}{3}$ für alle $n \geq n_0$. Für $n \geq n_0$ gilt dann $|M_n f(x) - \int f \, d\mu| \leq |M_n f(x) - M_n h(x)| + |M_n h(x) - \int h \, d\mu| + |\int h \, d\mu - \int f \, d\mu| < \varepsilon$. Damit ist $\lim_{n \to \infty} M_n f(x) = \int f \, d\mu$ gezeigt, d. h. $x \in G_f(\mu)$. Es gilt also $G_0(\mu) = G(\mu)$, womit der Satz bewiesen ist. $\quad\square$

Aufgaben 2.34

(1) Es sei $N \geq 2$ und μ sei ein shiftinvariantes und ergodisches Wahrscheinlichkeitsmaß auf Σ_N (vgl. (1.11) und (1.13)). Zeigen Sie, dass es eine Folge (v_n) von shiftinvarianten Wahrscheinlichkeitsmaßen auf Σ_N mit den folgenden Eigenschaften gibt:
   (i) Für jedes $n \geq 1$ ist v_n auf der Bahn eines einzigen periodischen Punktes konzentriert;
   (ii) $\lim_{n \to \infty} v_n = \mu$ in der schwachen*-Topologie.
   Hinweis: Es sei x ein generischer Punkt von μ (Definition 2.32 und Satz 2.33). Dann existiert für jedes $n \geq 1$ ein Punkt $x^{(n)} \in \Sigma_N$ mit $\sigma^n(x^{(n)}) = x^{(n)}$ und $x_k^{(n)} = x_k$ für $k = 0, \dots, n-1$. Wenn $\mathsf{p}_{x^{(n)}}$ das in $x^{(n)}$ konzentrierte Punktmaß ist und $v_n = \frac{1}{n} \sum_{k=0}^{n-1} \mathsf{p}_{x^{(n)}} \sigma^{-k}$ das gleichverteilte Maß auf der Bahn von $x^{(n)}$ ist, so hat die Folge $(v_n)_{n \geq 1}$ die gewünschten Eigenschaften.

(2) Es seien $\mu_1, \dots, \mu_m$ ergodische Maße in $\mathcal{M}(\Sigma_N)^\sigma$ und $v = \sum_{k=1}^m r_k \mu_k$ eine rationale Konvexkombination der Maße μ_i, $i = 1, \dots, m$ (d. h., die r_i sind nichtnegativ und rational und $\sum_{k=1}^m r_i = 1$). Zeigen Sie, dass es eine Folge (v_n) von shiftinvarianten und ergodischen Wahrscheinlichkeitsmaßen auf Σ_N mit den folgenden Eigenschaften gibt:
   (i) Für jedes $n \geq 1$ ist v_n auf der Bahn eines einzigen periodischen Punktes konzentriert;
   (ii) $\lim_{n \to \infty} v_n = v$ in der schwachen*-Topologie.

Wir bemerken folgendes Korollar zu obiger Aufgabe: Der Satz von Krein-Milman (eine Erweiterung von Satz 1.76, siehe [15, Theorem 3.23]) besagt (unter Verwendung von Satz 1.80), dass für jedes topologische dynamische System (X, T) die Menge $\mathcal{M}(X)^T$ der T-invarianten Wahrscheinlichkeitsmaße die kleinste schwach*-abgeschlossene konvexe Teilmenge von $\mathcal{M}(X)$ ist, die alle T-invarianten ergodischen Wahrscheinlichkeitsmaße enthält. Daraus folgt, dass die rationalen Konvexkombinationen endlich vieler ergodischer Maße in $\mathcal{M}(\Sigma_N)^\sigma$ schwach*-dicht in $\mathcal{M}(\Sigma_N)^\sigma$ liegen. Wegen Aufgabe (2) liegen dann insbesondere auch die auf der Bahn eines einzigen Punktes konzentrierten Maße (also spezielle Extremalpunkte von $\mathcal{M}(\Sigma_n)^\sigma$) schwach*-dicht in $\mathcal{M}(\Sigma_N)^\sigma$.

Transformationen auf dem Torus

Mithilfe generischer Punkte untersuchen wir nun die eindeutige Ergodizität von Transformationen auf dem Torus und verwenden diese Resultate für Gleichverteilungsaussagen von Folgen.

Wir beginnen mit einem alternativen Zugang zum Beweis der eindeutigen Ergodizität irrationaler Rotationen auf $\mathbb{T}^d$ in Aufgabe 1.35.

Beispiel 2.35 (Eindeutige Ergodizität irrationaler Rotationen auf $\mathbb{T}^d$ mittels generischer Punkte)

Wie in Aufgabe 1.35 sei $\boldsymbol{\alpha} = (\alpha_1, \dots, \alpha_d) \in \mathbb{R}^d$, sodass $1, \alpha_1, \dots, \alpha_d$ linear unabhängig über $\mathbb{Q}$ sind. Wir definieren $R_{\boldsymbol{\alpha}}\colon \mathbb{T}^d \longrightarrow \mathbb{T}^d$ durch $R_{\boldsymbol{\alpha}}\mathbf{x} = \mathbf{x} + \boldsymbol{\alpha} \pmod 1$ für jedes $\mathbf{x} \in \mathbb{T}^d$. In Beispiel 2.16 haben wir gesehen, dass $R_{\boldsymbol{\alpha}}$ auf dem Wahrscheinlichkeitsraum $(\mathbb{T}^d, \mathcal{B}_{\mathbb{T}^d}, \lambda^d)$ ergodisch ist. Nach Satz 2.33 gibt es dann mindestens einen generischen Punkt $\mathbf{u} \in \mathbb{T}^d$. Das bedeutet, dass $\lim_{n\to\infty} M_n f(\mathbf{u}) = \int f\, d\lambda^d$ für alle $f \in C(\mathbb{T}^d)$ gilt.

Es seien $\mathbf{v} \in \mathbb{T}^d$ und $f \in C(\mathbb{T}^d)$ beliebig. Die Abbildung $S\colon \mathbb{T}^d \longrightarrow \mathbb{T}^d$, definiert durch $S(\mathbf{x}) = \mathbf{x} + \mathbf{v} - \mathbf{u} \pmod 1$, ist stetig, sodass $g = f \circ S$ in $C(\mathbb{T}^d)$ liegt. Es folgt $\lim_{n\to\infty} M_n g(\mathbf{u}) = \int g\, d\lambda^d$. Nach Beispiel 1.62 ist λ^d invariant unter S, sodass $\int g\, d\lambda^d = \int f\, d\lambda^d$ wegen Korollar 2.3 gilt. Da auch $S(T^j(\mathbf{u})) = T^j(\mathbf{v})$ für alle $j \geq 1$ gilt, ist $\lim_{n\to\infty} M_n f(\mathbf{v}) = \int f\, d\lambda^d$ gezeigt. Wegen Satz 1.74 ist λ^d das einzige $R_{\boldsymbol{\alpha}}$-invariante Wahrscheinlichkeitsmaß auf der Borel-σ-Algebra $\mathcal{B}_{\mathbb{T}^d}$ von $\mathbb{T}^d$. Das topologische dynamische System $(\mathbb{T}^d, R_{\boldsymbol{\alpha}})$ ist somit eindeutig ergodisch.

Nach Weyl[8] [19] heißt eine Folge $(x_n)_{n\geq 0}$ in $\mathbb{T} = [0,1)$ *gleichverteilt*, wenn $\lim_{n\to\infty} \frac{1}{n}\sum_{k=0}^{n-1} f(x_k) = \int f\, d\lambda$ für jede Funktion $f \in C(\mathbb{T})$ gilt. Allgemeiner nennt man eine Folge $(\mathbf{x}_n)_{n\geq 0}$ in $\mathbb{T}^d$ *gleichverteilt*, wenn $\lim_{n\to\infty} \frac{1}{n}\sum_{k=0}^{n-1} f(\mathbf{x}_k) = \int f\, d\lambda^d$ für jede Funktion $f \in C(\mathbb{T}^d)$ gilt. In Beispiel 2.35 wurde gezeigt, dass jede Bahn des topologischen dynamischen Systems $(\mathbb{T}^d, R_{\boldsymbol{\alpha}})$, d. h. jede Folge $(\mathbf{x} + n\boldsymbol{\alpha} \pmod 1)_{n\geq 0}$ mit $\mathbf{x} \in \mathbb{T}^d$, gleichverteilt ist, wenn $\boldsymbol{\alpha}$ die Eigenschaft hat, dass $1, \alpha_1, \dots, \alpha_d$ linear unabhängig über $\mathbb{Q}$ sind. Als Spezialfall erhält man das klassische Resultat, dass die Folge $(n\alpha \pmod 1)_{n\geq 0}$ in $\mathbb{T} = [0,1)$ gleichverteilt ist, wenn α irrational ist.

---

[8] Hermann Weyl (1885–1955) war ein deutscher Mathematiker und mathematischer Physiker, der lange Jahre in Zürich und Princeton arbeitete. Er leistete wichtige Beiträge zu vielen Gebieten der Mathematik und Physik, darunter Analysis, Algebra, Zahlentheorie, Topologie, Differentialgeometrie, Relativitätstheorie, Quantenmechanik und Grundlagen der Mechanik.

Um weitere Beispiele für eindeutig ergodische Systeme und gleichverteilte Folgen zu finden, beweisen wir folgenden Satz von Furstenberg.[9]

Satz 2.36 *Sei (X, T) ein invertierbares topologisches dynamisches System, das eindeutig ergodisch ist mit T-invariantem Wahrscheinlichkeitsmaß μ. Sei λ das Lebesguemaß auf $\mathbb{T}$ und $c \colon X \longrightarrow \mathbb{T}$ eine stetige Abbildung. Wir versehen den Produktraum $Y = X \times \mathbb{T}$ mit dem Produktmaß $v = \mu \otimes \lambda$ und definieren die Transformation $S \colon Y \longrightarrow Y$ durch $S(x, t) = (T(x), t + c(x) \, (\mathrm{mod}\, 1))$. Dann ist v invariant unter S. Ist v außerdem ergodisch, so ist (Y, S) eindeutig ergodisch.*

Beweis Nach dem Satz von Fubini gilt

$$v(S^{-1}(A \times B)) = \int 1_A(T(x)) \int 1_B(t + c(x) \, (\mathrm{mod}\, 1)) \, d\lambda(t) \, d\mu(x)$$

für $A \in \mathcal{B}_X$ und $B \in \mathcal{B}_{\mathbb{T}}$. Da λ für jedes $\alpha \in \mathbb{R}$ invariant unter der Translation $t \mapsto t + \alpha \, (\mathrm{mod}\, 1)$ und μ invariant unter T ist, erhalten wir $v(S^{-1}(A \times B)) = \mu(A)\lambda(B) = v(A \times B)$. Nun ist $\{A \times B : A \in \mathcal{B}_X, B \in \mathcal{B}_{\mathbb{T}}\}$ ein Semiring, der die Produkt-σ-Algebra $\mathcal{B}_X \otimes \mathcal{B}_{\mathbb{T}}$ erzeugt. Aus Lemma 1.58 folgt, dass v invariant unter S ist.

Wir nehmen jetzt an, dass v ein ergodisches Maß unter der Transformation S ist, und bezeichnen mit $G(v) \subset Y$ die Menge der v-generischen Punkte.

Für $s \in \mathbb{T}$ sei $V_s \colon Y \longrightarrow Y$ definiert durch $V_s(x, t) = (x, t + s \, (\mathrm{mod}\, 1))$. Das Maß v ist dann invariant unter V_s, da V_s ein Spezialfall der Transformation S ist.

Es sei nun $(x, t) \in G(v)$. Für alle $f \in C(Y)$ gilt $\lim_{n \to \infty} \frac{1}{n} \sum_{j=0}^{n-1} f(S^j(x, t)) = \int f \, dv$ und wegen $f \circ V_s \in C(Y)$ auch $\lim_{n \to \infty} \frac{1}{n} \sum_{j=0}^{n-1} f \circ V_s(S^j(x, t)) = \int f \circ V_s \, dv$. Da $V_s \circ S = S \circ V_s$ gilt und wegen Korollar 2.3 auch $\int f \circ V_s \, dv = \int f \, dv$ ist, erhalten wir $\lim_{n \to \infty} \frac{1}{n} \sum_{j=0}^{n-1} f(S^j \circ V_s(x, t)) = \int f \, dv$, womit $V_s(x, t) \in G(v)$ gezeigt ist. Wir haben bewiesen, dass $V_s(G(v)) \subset G(v)$ für jedes $s \in \mathbb{T}$ gilt. Daraus folgt aber, dass $G(v)$ von der Form $G(v) = C \times \mathbb{T}$ für eine Menge $C \in \mathcal{B}_X$ ist. Wegen Satz 2.33 gilt $1 = v(G(v)) = (\mu \otimes \lambda)(C \times \mathbb{T}) = \mu(C)$.

Es sei nun ρ ein beliebiges S-invariantes und ergodisches Wahrscheinlichkeitsmaß auf Y. Sei $\pi \colon Y \longrightarrow X$ die Projektion auf die erste Koordinate und ρ' das Bildmaß $\pi_* \rho$. Dann ist ρ' invariant unter T, da ja $T \circ \pi = \pi \circ S$ gilt. Da (X, T) eindeutig ergodisch ist, muss $\rho' = \mu$ gelten. Es folgt $\rho(G(v)) = \rho(C \times \mathbb{T}) = \rho'(C) = \mu(C) = 1$. Wegen Satz 2.33 über die Menge der generischen Punkte gilt außerdem $\rho(G(\rho)) = 1$. Also gibt es einen Punkt (x, t), der sowohl für v als auch für ρ generisch ist. Aus Lemma 1.51 folgt nun $\rho = v$, und Korollar 1.82 zeigt, dass S eindeutig ergodisch ist. $\qquad\square$

---

[9] Hillel Furstenberg, geboren 1935 in Berlin, Professor in Jerusalem. Viele der bedeutendsten Themen der Ergodentheorie und ihrer Verbindungen zur Wahrscheinlichkeitstheorie, Kombinatorik und Zahlentheorie entwickelten sich aus seinen Ideen.

Beispiel 2.37

Seien $M(d)$ die $d \times d$-Matrix mit Koeffizienten $M(d)_{ij} = 1$ für $j \leq i \leq j+1$ und $M(d)_{ij} = 0$ sonst. Seien $\boldsymbol{\alpha} \in \mathbb{R}^d$ und $T = T_{d,\boldsymbol{\alpha}}: \mathbb{T}^d \longrightarrow \mathbb{T}^d$ definiert durch

$$T(\mathbf{x}) = M(d)\mathbf{x} + \boldsymbol{\alpha} = (x_1 + \alpha_1, x_2 + x_1 + \alpha_2, \ldots, x_d + x_{d-1} + \alpha_d) \pmod 1.$$

Da $M(d)$ Koeffizienten aus $\mathbb{Z}$ und Determinante 1 hat, ist $(\mathbb{T}^d, T)$ nach Beispiel 1.62 ein invertierbares topologisches dynamisches System, und das Lebesguemaß λ^d ist invariant unter T. Wir zeigen mit Hilfe von Satz 2.15, dass λ^d ein ergodisches Maß ist, wenn der erste Koeffizient α_1 von $\boldsymbol{\alpha}$ irrational ist.

Sei $\mathbf{n} = (n_1, \ldots, n_d) \in \mathbb{Z}^d \setminus \{\mathbf{0}\}$. Sei j maximal, sodass $n_j \neq 0$ ist. Ist $j = 1$, dann ist $\mathbf{n} = (n_1, 0, \ldots, 0)$ und daher $\mathbf{n}M(d) = \mathbf{n}$ und $\mathbf{n}\boldsymbol{\alpha} = n_1\alpha_1 \notin \mathbb{Q}$. Ist $j \geq 2$, dann hat $\mathbf{n}M(d)^k$ für $k \geq 1$ an der Stelle $j-1$ den Koeffizienten $n_{j-1} + kn_j$ und an der Stelle j den Koeffizienten n_j, wie man leicht mit Induktion beweist. Daher ist die Menge $\{\mathbf{n}M(d)^k : k \in \mathbb{Z}\}$ unendlich. Nach Satz 2.15 ist T eine ergodische Transformation auf $(\mathbb{T}^d, \mathcal{B}_{\mathbb{T}^d}, \lambda^d)$.

Um die eindeutige Ergodizität von T zu beweisen, verwenden wir die Induktion nach d. Wir wissen bereits, dass $T = T_{d,\boldsymbol{\alpha}}$ für jedes $d \geq 1$ und jedes $\boldsymbol{\alpha} \in \mathbb{R}^d$ mit $\alpha_1 \in \mathbb{R} \setminus \mathbb{Q}$ ergodisch ist.

Für $d = 1$ gilt $T(x) = x + \alpha_1 \pmod 1$. Da wir $\alpha_1 \notin \mathbb{Q}$ voraussetzen, wurde die eindeutige Ergodizität in Beispiel 2.35 gezeigt. Wir nehmen nun an, dass die eindeutige Ergodizität für Dimension d bereits gezeigt ist. Wir wählen ein Element $\boldsymbol{\alpha} = (\alpha_1, \ldots, \alpha_{d+1}) \in \mathbb{R}^{d+1}$ mit $\alpha_1 \in \mathbb{R} \setminus \mathbb{Q}$, definieren $T = T_{d+1,\boldsymbol{\alpha}}: \mathbb{T}^{d+1} \longrightarrow \mathbb{T}^{d+1}$ wie oben und betrachten $T' = T_{d,\boldsymbol{\alpha}'}: \mathbb{T}^d \longrightarrow \mathbb{T}^d$ mit $\boldsymbol{\alpha}' = (\alpha_1, \ldots, \alpha_d)$. Dann ist $(\mathbb{T}^d, T')$ laut Induktionsvoraussetzung eindeutig ergodisch. Die Transformation $T: \mathbb{T}^d \times \mathbb{T} \longrightarrow \mathbb{T}^d \times \mathbb{T}$ ist von der Form

$$T(\mathbf{y}, t) = (T'(\mathbf{y}), t + y_d + \alpha_{d+1})$$

für $\mathbf{y} = (y_1, \ldots, y_d) \in \mathbb{T}^d$ und $t \in \mathbb{T}$ und ist ergodisch, wie wir oben bewiesen haben. Wir wenden Satz 2.36 auf das topologische dynamische System $(\mathbb{T}^d, T')$ mit $\mu = \lambda^d$ und $c(\mathbf{y}) = y_d + \alpha_{d+1}$ an und erhalten, dass $(\mathbb{T}^{d+1}, T)$ eindeutig ergodisch ist mit invariantem Maß $\lambda^d \otimes \lambda = \lambda^{d+1}$.

Damit ist die eindeutige Ergodizität von $T = T_{d,\boldsymbol{\alpha}}$ für jedes $d \geq 1$ und jedes $\boldsymbol{\alpha} = (\alpha_1, \ldots \alpha_d) \in \mathbb{R}^d$ mit $\alpha_1 \in \mathbb{R} \setminus \mathbb{Q}$ gezeigt.

Wir können Beispiel 2.37 verwenden, um die Gleichverteilung von Polynomen modulo 1 zu zeigen. Dazu beweisen wir ein Lemma.

Lemma 2.38 Für $1 \leq k \leq d$ sei $\pi_k: \mathbb{T}^d \longrightarrow \mathbb{T}$ die Projektion auf die k-te Koordinate. Ist $(\mathbf{u}_n)_{n \geq 0}$ eine gleichverteilte Folge in $\mathbb{T}^d$, dann ist $(\pi_k(\mathbf{u}_n))_{n \geq 0}$ eine gleichverteilte Folge in $\mathbb{T}$.

Beweis Sei $f \in C(\mathbb{T})$ beliebig. Da π_k stetig ist, liegt $f \circ \pi_k$ in $C(\mathbb{T}^d)$. Nach Voraussetzung gilt $\lim_{n \to \infty} \frac{1}{n} \sum_{j=0}^{n-1} f \circ \pi_k(\mathbf{u}_j) = \int f \circ \pi_k \, d\lambda^d = \int f \, d\lambda$. Das bedeutet, dass die Folge $(\pi_k(\mathbf{u}_n))_{n \geq 1}$ gleichverteilt in $\mathbb{T}$ ist. $\qquad\square$

Die Matrix $M(d)$ und der Vektor $\boldsymbol{\alpha}$ seien wie in Beispiel 2.37, wobei jetzt alle Koeffizienten des Vektors $\boldsymbol{\alpha} = (\alpha_1, \ldots, \alpha_d)$ null seien außer α_1, das irrational sei. Mittels Induktion zeigt man, dass $M(d)^n$ für $n \geq 1$ an der Stelle (i,j) den Koeffizienten $\binom{n}{i-j}$ hat, wenn $i \geq j$ gilt, und sonst den Koeffizienten 0 (wobei $\binom{u}{v}$ gleich 0 zu setzen ist, wenn $u < v$ gilt). Sei $T = T_{d,\alpha}$ die Transformation aus Beispiel 2.37 und $\mathbf{x} \in \mathbb{T}^d$. Durch Induktion zeigt man $T^n(\mathbf{x}) = M(d)^n \mathbf{x} + \sum_{m=0}^{n-1} M(d)^m \boldsymbol{\alpha} \pmod 1$ und $\sum_{m=0}^{n-1} \binom{m}{d-1} = \binom{n}{d}$ für alle $n \geq 1$. Daraus ergibt sich $\pi_d(T^n(\mathbf{x})) = \sum_{j=1}^{d} \binom{n}{d-j} x_j + \binom{n}{d}\alpha_1 \pmod 1$. Ist jetzt $p(t) = \sum_{j=0}^{d} c_j t^j$ ein Polynom vom Grad d mit $c_d \notin \mathbb{Q}$, dann können wir beginnen mit $\alpha_1 = d! c_d \notin \mathbb{Q}$ der Reihe nach $x_1, x_2, x_3, \ldots, x_d \in \mathbb{R}$ so bestimmen, dass $\sum_{j=1}^{d} \binom{n}{d-j} x_j + \binom{n}{d}\alpha_1 = p(n)$ für $n \geq 0$ erfüllt ist.

Zu jedem Polynom p vom Grad d mit höchstem Koeffizienten $c_d \notin \mathbb{Q}$ gibt es somit ein $\alpha_1 \notin \mathbb{Q}$ und ein $\mathbf{x} \in \mathbb{T}^d$, sodass $p(n) \pmod 1 = \pi_d(T^n(\mathbf{x}))$ für alle $n \geq 0$ gilt. Da das topologische dynamische System $(\mathbb{T}^d, T)$ nach Beispiel 2.37 eindeutig ergodisch ist mit invariantem Wahrscheinlichkeitsmaß λ^d, folgt aus Satz 1.74 und der Definition der Gleichverteilung, dass jede Bahn $(T^n(\mathbf{x}))_{n \geq 0}$ mit $\mathbf{x} \in \mathbb{T}^d$ gleichverteilt ist. Mit Hilfe von Lemma 2.38 erhalten wir dann folgendes Resultat von Hermann Weyl aus dem Jahr 1916 [19].

Satz 2.39 (Gleichverteilung von Polynomen) *Sei $p(t) = \sum_{j=0}^{d} c_j t^j$ ein Polynom vom Grad $d \geq 1$ mit $c_d \notin \mathbb{Q}$. Dann ist die Folge $(p(n) \pmod 1)_{n \geq 0}$ gleichverteilt in $\mathbb{T}$.*

2.3.2 Ziffernentwicklungen

Wir haben die Ziffernentwicklung einer Zahl zur Basis 2 mit Hilfe der Transformation $T(x) = 2x \pmod 1$ auf dem Intervall $\mathbb{T} = [0,1)$ in Beispiel 1.3 beschrieben. Seien $Z_0 = [0,\frac{1}{2})$ und $Z_1 = [\frac{1}{2},1)$. Ist $x \in \mathbb{T}$ und wird $i_k \in \{0,1\}$ für $k \geq 0$ so gewählt, dass $T^k(x) \in Z_{i_k}$ gilt, dann ist $i_0 i_1 i_2 \ldots$ die Ziffernentwicklung von x zur Basis 2. Nach Beispiel 1.61 ist T eine maßtreue Transformation auf dem Wahrscheinlichkeitsraum $(\mathbb{T}, \mathcal{B}_{\mathbb{T}}, \lambda)$. In Beispiel 2.21 wurde gezeigt, dass T stark mischend und somit auch ergodisch ist. Ist $f = 1_{Z_1}$, dann gibt das Zeitmittel $\lim_{n\to\infty} \frac{1}{n} \sum_{j=0}^{n-1} f(T^j(x))$ die Frequenz an, mit der die Ziffer 1 in der dyadischen Entwicklung von x vorkommt. Wegen $\int f \, d\lambda = \frac{1}{2}$ besagt der Ergodensatz, dass für λ-fast alle Zahlen in $[0,1)$ die Frequenz der Ziffer 1 gleich $\frac{1}{2}$ ist. Im Folgenden werden wir derartige Fragestellungen für β-Entwicklungen und Kettenbrüche behandeln.

Beta-Entwicklung

Wir untersuchen jetzt Ziffernentwicklungen zu einer Basis $\beta > 1$, die nicht ganzzahlig sein muss. Wir setzen $I = [0,1]$ und definieren die β-Transformation $T_\beta : I \longrightarrow I$ folgendermaßen:

$$T_\beta(x) = \begin{cases} \beta x \pmod 1 & \text{für } 0 \leq x < 1, \\ \lim_{t \nearrow 1} T_\beta(t) & \text{für } x = 1. \end{cases} \tag{2.7}$$

Für $\beta \notin \mathbb{N}$ erhält man $T_\beta(x) = \beta x \pmod 1$ für alle $x \in [0,1]$. Für $\beta \in \mathbb{N}$ ist jedoch $T_\beta(1) = 1 \neq \beta \pmod 1$.

Die Transformation T_β ist nicht stetig. Für $\beta \notin \mathbb{N}$ ist sie auch dann nicht stetig, wenn man das Intervall I durch Identifikation seiner Endpunkte als Torus auffasst.

Wenn $b = \lceil \beta - 1 \rceil$ die kleinste ganze Zahl $\geq \beta - 1$ ist, so setzt man $Z_m = \left[\frac{m}{\beta}, \frac{m+1}{\beta} \right)$ für $0 \leq m < b$ und $Z_b = \left[\frac{b}{\beta}, 1 \right]$. Dann gilt $T_\beta(x) = \beta x - m$ für $x \in Z_m$.

Sei $x \in I$. Wir verfolgen die Bahn $\{ T_\beta^k(x) : k \geq 0 \}$ des Punktes x unter T_β und bezeichnen für jedes $k \geq 0$ mit i_k das eindeutige Element von $\{ 0, 1, \ldots, b \}$, für das $T_\beta^k(x) \in Z_{i_k}$ gilt. Wegen $x \in Z_{i_0}$ haben wir $T_\beta(x) = \beta x - i_0$, d. h. $x = \frac{i_0}{\beta} + \frac{T_\beta(x)}{\beta}$. Wegen $T_\beta(x) \in Z_{i_1}$ haben wir $T_\beta^2(x) = \beta T_\beta(x) - i_1$, woraus $x = \frac{i_0}{\beta} + \frac{i_1}{\beta^2} + \frac{T_\beta^2(x)}{\beta^2}$ folgt. Fährt man so fort, so erhält man $x = \sum_{k=0}^{n-1} \frac{i_k}{\beta^{k+1}} + \frac{T_\beta^n(x)}{\beta^n}$ für $n \geq 1$. Lässt man n gegen ∞ gehen, so ergibt sich $x = \sum_{k=0}^{\infty} \frac{i_k}{\beta^{k+1}}$. Wir nennen dann $\eta(x) = i_0 i_1 i_2 \ldots$ die β-Entwicklung der Zahl x.

Die β-Entwicklung der Zahl 1 spielt bei der Untersuchung der β-Transformation eine besondere Rolle: Wir bezeichnen sie mit $e_0 e_1 e_2 \ldots$ Es gilt natürlich wieder $1 = \sum_{k=0}^{\infty} \frac{e_k}{\beta^{k+1}}$.

Sei $\mathcal{B}_I$ die Borel-σ-Algebra auf dem Intervall I und λ das Lebesguemaß auf $\mathcal{B}_I$. Weiterhin sei

$$g = c \sum_{k=0}^{\infty} \beta^{-k} 1_{[0, T_\beta^k(1))}, \tag{2.8}$$

wobei $c > 0$ so gewählt wird, dass $\int g \, d\lambda = 1$ gilt. Wir bezeichnen mit μ_β das Wahrscheinlichkeitsmaß auf $[0, 1]$, das Dichte g bezüglich λ hat.

Lemma 2.40 Das Wahrscheinlichkeitsmaß μ_β ist invariant unter der β-Transformation T_β.

Beweis Sei $J = [0, y)$ mit $0 < y \leq 1$. Wegen $T_\beta^{-1}(J) = \bigcup_{m=0}^{b-1} \left[\frac{m}{\beta}, \frac{m+y}{\beta} \right) \cup \left[\frac{b}{\beta}, \min \left(\frac{b+y}{\beta}, 1 \right) \right)$ und $\frac{e_k}{\beta} \leq T_\beta^k(1) \leq \frac{e_k+1}{\beta}$ gilt

$$T_\beta^{-1}(J) \cap [0, T_\beta^k(1)) = \bigcup_{m=0}^{e_k-1} \left[\frac{m}{\beta}, \frac{m+y}{\beta} \right) \cup \left[\frac{e_k}{\beta}, \frac{e_k}{\beta} + \min \left(\frac{y}{\beta}, T_\beta^k(1) - \frac{e_k}{\beta} \right) \right).$$

Nun ist aber $\min \left(\frac{y}{\beta}, T_\beta^k(1) - \frac{e_k}{\beta} \right) = \frac{1}{\beta} \min(y, \beta T_\beta^k(1) - e_k) = \frac{1}{\beta} \min(y, T_\beta^{k+1}(1))$ und daher

$$\mu_\beta(T_\beta^{-1}(J)) = c \sum_{k=0}^{\infty} \beta^{-k} \left(e_k \frac{y}{\beta} + \frac{1}{\beta} \min(y, T_\beta^{k+1}(1)) \right)$$

$$= yc \sum_{k=0}^{\infty} \frac{e_k}{\beta^{k+1}} + c \sum_{k=0}^{\infty} \beta^{-k-1} \min(y, T_\beta^{k+1}(1))$$

$$= yc + c \sum_{k=1}^{\infty} \beta^{-k} \min(y, T_\beta^k(1)) = c \sum_{k=0}^{\infty} \beta^{-k} \min(y, T_\beta^k(1)) = \mu_\beta(J).$$

Die Menge $\mathcal{E} = \{ [0, y) : 0 < y \leq 1 \} \cup I$ erzeugt die σ-Algebra $\mathcal{B}_I$, und die Menge der Differenzen $\mathcal{E}' = \{ A \setminus B : A, B \in \mathcal{E} \}$ ist ein Semiring, der natürlich ebenfalls $\mathcal{B}_I$ erzeugt.

Da die Maße μ_β und $(T_\beta)_* \mu_\beta$ auf $\mathcal{E}$, und daher auch auf $\mathcal{E}'$, übereinstimmen, folgt aus Lemma 1.58, dass μ_β invariant unter T_β ist. $\square$

Wir zeigen, dass T_β eine ergodische Transformation auf $(I, \mathcal{B}_I, \mu_\beta)$ ist. Dazu definieren wir die Zylindermengen $Z_{i_0 i_1 \ldots i_{n-1}} = \bigcap_{k=0}^{n-1} T_\beta^{-k}(Z_{i_k})$ für $n \geq 1$ und $i_0, i_1, \ldots, i_{n-1} \in \{0, 1, \ldots, b\}$. Wir nennen n den Rang der Zylindermenge. Eine Zylindermenge vom Rang n heißt *voll*, wenn ihr Bild unter T_β^n die Menge $[0, 1)$ enthält.

> **Lemma 2.41** Eine nichtleere Zylindermenge vom Rang n ist ein Intervall $[u, v)$ mit $0 \leq u < v \leq 1$, sodass $T_\beta^n(x) = \beta^n(x - u)$ für $x \in [u, v)$ gilt. Für jedes $x \in [0, 1)$ und jedes $\varepsilon > 0$ gibt es eine volle Zylindermenge C mit $x \in C$ und $\lambda(C) < \varepsilon$.

Beweis Die erste Aussage zeigen wir durch Induktion. Für $n = 1$ folgt sie direkt aus der Definition der β-Transformation. Wir nehmen an, dass sie für Zylindermengen vom Rang n bereits bewiesen ist. Ist C eine Zylindermenge vom Rang $n+1$, dann gilt $C = D \cap T_\beta^{-n}(Z_m)$, wobei D eine Zylindermenge vom Rang n ist und $0 \leq m \leq b$ gilt. Nach Annahme ist D ein Intervall $[u, v)$ mit $T_\beta^n(x) = \beta^n(x - u)$ für $x \in [u, v)$. Für $j \geq 0$ sei $u_j = u + j\beta^{-(n+1)}$. Es folgt $C = [u, v) \cap [u_m, u_{m+1})$. Das ist ein halboffenes Intervall mit linkem Endpunkt u_m. Auf $[u, v)$ ist T_β^n eine lineare Abbildung mit Anstieg β^n. Auf $T_\beta^n(C) \subset Z_m$ ist T_β eine lineare Abbildung mit Anstieg β. Für alle $x \in C$ gilt somit $T_\beta^{n+1}(x) = \beta^{n+1}(x - u_m)$, da ja auch $T_\beta^{n+1}(u_m) = T_\beta(T_\beta^n(u_m)) = T_\beta(\beta^n m \beta^{-(n+1)}) = T_\beta(\frac{m}{\beta}) = 0$ erfüllt ist. Damit ist die erste Aussage durch Induktion bewiesen.

Das zeigt auch, dass eine Zylindermenge $D = [u, v)$ vom Rang n eine disjunkte Vereinigung von k Zylindermengen $[u_0, u_1), [u_1, u_2), \ldots, [u_{k-1}, v)$ vom Rang $n + 1$ ist, wobei $1 \leq k \leq b$ gilt. Außerdem sind die Zylindermengen $[u_m, u_{m+1})$ für $0 \leq m \leq k - 2$ voll.

Sei $x \in [0, 1)$ und $\varepsilon > 0$. Wir wählen r so, dass $\beta^{-r} < \varepsilon$ gilt. Indem wir mit der Zylindermenge vom Rang 1, die x enthält, beginnen und diese immer weiter zerlegen, finden wir eine Zylindermenge $E = [a, b)$ vom Rang r, die x enthält. Ist sie voll, dann sind wir fertig, da $b - a = \beta^{-r} < \varepsilon$ gilt. Ist sie nicht voll, dann zerlegen wir sie in Zylindermengen vom Rang $r + 1$. Entweder liegt x in einer vollen Zylindermenge vom Rang $r + 1$, dann sind wir fertig, da diese Durchmesser $\beta^{-(r+1)} < \varepsilon$ hat, oder x liegt in der Zylindermenge $[a_1, b)$, für die $b - a_1 < \beta^{-(r+1)}$ gilt. In diesem Fall wenden wir dieselbe Vorgangsweise auf $[a_1, b)$ an. Auf diese Weise finden wir $a_1 \leq a_2 \leq a_3 \leq \cdots < b$ mit $b - a_k < \beta^{-(r+k)}$. Wegen $x < b$ existiert ein j mit $a_{j-1} \leq x < a_j$. Dann liegt x in einer vollen Zylindermenge C vom Rang $r + j$ und es gilt $\lambda(C) = \beta^{-(r+j)} < \varepsilon$. $\square$

Das folgende Lemma von Knopp[10] spielt eine wesentliche Rolle im Beweis der Ergodizität.

---

[10] Konrad Hermann Theodor Knopp (1882–1957) war ein deutscher Mathematiker, der auf dem Gebiet der Analysis, v. a. über Summierungs- und Limitierungsverfahren, arbeitete.

Lemma 2.42 Sei μ ein Wahrscheinlichkeitsmaß auf der Borel-σ-Algebra $\mathcal{B}_I$ des Intervalls I. Es seien weiterhin $B \in \mathcal{B}_I$ und $\mathcal{H}$ eine abzählbare Menge von Intervallen mit folgenden Eigenschaften:

(1) Jedes offene Intervall $U \subset I$ hat eine Teilmenge V, die eine disjunkte Vereinigung von Mengen aus $\mathcal{H}$ ist und $\mu(U \setminus V) = 0$ erfüllt.

(2) Es existiert ein $c > 0$ mit $\mu(B \cap H) \geq c\mu(H)$ für alle $H \in \mathcal{H}$.

Dann gilt $\mu(B) = 1$.

Beweis Wir nehmen an, dass $\mu(B^c) > 0$ gilt, und wählen ein $\varepsilon > 0$, das kleiner als $c\mu(B^c)$ ist. Es gibt eine offene Menge E mit $B^c \subset E$ und $\mu(E \setminus B^c) < \varepsilon$. Nun ist E eine abzählbare Vereinigung von offenen paarweise disjunkten Intervallen, auf die wir die Bedingung (1) anwenden: Wir finden eine Teilmenge F von E, die disjunkte Vereinigung von Mengen aus $\mathcal{H}$ und $\mu(E \setminus F) = 0$ erfüllt. Es folgt $\mu(F \setminus B^c) < \varepsilon$ und $\mu(B^c \setminus F) = 0$. Da F eine disjunkte Vereinigung von Mengen aus $\mathcal{H}$ und $\mathcal{H}$ abzählbar ist, folgt $\mu(B \cap F) \geq c\mu(F)$ aus (2). Nun gilt $\varepsilon > \mu(F \setminus B^c) = \mu(F \cap B) \geq c\mu(F)$ und wegen $\mu(B^c \setminus F) = 0$ auch $\mu(B^c) \leq \mu(F)$. Damit ist $\varepsilon > c\mu(B^c)$ gezeigt, ein Widerspruch zur Wahl von ε. □

Satz 2.43 (Ergodizität der β-Transformation) *Sei $\beta > 1$. Dann ist die β-Transformation T_β auf dem Wahrscheinlichkeitsraum $(I, \mathcal{B}_I, \mu_\beta)$ ergodisch.*

Beweis Sei $B \in \mathcal{B}_I$ mit $T_\beta^{-1}(B) = B$ und $\mu_\beta(B) > 0$. Wir müssen $\mu_\beta(B) = 1$ zeigen. Dazu verwenden wir Lemma 2.42. Sei $\mathcal{H}$ die Menge aller vollen Zylindermengen. Wir zeigen, dass (1) und (2) aus Lemma 2.42 gelten.

Sei $U \subset I$ ein offenes Intervall. Nach Lemma 2.41 existiert für jedes $x \in U$ eine volle Zylindermenge C_x mit $x \in C_x \subset U$. Sei $\tilde{\mathcal{U}} = \{C_x : x \in U\}$. Dann ist $\tilde{\mathcal{U}}$ eine Überdeckung von U. Da zwei Zylindermengen entweder disjunkt sind oder die eine in der anderen enthalten ist, können wir für jedes $D \subset \tilde{\mathcal{U}}$ alle $C \in \tilde{\mathcal{U}}$ mit $C \subsetneq D$ herausnehmen und erhalten eine Teilmenge $\mathcal{U}$ von $\tilde{\mathcal{U}}$, die aus paarweise disjunkten in U enthaltenen Zylindermengen besteht und U immer noch überdeckt. Somit ist (1) mit $V = U$ erfüllt.

Sei $C \in \mathcal{H}$ eine volle Zylindermenge vom Rang n und $\mathcal{E}$ die Menge aller Intervalle in I. Aus Lemma 2.41 folgt $\lambda(T_\beta^{-n}(I) \cap C) = \beta^{-n}\lambda(I) = \lambda(C)\lambda(I)$ für alle $I \in \mathcal{E}$. Sei $\nu(A) = \frac{\lambda(T_\beta^{-n}(A) \cap C)}{\lambda(C)}$ für $A \in \mathcal{B}_I$. Dann ist ν ein Maß auf $\mathcal{B}_I$. Da $\mathcal{E}$ ein Semiring ist, der $\mathcal{B}_I$ erzeugt, und $\nu(I) = \lambda(I)$ für alle $I \in \mathcal{E}$ gilt, erhalten wir $\nu = \lambda$ aus dem Eindeutigkeitssatz für Maße in [3, Kapitel VII]. Damit ist $\lambda(T_\beta^{-n}(A) \cap C) = \lambda(A)\lambda(C)$ für alle $A \in \mathcal{B}_I$ gezeigt. Es folgt

$$\mu_\beta(T_\beta^{-n}(A) \cap C) \geq c\lambda(T_\beta^{-n}(A) \cap C) = c\lambda(A)\lambda(C) \geq \frac{(\beta-1)^2}{c\beta^2}\mu_\beta(A)\mu_\beta(C) \text{ für alle } A \in \mathcal{B}_I,$$

da $c \leq g \leq \frac{c\beta}{\beta-1}$ für die Dichte g von μ_β gilt. Setzt man $A = B$ und beachtet, dass $T_\beta^{-n}(B) = B$

gilt, dann erhält man $\mu_\beta(B \cap C) \geq d\mu_\beta(C)$ mit $d = \frac{(\beta-1)^2}{c\beta^2}\mu_\beta(B)$. Das gilt für alle $C \in \mathcal{H}$. Damit ist (2) gezeigt.

Aus Lemma 2.42 folgt jetzt, dass $\mu_\beta(B) = 1$ gilt. Damit ist gezeigt, dass T_β eine ergodische Transformation ist. $\square$

Wir können den Ergodensatz auf die β-Transformation anwenden. Wählt man $f = 1_{Z_m}$, dann ist $\lim_{n \to \infty} \frac{1}{n} \sum_{j=0}^{n-1} f(T_\beta^j(x))$ die Frequenz, mit der die Ziffer m in der β-Entwicklung der Zahl x auftritt. Da die β-Transformation ergodisch ist, folgt aus dem Ergodensatz, dass für μ_β-fast alle x die Ziffer m mit Frequenz $\mu_\beta(Z_m)$ in der β-Entwicklung der Zahl x auftritt. Da μ_β eine Dichte hat, die auf ganz I größer als 0 ist, gilt das auch für λ-fast alle x.

Ist β eine ganze Zahl $N \geq 2$, dann ist μ_β das Lebesguemaß λ. In diesem Fall gilt $\lambda(Z_m) = \frac{1}{N}$ für $0 \leq m \leq N-1$, sodass für λ-fast alle $x \in I$ in der Ziffernentwicklung von x zur Basis N jede Ziffer mit Frequenz $\frac{1}{N}$ vorkommt.

Kettenbrüche

Auch die Kettenbruchentwicklung einer Zahl $x \in (0,1]$ kann man durch eine Transformation beschreiben. Wir setzen wiederum $I = [0,1]$ und definieren die Kettenbruchtransformation $K: I \longrightarrow I$ durch

$$K(x) = \begin{cases} \frac{1}{x} \pmod 1 & \text{für } x \in (0,1], \\ 0 & \text{für } x = 0. \end{cases} \tag{2.9}$$

Diese Transformation ist nicht stetig. Für $m \geq 1$ sei $Z_m = \left(\frac{1}{m+1}, \frac{1}{m}\right]$. Dann gilt $K(x) = \frac{1}{x} - m$ für $x \in Z_m$. Weiterhin sei $g_m: I \longrightarrow \left[\frac{1}{m+1}, \frac{1}{m}\right]$ durch $g_m(y) = \frac{1}{m+y}$ definiert. Es gilt dann $g_m(K(x)) = x$ für $x \in Z_m$, und g_m ist die Umkehrfunktion von $K|_{Z_m}$.

Sei $x \in I$. Für $k \geq 0$ sei $i_k \in \mathbb{N}$ so gewählt, dass $K^k(x) \in Z_{i_k}$ gilt. Ist $K^k(x) = 0$, dann ist i_k nicht definiert. Es gilt dann $g_{i_k}(K^{k+1}(x)) = K^k(x)$. Für $r \geq 1$ erhalten wir damit $x = g_{i_0} \circ g_{i_1} \circ \cdots \circ g_{i_{r-1}}(K^r(x))$, und $g_{i_0} \circ g_{i_1} \circ \cdots \circ g_{i_{r-1}}(0)$ ist der aus den Ziffern $i_0, i_1, \ldots, i_{r-1}$ gebildete Kettenbruch. Man nennt die Folge $i_0 i_1 i_2 \ldots$ die *Kettenbruchentwicklung* von x.

Lemma 2.44 Ist $x \in I$ und $K^k(x) = 0$ für ein $k \geq 0$, dann gilt $x \in \mathbb{Q}$.

Beweis Sei r minimal mit $K^r(x) = 0$ und $i_0, i_1, \ldots, i_{r-1}$ so, dass $K^k(x) \in Z_{i_k}$ für $0 \leq k \leq r-1$ gilt. Wir haben dann $x = g_{i_0} \circ g_{i_1} \circ \cdots \circ g_{i_{r-1}}(0)$. Mit Hilfe der Definition von g_m ist leicht zu erkennen, dass x eine rationale Zahl ist. $\square$

Dieses Lemma zeigt, dass die Kettenbruchentwicklung einer irrationalen Zahl $x \in I$ nicht abbricht.

Definition 2.45

Sind $i_0, i_1, i_2, \ldots$ Zahlen in $\mathbb{N}$, dann definieren wir p_k und q_k für $k \geq 0$ durch $p_0 = 0$, $q_0 = 1$, $p_1 = 1$, $q_1 = i_0$ und $p_{k+1} = i_k p_k + p_{k-1}$, $q_{k+1} = i_k q_k + q_{k-1}$ für $k \geq 1$. Ist $i_0 i_1 i_2 \ldots$ die Kettenbruchentwicklung einer Zahl x, dann schreiben wir $p_k(x)$ und $q_k(x)$ für die so entstehenden natürlichen Zahlen.

Lemma 2.46 Seien $i_0, i_1, i_2, \ldots$ in $\mathbb{N}$. Für $r \geq 1$ gilt dann $g_{i_0} \circ g_{i_1} \circ \cdots \circ g_{i_{r-1}}(y) = \frac{p_{r-1}y + p_r}{q_{r-1}y + q_r}$ und $p_{r-1}q_r - q_{r-1}p_r = (-1)^r$. Außerdem gilt $p_r \geq \frac{1}{2}(\sqrt{2})^r$ und $q_r \geq \frac{1}{2}(\sqrt{2})^r$.

Beweis Alle diese Aussagen ergeben sich durch Induktion aus Definition 2.45. □

Ist $i_0 i_1 i_2 \ldots$ die Kettenbruchentwicklung von x, dann zeigt Lemma 2.46, dass der aus den ersten r Ziffern gebildete Kettenbruch $g_{i_0} \circ g_{i_1} \circ \cdots \circ g_{i_{r-1}}(0)$ gleich $\frac{p_r(x)}{q_r(x)}$ ist, wobei

$$\frac{p_0(x)}{q_0(x)} = \frac{1}{i_0}, \qquad \frac{p_1(x)}{q_1(x)} = \frac{1}{i_0 + \frac{1}{i_1}}, \qquad \frac{p_2(x)}{q_2(x)} = \frac{1}{i_0 + \frac{1}{i_1 + \frac{1}{i_2}}} \qquad \text{usw.} \qquad (2.10)$$

Das folgende Lemma zeigt u. a., dass die Zahl x durch die Partialbrüche $\frac{p_r(x)}{q_r(x)}$ ihrer Kettenbruchentwicklung sehr gut approximiert wird.

Lemma 2.47 Sei $x \in I \setminus \mathbb{Q}$. Für $r \geq 1$ gilt dann $\frac{1}{2q_r(x)q_{r+1}(x)} \leq |x - \frac{p_r(x)}{q_r(x)}| \leq \frac{1}{q_r(x)^2}$ und $p_r(x) = q_{r-1}(K(x))$.

Beweis Wir erhalten $|x - \frac{p_r(x)}{q_r(x)}| = \frac{K^r(x)}{q_r(x)^2 + q_r(x)q_{r-1}(x)K^r(x)}$ mit Hilfe von Lemma 2.46, da ja $x = g_{i_0} \circ g_{i_1} \circ \cdots \circ g_{i_{r-1}}(K^r(x))$ gilt. Wegen $0 \leq K^r(x) \leq 1$ folgt daraus auch $|x - \frac{p_r(x)}{q_r(x)}| \leq \frac{1}{q_r(x)^2}$.

Sei $i_0 i_1 i_2 \ldots$ die Kettenbruchentwicklung von x. Wegen $K^r(x) \in Z_{i_r}$ haben wir $\frac{1}{K^r(x)} \leq i_r + 1 \leq i_r + \frac{q_{r+1}(x)}{q_r(x)}$. Es folgt $q_r(x) \leq i_r q_r(x) K^r(x) + q_{r+1}(x)K^r(x)$ und daraus dann $q_r(x) + q_{r-1}(x)K^r(x) \leq 2q_{r+1}(x)K^r(x)$ mit Hilfe von Definition 2.45. Daraus ergibt sich $\frac{1}{2q_r(x)q_{r+1}(x)} \leq |x - \frac{p_r(x)}{q_r(x)}|$.

Die letzte Aussage zeigen wir mit Induktion. Ist $i_0 i_1 i_2 \ldots$ die Kettenbruchentwicklung von x, dann ist $i_1 i_2 i_3 \ldots$ die Kettenbruchentwicklung von $K(x)$. Es gilt $p_1(x) = 1 = q_0(K(x))$ und $p_2(x) = i_1 p_1(x) + p_0(x) = i_1 = q_1(K(x))$ wegen Definition 2.45. Ist $k \geq 2$ und $p_r(K(x)) = q_{r-1}(x)$ für $r \leq k$ gezeigt, dann folgt $p_{k+1}(x) = i_k p_k(x) + p_{k-1}(x) = i_k q_{k-1}(K(x)) + q_{k-2}(K(x)) = q_{k-1}(K(x))$ wieder aus Definition 2.45. Damit ist auch die letzte Aussage bewiesen. □

Wenn $i_0 i_1 i_2 \ldots$ die Kettenbruchentwicklung von $x \in I \smallsetminus \mathbb{Q}$ ist, so besagt Lemma 2.47, dass

$$ x = \lim_{r \to \infty} \frac{p_r(x)}{q_r(x)} = \cfrac{1}{i_0 + \cfrac{1}{i_1 + \cfrac{1}{i_2 + \cfrac{1}{\ddots}}}}. $$

Diese Formel erklärt die Bezeichnung „Kettenbruchentwicklung" für diese Darstellung von x.

Sei $h(x) = \frac{1}{(1+x)\log 2}$, $x \in I$. Wir bezeichnen mit γ das Maß auf I, das Dichte h bezüglich des Lebesguemaßes λ hat. Es wird nach seinem Entdecker *Gaußmaß*[11] genannt. Für ein Intervall $J \subset I$ mit den Endpunkten u und v gilt $\gamma(J) = \frac{\log(1+v)}{\log 2} - \frac{\log(1+u)}{\log 2}$. Insbesondere haben wir $\gamma(I) = 1$, sodass γ ein Wahrscheinlichkeitsmaß ist.

Lemma 2.48 Das Gaußmaß γ ist invariant unter der Kettenbruchtransformation K.

Beweis Für $J = [0, y)$ gilt $K^{-1}(J) = \{0\} \cup \bigcup_{m=1}^{\infty} (\frac{1}{y+m}, \frac{1}{m}]$. Es folgt

$$
\begin{aligned}
\gamma(K^{-1}(J)) &= \frac{1}{\log 2} \sum_{m=1}^{\infty} \left(\log\left(1 + \frac{1}{m}\right) - \log\left(1 + \frac{1}{y+m}\right) \right) \\
&= \frac{1}{\log 2} \sum_{m=1}^{\infty} \left(-\log m + \log(m+1) + \log(y+m) - \log(y+m+1) \right) \\
&= \frac{1}{\log 2} \lim_{k \to \infty} \left(\log(k+1) + \log(y+1) - \log(y+k+1) \right) = \frac{\log(y+1)}{\log 2} = \gamma(J).
\end{aligned}
$$

Wie im letzten Schritt des Beweises von Lemma 2.40 folgt aus dieser Rechnung, dass γ invariant unter K ist. □

Im folgenden Lemma untersuchen wir Zylindermengen, die wir jetzt als offene Intervalle auffassen. Für $m \geq 1$ sei $Z_m^0 = (\frac{1}{m+1}, \frac{1}{m})$ das Innere des Intervalls Z_m.

Lemma 2.49 Sei $C = \bigcap_{k=0}^{n-1} K^{-k}(Z_{i_k}^0)$ mit $n \geq 1$ und $i_0, i_1, \ldots, i_{n-1} \in \mathbb{N}$. Dann ist C ein offenes Intervall und die Abbildung $K^n \colon C \longrightarrow (0,1)$ ist bijektiv und streng monoton. Ist $J = (a,b)$ ein Intervall mit $0 \leq a < b \leq 1$, dann ist $K^{-n}(J) \cap C$ ein offenes Intervall mit Länge $\frac{b-a}{(q_{n-1}a+q_n)(q_{n-1}b+q_n)}$. Insbesondere hat C die Länge $\frac{1}{q_n(q_{n-1}+q_n)}$.

---

[11] Carl Friedrich Gauß (1777–1855) war ein deutscher Mathematiker, der fundamentale Beiträge zur Zahlentheorie, Statistik, Analysis, Differentialgeometrie, Geophysik, Astronomie, Optik und vielen anderen Gebieten leistete.

Beweis Seien $D_j = \bigcap_{k=0}^{j-1} K^{-k}(Z_{i_{n-j+k}}^0)$ und $f_j = g_{i_{n-j}} \circ g_{i_{n-j+1}} \circ \cdots \circ g_{i_{n-1}}$ für $1 \le j \le n$. Zuerst beweisen wir mit Induktion, dass D_j ein offenes Intervall und $K^j \colon D_j \longrightarrow (0,1)$ bijektiv und streng monoton mit Umkehrfunktion f_j ist.

Es gilt $D_1 = Z_{i_{n-1}}^0$. Das ist ein offenes Intervall, das durch K streng monoton auf $(0,1)$ abgebildet wird und $f_1 = g_{i_{n-1}}$ als Umkehrfunktion hat. Somit gilt obige Aussage für $j = 1$.

Für den Induktionsschritt nehmen wir an, dass die obige Aussage für $j = r - 1$ bewiesen ist. Nun ist $K \colon Z_{i_{n-r}}^0 \longrightarrow (0,1)$ bijektiv und streng monoton mit Umkehrfunktion $g_{i_{n-r}}$. Es folgt, dass $D_r = Z_{i_{n-r}}^0 \cap K^{-1}(D_{r-1})$ ein offenes Intervall ist und $K^r \colon D_r \longrightarrow (0,1)$ als Hintereinanderausführung von $K \colon D_r \longrightarrow D_{r-1}$ und $K^{r-1} \colon D_{r-1} \longrightarrow (0,1)$ bijektiv und streng monoton ist. Die Umkehrfunktion dieser Abbildung erhält man als Hintereinanderausführung der entsprechenden Umkehrfunktionen. Sie ist daher die Funktion $g_{i_{n-r}} \circ f_{r-1} = f_r$.

Somit ist obige Aussage durch Induktion bewiesen. Für $j = n$ besagt sie, dass C ein offenes Intervall und $K^n \colon C \longrightarrow (0,1)$ bijektiv und streng monoton mit Umkehrfunktion f_n ist. Ist $J = (a,b)$, dann ist $K^{-n}(J) \cap C$ ein offenes Intervall mit Endpunkten $f_n(a) = \frac{p_{n-1}a + p_n}{q_{n-1}a + q_n}$ und $f_n(b) = \frac{p_{n-1}b + p_n}{q_{n-1}b + q_n}$, dessen Länge $\frac{b-a}{(q_{n-1}a + q_n)(q_{n-1}b + q_n)}$ ist, wie man mit Hilfe von Lemma 2.46 berechnet. Die Länge des Intervalls C erhält man, indem man $a = 0$ und $b = 1$ setzt. $\square$

Nachdem wir diese Resultate als Vorbereitung bewiesen haben, kehren wir jetzt zurück zur Ergodentheorie.

Satz 2.50 *Die Kettenbruchtransformation K ist eine ergodische Transformation auf dem Wahrscheinlichkeitsraum $(I, \mathcal{B}_I, \gamma)$.*

Beweis Sei $B \in \mathcal{B}_I$ mit $K^{-1}(B) = B$ und $\gamma(B) > 0$. Wir müssen $\gamma(B) = 1$ zeigen. Dazu verwenden wir Lemma 2.42. Seien $\mathcal{H}$ die Menge aller Zylindermengen $Z_{i_0 i_1 \ldots i_{n-1}} := \bigcap_{k=0}^{n-1} K^{-k}(Z_{i_k}^0)$ mit $n \ge 1$ und $i_0, i_1, \ldots, i_{n-1} \in \mathbb{N}$. Wir zeigen, dass (1) und (2) aus Lemma 2.42 erfüllt sind.

Sei $U \subset I$ ein offenes Intervall. Für $x \in U \smallsetminus \mathbb{Q}$ sei $i_0 i_1 i_2 \ldots$ die Kettenbruchentwicklung von x. Wegen Lemma 2.49 hat das Intervall $Z_{i_0 i_1 \ldots i_{n-1}}$ die Länge $\frac{1}{q_n(q_{n-1}+q_n)}$, die wegen Lemma 2.46 mit $n \to \infty$ gegen 0 geht. Wir finden daher ein n, sodass $x \in C_x \subset U$ für $C_x = Z_{i_0 i_1 \ldots i_{n-1}}$ gilt. Sei $\tilde{\mathcal{U}} = \{ C_x : x \in U \smallsetminus \mathbb{Q} \}$. Dann ist $\tilde{\mathcal{U}}$ eine Überdeckung von $U \smallsetminus \mathbb{Q}$. Da zwei Zylindermengen entweder disjunkt sind oder die eine in der anderen enthalten ist, können wir alle $C \in \tilde{\mathcal{U}}$ mit $C \subsetneq D$ für ein $D \in \tilde{\mathcal{U}}$ aus $\tilde{\mathcal{U}}$ herausnehmen und erhalten eine Teilmenge $\mathcal{U}$ von $\tilde{\mathcal{U}}$, die aus paarweise disjunkten, in U enthaltenen Zylindermengen besteht und immer noch $U \smallsetminus \mathbb{Q}$ überdeckt. Setzt man $V = \bigcup_{C \in \mathcal{U}} C$, dann gilt $U \smallsetminus \mathbb{Q} \subset V \subset U$. Es folgt $\gamma(U \smallsetminus V) = 0$, und (1) ist gezeigt.

Um (2) zu zeigen, sei $C = Z_{i_0 i_1 \ldots i_{n-1}} \in \mathcal{H}$ und $J = (a,b) \subset I$. Es gilt dann $(q_{n-1}a + q_n)(q_{n-1}b + q_n) \le 2q_n(q_{n-1} + q_n)$ wegen $q_{n-1} \le q_n$. Mit Hilfe von Lemma 2.49 folgt $\lambda(K^{-n}(J) \cap C) \ge \frac{1}{2}\lambda(J)\lambda(C)$. Sei $\nu(A) = \frac{2\lambda(K^{-n}(A) \cap C)}{\lambda(C)}$ für $A \in \mathcal{B}_I$. Dann ist ν ein Maß auf

$\mathcal{B}_I$ und wir haben $v(J) \geq \lambda(J)$ für alle offenen Intervalle $J \subseteq I$ gezeigt. Ist $G \subset I$ eine offene Menge, dann lässt sich G schreiben als $E \cup \bigcup_{k\geq 1} J_k$ mit $E \subset \{0,1\}$ und offenen Intervallen $J_1, J_2, \ldots$, die paarweise disjunkt sind. Wegen $v(G) = \sum_{k\geq 1} v(J_k)$ und $\lambda(G) = \sum_{k\geq 1} \lambda(J_k)$ erhalten wir $v(G) \geq \lambda(G)$. Da endliche Maße auf der Borel-σ-Algebra regulär sind [3, Kapitel VII], existiert für alle $A \in \mathcal{B}_I$ und alle $\varepsilon > 0$ eine offene Teilmenge G von I mit $A \subset G$ und $v(G \setminus A) < \varepsilon$. Es folgt $v(A) + \varepsilon > v(G) \geq \lambda(G) \geq \lambda(A)$. Da $\varepsilon > 0$ beliebig ist, ist damit $v(A) \geq \lambda(A)$, d. h. $\lambda(K^{-n}(A) \cap C) \geq \frac{1}{2}\lambda(A)\lambda(C)$, für alle $A \in \mathcal{B}_I$ gezeigt.

Außerdem gilt noch $\frac{1}{2\log 2} \leq h \leq \frac{1}{\log 2}$ für die Dichte h von γ. Wir erhalten $\gamma(K^{-n}(A) \cap C) \geq \frac{1}{2\log 2}\lambda(K^{-n}(A) \cap C) \geq \frac{1}{4\log 2}\lambda(A)\lambda(C) \geq \frac{\log 2}{4}\gamma(A)\gamma(C)$ für alle $A \in \mathcal{B}_I$. Setzt man $A = B$ und $d = \frac{\log 2}{4}\gamma(B) > 0$, dann hat man $\gamma(B \cap C) \geq d\gamma(C)$ wegen $K^{-n}(B) = B$. Das gilt für alle $C \in \mathcal{H}$. Damit ist (2) gezeigt.

Aus Lemma 2.42 folgt jetzt, dass $\gamma(B) = 1$ gilt. Damit haben wir bewiesen, dass K eine ergodische Transformation ist. $\qquad\square$

Satz 2.51 *Sei* $\varphi\colon \mathbb{N} \longrightarrow [0,\infty)$ *eine Abbildung und* $S(\varphi) = \frac{1}{\log 2}\sum_{j=1}^{\infty}\varphi(j)\log(1+\frac{1}{j(j+2)})$. *Wir lassen* $S(\varphi) = \infty$ *zu. Dann gilt* $\lim_{n\to\infty}\frac{1}{n}\sum_{k=0}^{n-1}\varphi(i_k) = S(\varphi)$ *für* λ-*fast alle* $x \in I$, *wobei* $i_0 i_1 i_2 \ldots$ *die Kettenbruchentwicklung von* x *ist.*

Beweis Für $m \geq 1$ sei $Z_m = (\frac{1}{m+1}, \frac{1}{m}]$. Sei $f(x) = \varphi(m)$, wenn $x \in Z_m$. Für $x \in I \setminus \mathbb{Q}$ und $n \geq 1$ gilt dann $\frac{1}{n}\sum_{k=0}^{n-1}\varphi(i_k) = \frac{1}{n}\sum_{k=0}^{n-1}f(K^k(x))$, wobei $i_0 i_1 i_2 \ldots$ die Kettenbruchentwicklung von x ist.

Wir nehmen zunächst an, dass $\int f\,d\gamma < \infty$. Da die Kettenbruchtransformation nach Satz 2.50 ergodisch ist, folgt $\lim_{n\to\infty}\frac{1}{n}\sum_{k=0}^{n-1}f_j(T^k(x)) = \int f\,d\gamma$ γ-fast sicher aus dem Ergodensatz. Wegen $\gamma(Z_j) = \frac{1}{\log 2}\log(1+\frac{1}{j(j+2)})$ ist $\int f\,d\gamma = S(\phi)$. Da die Maße λ und γ dieselben Nullmengen haben, ist γ-fast alle gleichbedeutend mit λ-fast alle.

Die Aussage des Satzes gilt aber auch, wenn $\int f\,d\gamma = \infty$ ist. Um das zu zeigen, sei $f_j = \min(f,j)$ für $j \geq 1$. Wegen $f \geq 0$ folgt $\lim_{j\to\infty}\int f_j\,d\gamma = \infty$ aus dem Satz über monotone Konvergenz. Nach dem Ergodensatz existiert eine Menge M_j mit $\gamma(M_j) = 0$, sodass $\liminf_{n\to\infty}\frac{1}{n}\sum_{k=0}^{n-1}f(T^k(x)) \geq \lim_{n\to\infty}\frac{1}{n}\sum_{k=0}^{n-1}f_j(T^k(x)) = \int f_j\,d\gamma$ für alle $x \notin M_j$ gilt. Für $M = \bigcup_{j=1}^{\infty}M_j$ gilt $\lim_{n\to\infty}\frac{1}{n}\sum_{k=0}^{n-1}f(T^k(x)) = \infty$ für alle $x \notin M$ und $\gamma(M) = 0$. Dann ist aber auch $\lambda(M) = 0$, womit der Satz auch in diesem Fall bewiesen ist. $\qquad\square$

Setzt man in Satz 2.51 für φ die Funktion ψ_m ein, die durch $\psi_m(j) = 0$ für $j \neq m$ und $\psi_m(m) = 1$ definiert ist, dann erhält man, dass für λ-fast alle x die Ziffer m in der Kettenbruchentwicklung von x mit Frequenz $\frac{1}{\log 2}\log(1 + \frac{1}{m(m+2)})$ vorkommt. Setzt man $\varphi(m) = m$ und $\varphi(m) = \log m$, so erhält man Aussagen über Mittelwerte. Für λ-fast alle $x \in I$ gilt $\lim_{n\to\infty}\frac{1}{n}(i_0 + i_1 + \cdots + i_{n-1}) = \infty$ und $\lim_{n\to\infty}(i_0 i_1 \ldots i_{n-1})^{1/n} = \prod_{j=0}^{\infty}\left(\frac{(j+1)^2}{j(j+2)}\right)^{\log j/\log 2}$, wobei $i_0 i_1 i_2 i_3 \ldots$ die Kettenbruchentwicklung von x ist.

Aufgabe 2.52

Man zeige $\int \log x \, d\gamma(x) = -\frac{\pi^2}{12 \log 2}$.

Satz 2.53 *Für $x \in I \setminus \mathbb{Q}$ und $n \geq 1$ sei $Y_n(x) = \bigcap_{k=0}^{n-1} K^{-k}(Z_{i_k}^0)$, wobei $i_0 i_1 i_2 \ldots$ die Kettenbruchentwicklung von x ist. Für λ-fast alle $x \in I$ gilt dann*

(1) $\lim_{n \to \infty} \frac{1}{n} \log q_n(x) = \frac{\pi^2}{12 \log 2}$.

(2) $\lim_{n \to \infty} \frac{1}{n} \log \left| x - \frac{p_n(x)}{q_n(x)} \right| = -\frac{\pi^2}{6 \log 2}$.

(3) $\lim_{n \to \infty} \frac{1}{n} \log \lambda(Y_n(x)) = \lim_{n \to \infty} \frac{1}{n} \log \gamma(Y_n(x)) = -\frac{\pi^2}{6 \log 2}$.

Beweis Sei $x \in I \setminus \mathbb{Q}$. Dann gilt $p_r(x) = q_{r-1}(K(x))$ für $r \geq 1$ nach Lemma 2.47 und daher auch $-\log q_n(x) = \sum_{j=0}^{n-1} \log \frac{p_{n-j}(K^j(x))}{q_{n-j}(K^j(x))}$ für $n \geq 1$.

Für $y \in I \setminus \mathbb{Q}$ sei $\rho_k(y) = \log \frac{p_k(y)}{q_k(y)} - \log y$ und $\vartheta_k(y) = \left| \frac{p_k(y)}{q_k(y)} - y \right|$. Aus dem Mittelwertsatz folgt $|\rho_k(y)| = \frac{1}{\xi} \vartheta_k(y)$ für ein ξ zwischen y und $\frac{p_k(y)}{q_k(y)}$. Wegen Lemma 2.47 gilt $\vartheta_k(y) \leq \frac{1}{q_k(y)^2}$, woraus wir $\xi \geq \frac{p_k(y)}{q_k(y)} - \frac{1}{q_k(y)^2} = \frac{p_k(y)q_k(y)-1}{q_k(y)^2}$ und $|\rho_k(y)| \leq \frac{q_k(y)^2}{p_k(y)q_k(y)-1} \frac{1}{q_k(y)^2} = \frac{1}{p_k(y)q_k(y)-1}$ erhalten. Wegen Lemma 2.46 gilt aber $p_k(y) \geq \frac{1}{2}\sqrt{2}^k$ und $q_k(y) \geq \frac{1}{2}\sqrt{2}^k$, womit $|\rho_k(y)| \leq \frac{4}{2^k-4}$ für $k \geq 3$ folgt. Da das für alle $y \in I \setminus \mathbb{Q}$ gilt, erhalten wir $\lim_{n \to \infty} \frac{1}{n} \sum_{j=0}^{n-1} \rho_{n-j}(K^j(x)) = 0$.

Da die Kettenbruchtransformation ergodisch ist und $\int \log x \, d\gamma(x) = -\frac{\pi^2}{12 \log 2}$ gilt, erhalten wir $\lim_{n \to \infty} \frac{1}{n} \sum_{j=0}^{n-1} \log(K^j(x)) = -\frac{\pi^2}{12 \log 2}$ für γ-fast alle und damit auch für λ-fast alle x aus dem Ergodensatz. Oben haben wir gezeigt, dass $-\frac{1}{n} \log q_n(x) = \frac{1}{n} \sum_{j=0}^{n-1} \log(K^j(x)) + \frac{1}{n} \sum_{j=0}^{n-1} \rho_{n-j}(K^j(x))$ für alle $x \in I \setminus \mathbb{Q}$ und $n \geq 1$ gilt. Es folgt $\lim_{n \to \infty} \frac{1}{n} \log q_n(x) = \frac{\pi^2}{12 \log 2}$ für λ-fast alle x.

Für $x \in I \setminus \mathbb{Q}$ und $n \geq 1$ gilt $\frac{1}{2q_n(x)q_{n+1}(x)} \leq \left| x - \frac{p_n(x)}{q_n(x)} \right| \leq \frac{1}{q_n(x)^2}$ nach Lemma 2.47. Mit Hilfe von (1) folgt $\lim_{n \to \infty} \frac{1}{n} \log \frac{1}{2q_n(x)q_{n+1}(x)} = -\frac{\pi^2}{6 \log 2}$ und $\lim_{n \to \infty} \frac{1}{n} \log \frac{1}{q_n(x)^2} = -\frac{\pi^2}{6 \log 2}$ für λ-fast alle x. Daraus wieder ergibt sich, dass $\lim_{n \to \infty} \frac{1}{n} \log \left| x - \frac{p_n(x)}{q_n(x)} \right| = -\frac{\pi^2}{6 \log 2}$ für λ-fast alle x gilt.

Für $x \in I \setminus \mathbb{Q}$ und $n \geq 1$ gilt $\lambda(Y_n(x)) = \frac{1}{q_n(x)(q_{n-1}(x)+q_n(x))}$ nach Lemma 2.49, woraus wir

$$\frac{1}{2q_n(x)^2} \leq \lambda(Y_n(x)) \leq \frac{1}{q_n(x)^2}$$

erhalten. Für λ-fast alle x gilt $\lim_{n \to \infty} \frac{1}{n} \log \frac{1}{2q_n(x)^2} = -\frac{\pi^2}{6 \log 2}$ und $\lim_{n \to \infty} \frac{1}{n} \log \frac{1}{q_n(x)^2} = -\frac{\pi^2}{6 \log 2}$ wegen (1) und daher auch $\lim_{n \to \infty} \frac{1}{n} \log \lambda(Y_n(x)) = -\frac{\pi^2}{6 \log 2}$. Da $\frac{1}{2 \log 2} \leq h \leq \frac{1}{\log 2}$

für die Dichte h von γ gilt, haben wir

$$\frac{1}{2\log 2}\lambda(Y_n(x)) \le \gamma(Y_n(x)) \le \frac{1}{\log 2}\lambda(Y_n(x)),$$

womit dann

$$\lim_{n\to\infty}\frac{1}{n}\log\gamma(Y_n(x)) = -\frac{\pi^2}{6\log 2}$$

für λ-fast alle x folgt.   □

Zum Abschluss stellen wir noch die Frage, wie viele Ziffern der Kettenbruchentwicklung man typischerweise aus den ersten n Dezimalstellen einer Zahl bestimmen kann. Für $x \in I \setminus \mathbb{Q}$ und $n \ge 1$ sei $D_n(x) = (\frac{j}{10^n}, \frac{j+1}{10^n})$, wobei $j \in \{0, 1, \ldots, 10^n - 1\}$ so gewählt ist, dass $x \in D_n(x)$ gilt. Wegen $x \notin \mathbb{Q}$ ist das möglich. Weiterhin sei $m_n(x)$ die größte natürliche Zahl m, sodass alle Zahlen in $D_n(x)$ dieselben ersten m Ziffern in der Kettenbruchentwicklung haben. Dann ist $m_n(x)$ die Länge des Anfangsstücks in der Kettenbruchentwicklung der Zahl x, das durch die ersten n Dezimalstellen bestimmt ist.

Wir versuchen $\lim_{n\to\infty}\frac{m_n(x)}{n}$ zu berechnen. Existiert dieser Grenzwert, dann ist $m_n(x)$ für große n näherungsweise bestimmt.

Sei $Z_m^0 = (\frac{1}{m+1}, \frac{1}{m})$ das Innere von Z_m. Für $n \ge 1$ und $i_0, i_1, \ldots, i_{n-1} \in \mathbb{N}$ nennen wir $C = \bigcap_{k=0}^{n-1} K^{-k}(Z_{i_k}^0)$ eine Zylindermenge vom Rang n. Wir definieren dann $C^+ = \bigcap_{k=0}^{n-2} K^{-k}(Z_{i_k}^0) \cap K^{-(n-1)}(Z_{i_{n-1}+1}^0)$.

Lemma 2.54 Sei C eine Zylindermenge. Dann gilt $\lambda(C) \le 3\lambda(C^+)$.

Beweis Sei $C = \bigcap_{k=0}^{n-1} K^{-k}(Z_{i_k}^0)$. Wegen Lemma 2.49 und Definition 2.45 erhalten wir $\lambda(C) = \frac{1}{q_n(q_{n-1}+q_n)} = \frac{1}{(i_{n-1}q_{n-1}+q_{n-2})((i_{n-1}+1)q_{n-1}+q_{n-2})}$. Wendet man diese Formel auf C^+ an, so ergibt sich $\lambda(C^+) = \frac{1}{((i_{n-1}+1)q_{n-1}+q_{n-2})((i_{n-1}+2)q_{n-1}+q_{n-2})}$. Wegen $i_{n-1} \ge 1$ folgt daraus $\lambda(C) \le 3\lambda(C^+)$.   □

Für $x \in I \setminus \mathbb{Q}$ und $n \ge 1$ sei $Y_n(x)$ wie in Satz 2.53 definiert.

Lemma 2.55 Seien $x \in I \setminus \mathbb{Q}$ und $n \ge 1$. Sei $m = m_n(x)$. Dann gilt $Y_{m+2}^+(x) \subset D_n(x)$ oder $Y_{m+3}^+(x) \subset D_n(x)$.

Beweis Nach Definition von $m = m_n(x)$ liegt ein Endpunkt a des Intervalls $Y_{m+1}(x)$ in $D_n(x)$, da ja nicht alle Zahlen in $D_n(x)$ dieselben ersten $m + 1$ Ziffern in der Kettenbruchentwicklung haben. Nun zerfällt $Y_{m+1}(x)$ in abzählbar viele Zylindermengen vom Rang

$m + 2$, die sich an einem Endpunkt von $Y_{m+1}(x)$ häufen. Ist a dieser Endpunkt, dann liegt $Y_{m+2}^+(x)$ zwischen a und x, woraus $Y_{m+2}^+(x) \subset D_n(x)$ folgt. Ansonsten betrachten wir $Y_{m+2}(x)$. Dieses Intervall hat einen Endpunkt b, der zwischen a und x liegt oder gleich a ist. Da K stückweise monoton fallend ist, häufen sich die abzählbar vielen Zylindermengen vom Rang $m + 3$, in die $Y_{m+2}(x)$ zerfällt, jetzt beim Endpunkt b. Es folgt, dass $Y_{m+3}^+(x)$ zwischen b und x liegt, woraus $Y_{m+3}^+(x) \subset D_n(x)$ folgt.   □

Jetzt können wir das gewünschte Resultat beweisen.

Satz 2.56 *Für λ-fast alle $x \in I$ gilt* $\lim_{n \to \infty} \frac{m_n(x)}{n} = \frac{6 \log 2 \log 10}{\pi^2}$.

Beweis Wegen $D_n(x) \subset Y_{m_n(x)}(x)$ gilt $\log \lambda(D_n(x)) \leq \log \lambda(Y_{m_n(x)}(x))$, woraus $\frac{m_n(x)}{n} \leq$ $\frac{1}{n} \log \lambda(D_n(x)) / \frac{1}{m_n(x)} \log \lambda(Y_{m_n(x)}(x))$ folgt. Wegen $\lambda(D_n(x)) = 10^{-n}$ und Satz 2.53 erhalten wir $\limsup_{n \to \infty} \frac{m_n(x)}{n} \leq \frac{6 \log 2 \log 10}{\pi^2}$ für λ-fast alle x, da mit n ja auch $m_n(x)$ gegen ∞ geht.

Lemma 2.55 zeigt, dass $D_n(x) \supset Y_{\tilde{m}_n(x)}^+(x)$ ist, wobei $\tilde{m}_n(x)$ entweder $m_n(x) + 2$ oder $m_n(x) + 3$ ist. Es folgt $\log \lambda(D_n(x)) \geq \log \lambda(Y_{\tilde{m}_n(x)}^+(x))$ und daraus dann $\frac{m_n(x)}{n} \geq \frac{m_n(x)}{\tilde{m}_n(x)} \frac{1}{n} \log \lambda(D_n(x)) / \frac{1}{\tilde{m}_n(x)} \log \lambda(Y_{\tilde{m}_n(x)}^+(x))$. Wegen Lemma 2.54 haben wir $\lambda(Y_{\tilde{m}_n(x)}^+(x)) \geq \frac{1}{3}\lambda(Y_{\tilde{m}_n(x)}(x))$, und es gilt $\lambda(D_n(x)) = 10^{-n}$, womit $\liminf_{n \to \infty} \frac{m_n(x)}{n} \geq \frac{6 \log 2 \log 10}{\pi^2}$ für λ-fast alle x aus Satz 2.53 folgt.   □

2.3.3 Stochastische Prozesse

Es sei $(X, \mathcal{S}, \mu)$ ein Wahrscheinlichkeitsraum. In der Wahrscheinlichkeitstheorie nennt man eine Funktion $Y \in \mathcal{L}_1(\mu)$ Zufallsvariable und das Integral $\int Y \, d\mu$ ihren Erwartungswert. Seien T eine maßtreue Transformation auf dem Wahrscheinlichkeitsraum $(X, \mathcal{S}, \mu)$ und $f \in \mathcal{L}_1(\mu)$. Durch $Y_k = f \circ T^k$ für $k \geq 0$ ist eine Folge von Zufallsvariablen definiert. Ist $m \geq 1$ und sind $B_1, B_2, \ldots, B_m$ Mengen in der Borel-σ-Algebra $\mathcal{B}_\mathbb{R}$ von $\mathbb{R}$, dann gilt $Y_k^{-1}(B_k) = T^{-k}(f^{-1}(B_k)) = T^{-1}(Y_{k-1}^{-1}(B_k))$ für $1 \leq k \leq m$ und daher auch $\mu(\bigcap_{k=1}^m Y_k^{-1}(B_k)) = \mu(\bigcap_{k=1}^m Y_{k-1}^{-1}(B_k))$, da T maßtreu ist. Eine Folge $Y_0, Y_1, Y_2, \ldots$ von Zufallsvariablen mit dieser Eigenschaft nennt man einen stationären stochastischen Prozess. Der Ergodensatz macht eine Aussage über die fast sichere Konvergenz von $\frac{1}{n}(Y_0 + Y_1 + \cdots + Y_{n-1})$ für $n \to \infty$. Derartige Konvergenzaussagen nennt man ein starkes Gesetz der großen Zahlen. Der Ergodensatz ist somit ein starkes Gesetz der großen Zahlen für stationäre stochastische Prozesse. Wenn T ergodisch ist, dann erhält man den Erwartungswert $\int f \, d\mu$ als Grenzwert.

Unabhängige Zufallsvariablen

Der einfachste Fall eines stationären Prozesses ist eine Folge von unabhängigen Zufalls-variablen, die alle die gleiche Verteilung haben. Ist diese Verteilung diskret und auf einer endlichen Teilmenge A von $\mathbb{R}$ konzentriert, dann ist der Shiftraum $A^{\mathbb{N}_0}$ mit einem Ber-noullimaß ein geeigneter Wahrscheinlichkeitsraum. Wenn die Menge A N Elemente hat, so nehmen wir wie im Abschn. 1.2 über symbolische Dynamik der Einfachheit halber an, dass $A = \{0, \dots, N-1\}$ ist.

Satz 2.57 *Es sei Σ_N^+ der einseitige N-Shift. Seien $\pi = (\pi_i)_{i=0,\dots,N-1}$ ein stochastischer Vek-tor und μ das π-Bernoullimaß auf Σ_N^+. Die Shifttransformation σ ist dann stark mischend und daher auch ergodisch.*

Beweis Siehe Aufgabe 14.   □

Das starke Gesetz der großen Zahlen folgt jetzt aus Satz 2.57 und dem Ergodensatz. Ist μ das π-Bernoullimaß auf dem Shiftraum Σ_N^+ und $f \in \mathcal{L}_1(\mu)$, dann konvergiert $\frac{1}{n}(Y_0 + Y_1 + \dots + Y_{n-1})$ für $n \to \infty$ fast sicher gegen $\int f \, d\mu$, wobei $Y_0, Y_1, Y_2, \dots$ der durch $Y_k = f \circ \sigma^k$ für $k \geq 0$ definierte stochastische Prozess ist. Wählt man insbesondere das Alphabet A als Teilmenge von $\mathbb{R}$ und definiert f durch $f(i_0 i_1 i_2 \dots) = i_0$, dann sind die Zufallsvariablen $Y_0, Y_1, Y_2, \dots$ unabhängig und haben alle die durch den stochastischen Vektor π bestimmte Verteilung, da ja $\mu(\bigcap_{k=0}^m Y_k^{-1}(i_k)) = \mu(_0[i_0 i_1 \dots i_m]) = \prod_{k=0}^m \pi_{i_k} = \prod_{k=0}^m \mu(Y_k^{-1}(i_k))$ für alle $k \geq 0$ und alle $i_0, i_1, \dots, i_m \in A$ gilt. Wir haben somit ein starkes Gesetz der großen Zahlen für unabhängige Zufallsvariablen gefunden.

Dieses Beispiel lässt sich leicht verallgemeinern. Sei ν ein beliebiges Wahrscheinlich-keitsmaß auf der Borel-σ-Algebra $\mathcal{B}_{\mathbb{R}}$ in $\mathbb{R}$. Man kann dann den Produktraum $(X, \mathcal{S}, \mu) = (\mathbb{R}, \mathcal{B}_{\mathbb{R}}, \nu)^{\mathbb{N}_0}$ definieren. Für $\mathbf{x} = (x_0, x_1, x_2, \dots) \in X = \mathbb{R}^{\mathbb{N}_0}$ sei $\sigma(\mathbf{x}) = (x_1, x_2, x_3, \dots)$. Dann ist σ eine maßtreue Transformation auf $(X, \mathcal{S}, \mu)$. Die Menge $\mathcal{E} = \{A_0 \times A_1 \times \dots \times A_n \times \mathbb{R} \times \mathbb{R} \times \dots : n \geq 0, A_0, A_1, \dots, A_n \in \mathcal{B}_{\mathbb{R}}\}$ ist ein Semiring, der die σ-Algebra $\mathcal{S}$ erzeugt. Wie im Beweis von Satz 2.57 zeigt man, dass $\mu(\sigma^{-n}(U) \cap V) = \mu(U)\mu(V)$ für beliebige Mengen U und V aus $\mathcal{E}$ gilt, wenn n nur groß genug ist. Es folgt, dass die Transformation σ auf dem Wahrscheinlichkeitsraum $(X, \mathcal{S}, \mu)$ stark mischend und daher auch ergodisch ist. Ist $f : X \longrightarrow \mathbb{R}$ definiert durch $f(x_0, x_1, \dots) = x_0$ und $Y_k = f \circ \sigma^k$ für $k \geq 0$, dann sind die Zufallsvariablen $Y_0, Y_1, Y_2, \dots$ unabhängig und haben alle die Verteilung ν. Aus dem Ergodensatz folgt jetzt, dass $\frac{1}{n}(Y_0 + Y_1 + \dots + Y_{n-1})$ für $n \to \infty$ fast sicher gegen $\int f \, d\nu$ kon-vergiert. Das ist ein starkes Gesetz der großen Zahlen für unabhängige Zufallsvariablen, die alle Verteilung ν haben.

Markovketten

Sei A eine N-elementige Menge, P eine stochastische $A \times A$-Matrix und π ein stochasti-scher Vektor, sodass $\pi P = \pi$ gilt. Wie wir in Abschn. 1.3 gesehen haben, ist dadurch ein Wahrscheinlichkeitsmaß μ auf der Borel-σ-Algebra $\mathcal{B}_{A^{\mathbb{N}_0}}$ des einseitigen Shiftraums $A^{\mathbb{N}_0}$

gegeben. Wir haben es (π, P)-Markovmaß genannt. Für $n \geq 0$ und $i_0, i_1, \dots, i_n \in \mathsf{A}$ gilt
$$\mu(_0[i_0 i_1 \dots i_n]) = \pi_{i_0} \mathsf{P}_{i_0 i_1} \mathsf{P}_{i_1 i_2} \dots \mathsf{P}_{i_{n-1} i_n}.$$

Ist $f : \Sigma_N^+ \longrightarrow \mathsf{A}$ durch $f(i_0 i_1 i_2 \dots) = f(i_0)$ definiert und $Y_n = f \circ T^n$ für $n \geq 0$, dann nennt man den stochastischen Prozess $Y_0, Y_1, Y_2, \dots$ eine Markovkette mit Zustandsraum A und Übergangsmatrix P.

Wir können annehmen, dass $\pi_i > 0$ für alle $i \in \mathsf{A}$ gilt. Ist das nicht erfüllt, dann können wir es erreichen, indem wir zum Zustandsraum $\mathsf{E} = \{i \in \mathsf{A} : \pi_i > 0\}$ übergehen. Da π ein stochastischer Vektor ist, kann E nicht leer sein. Ist $i \in \mathsf{E}$ und $j \in \mathsf{A} \setminus \mathsf{E}$, dann gilt $\pi_i > 0$ und $\pi_j = 0$, sodass $\mathsf{P}_{ij} = 0$ wegen $\sum_{k \in \mathsf{A}} \pi_k \mathsf{P}_{kj} = \pi_j$ gelten muss. Wir können daher den Vektor π und die Matrix P auf die Menge E einschränken und erhalten dadurch einen stochastischen Vektor $\tilde{\pi}$ und eine stochastische $\mathsf{E} \times \mathsf{E}$-Matrix $\tilde{\mathsf{P}}$, für die $\tilde{\pi}\tilde{\mathsf{P}} = \tilde{\pi}$ und $\tilde{\pi}_i > 0$ für alle $i \in \mathsf{E}$ gilt.

Im Folgenden nehmen wir wiederum ohne Beschränkung der Allgemeinheit an, dass $\mathsf{A} = \{0, \dots, N-1\}$ und $\mathsf{A}^{\mathbb{N}_0} = \Sigma_N^+$ ist. Wir bezeichnen die Borel-σ-Algebra $\mathcal{B}_{\Sigma_N^+}$ von Σ_N^+ mit $\mathcal{B}$.

Wir wollen die Ergodizität der Shifttransformation σ auf dem Wahrscheinlichkeitsraum $(\Sigma_N^+, \mathcal{B}, \mu)$ zu untersuchen. Dazu beginnen wir mit einem Satz über die Konvergenz der Mittelwerte der Potenzen von P, den wir anschließend beim Beweis der Ergodizität verwenden.

Satz 2.58 *Sei μ das durch die stochastische Matrix P und den stochastischen Vektor π definierte Markovmaß auf dem Shiftraum Σ_N^+. Wenn alle Koeffizienten von π positiv sind, dann existiert $\mathsf{Q} = \lim_{n \to \infty} \frac{1}{n} \sum_{k=0}^{n-1} \mathsf{P}^k$. Weiterhin ist Q eine stochastische Matrix, für die $\pi\mathsf{Q} = \pi$ und $\mathsf{Q} = \mathsf{Q}\mathsf{P} = \mathsf{Q}^2$ gilt. Ist die Shifttransformation σ ergodisch, dann ist jede Zeile von Q gleich π.*

Beweis Seien i und j in A. Wir setzen $A = {}_0[i]$ und $B = {}_0[j]$. Für $k \geq 1$ gilt dann $\mu(A \cap T^{-k}(B)) = \sum_{i_1 \in \mathsf{A}} \sum_{i_2 \in \mathsf{A}} \cdots \sum_{i_{k-1} \in \mathsf{A}} \mu(_0[i i_1 i_2 \dots i_{k-1} j]) = \pi_i \mathsf{P}_{ij}^k$. Aus dem Ergodensatz folgt, dass $\lim_{n \to \infty} \frac{1}{n} \sum_{k=0}^{n-1} 1_B \circ T^k = E(1_B \mid \mathcal{B}^\sigma)$ fast sicher gilt, wobei $\mathcal{B}^\sigma \subset \mathcal{B}$ die σ-Algebra der shiftinvarianten Borelmengen ist. Multipliziert man diese Gleichung mit 1_A und wendet den Satz über dominierte Konvergenz an, so erhält man $\lim_{n \to \infty} \frac{1}{n} \sum_{k=0}^{n-1} \mu(A \cap T^{-k}(B)) = \int 1_A E(1_B \mid \mathcal{B}^\sigma) \, d\mu$. Setzt man $\mathsf{Q}_{ij} = \frac{1}{\pi_i} \int 1_A E(1_B \mid \mathcal{I}^\sigma) \, d\mu$, dann ist $\lim_{n \to \infty} \frac{1}{n} \sum_{k=0}^{n-1} \mathsf{P}_{ij}^k = \mathsf{Q}_{ij}$ gezeigt. Ist die Shifttransformation σ ergodisch, dann gilt $E(1_B \mid \mathcal{B}^\sigma) = \mu(B) = \pi_j$, woraus $\int 1_A E(1_B \mid \mathcal{B}^\sigma) \, d\mu = \pi_i \pi_j$ und $\mathsf{Q}_{ij} = \pi_j$ folgt. Das bedeutet, dass jede Zeile der Matrix Q gleich π ist.

Für $n \geq 1$ sei $\mathsf{R}_n = \frac{1}{n} \sum_{k=0}^{n-1} \mathsf{P}^k$. Für die Matrix Q gilt dann $\mathsf{Q} = \lim_{n \to \infty} \mathsf{R}_n$. Da die Koeffizienten von P nichtnegativ sind, gilt das auch für alle R_n und damit auch für Q. Des Weiteren gilt $\pi\mathsf{P} = \pi$. Da P eine stochastische Matrix ist, gilt auch $\mathsf{P}e = e$ für den Vektor e, dessen Koeffizienten alle 1 sind. Es folgt $\pi\mathsf{R}_n = \pi$ und $\mathsf{R}_n e = e$ für $n \geq 1$ und daraus dann $\pi\mathsf{Q} = \pi$ und $\mathsf{Q}e = e$. Insbesondere ist Q eine stochastische Matrix. Weiterhin gilt

$R_n P = R_n - \frac{1}{n}P + \frac{1}{n}P^n$ für $n \geq 1$. Da die Koeffizienten von P^n im Intervall I liegen, erhalten wir $QP = \lim_{n\to\infty} R_n P = \lim_{n\to\infty} R_n = Q$. Aus dieser Gleichung folgt jetzt $QP^k = Q$ für alle $k \geq 0$ und damit $QR_n = Q$ für alle $n \geq 1$. Daraus ergibt sich $Q^2 = \lim_{n\to\infty} QR_n = Q$. □

Satz 2.59 *Sei μ das durch die stochastische Matrix P und den stochastischen Vektor π definierte Markovmaß auf dem Shiftraum Σ_N^+. Der Vektor π habe positive Koeffizienten, sodass die Matrix $Q = \lim_{n\to\infty} \frac{1}{n}\sum_{k=0}^{n-1} P^k$ existiert. Dann sind die folgenden Aussagen äquivalent.*

(1) Die Shifttransformation σ ist ergodisch.
(2) Alle Zeilen der Matrix Q sind gleich π.
(3) Die Matrix P ist irreduzibel (Definition 1.31).

Beweis Die Implikation (1) $\Rightarrow$ (2) wurde bereits in Satz 2.58 gezeigt. Es gelte (2). Würden i und j in A existieren mit $P_{ij}^n = 0$ für alle $n \geq 1$, dann würde $Q_{ij} = 0$ folgen und daraus $\pi_j = 0$ wegen (2). Dieser Widerspruch zeigt, dass für jedes i und j in A ein n existiert mit $P_{ij}^n > 0$, womit (3) gezeigt ist.

Es gelte (3). Wir zeigen zuerst, dass Q positive Koeffizienten hat. Sei $i \in A$ beliebig. Da Q nach Satz 2.58 stochastisch ist, existiert ein $k \in A$ mit $Q_{ik} > 0$. Ist jetzt $j \in A$ beliebig, dann existiert ein $n \geq 1$ mit $P_{kj}^n > 0$. Da $Q = QP^n$ nach Satz 2.58 gilt, erhalten wir $Q_{ij} > 0$. Damit ist gezeigt, dass alle Koeffizienten von Q positiv sind.

Sei jetzt $j \in A$ beliebig und $m_j = \max_{i\in A} Q_{ij}$. Ist $u \in A$ so gewählt, dass $m_j = Q_{uj}$ gilt, dann haben wir $m_j = Q_{uj} = \sum_{i\in A} Q_{ui}Q_{ij} \leq \sum_{i\in A} Q_{ui}m_j = m_j$, da Q nach Satz 2.58 stochastisch ist und $Q = Q^2$ erfüllt. Es folgt $Q_{ij} = m_j$ für alle $i \in A$, sonst würde $\sum_{i\in A} Q_{ui}Q_{ij} < \sum_{i\in A} Q_{ui}m_j$ gelten, da ja alle Koeffizienten von Q positiv sind. Schließlich erhalten wir $m_j = \sum_{i\in A} \pi_i m_j = \sum_{i\in A} \pi_i Q_{ij} = \pi_j$, da $\pi = \pi Q$ nach Satz 2.58 gilt. Somit ist $Q_{ij} = \pi_j$ für alle i und j in A gezeigt. Das ist (2).

Um die Implikation (2) $\Rightarrow$ (1) zu zeigen, gehen wir vor wie im Beweis von Satz 2.57. Die Menge $\mathcal{E} = \{{}_0[i_0 i_1 \ldots i_n] : n \geq 0, i_0, i_1, \ldots, i_n \in A\}$ ist ein Semiring, der die Borel-σ-Algebra $\mathcal{B}$ von Σ_N^+ erzeugt. Seien $U = {}_0[u_0 u_1 \ldots u_m]$ und $V = {}_0[v_0 v_1 \ldots v_k]$ beliebige Mengen aus $\mathcal{E}$. Es gilt $\mu(U) = \pi_{u_0} P_{u_0 u_1} \ldots P_{u_{m-1} u_m}$ und $\mu(V) = \pi_{v_0} P_{v_0 v_1} \ldots P_{v_{k-1} v_k}$. Für $n \geq k$ ergibt sich wie im Beweis von Satz 2.57, dass $\mu(\sigma^{-n}(U) \cap V) = \pi_{v_0} P_{v_0 v_1} \ldots P_{v_{k-1} v_k} \cdot P_{v_k u_0}^{n-k} P_{u_0 u_1} \ldots P_{u_{m-1} u_m}$ gilt. Es folgt $\lim_{r\to\infty} \frac{1}{r-k} \sum_{n=k}^{r-1} \mu(\sigma^{-n}(U) \cap V) = \pi_{v_0} P_{v_0 v_1} \ldots P_{v_{k-1} v_k} \cdot Q_{v_k u_0} P_{u_0 u_1} \ldots P_{u_{m-1} u_m}$ aus der Definition der Matrix Q. Da wir (2) voraussetzen, ist auch $Q_{v_k u_0} = \pi_{u_0}$ erfüllt. Wir erhalten somit, dass $\lim_{r\to\infty} \frac{1}{r} \sum_{n=0}^{r-1} \mu(\sigma^{-n}(U) \cap V) = \mu(U)\mu(V)$ gilt. Nach Satz 2.20 ist σ ergodisch und (1) ist gezeigt. □

Die stochastische $N \times N$-Matrix P sei irreduzibel. Ist π ein stochastischer Vektor mit $\pi P = \pi$, dann gilt $\pi_i > 0$ für alle $i \in A$, da für alle i und j in A ein $n \geq 1$ mit $P_{ji}^n > 0$ existiert und wegen $\sum_{u\in A} \pi_u P_{ui}^n = \pi_i$ auch $\pi_i > 0$ gelten muss, wenn $\pi_j > 0$ gilt. Ist μ das

(π, P)-Markovmaß, dann besagt Satz 2.59, dass die Shifttransformation σ auf dem Raum $(\Sigma_N^+, \mathcal{B}, \mu)$ ergodisch ist.

Die Matrix P heißt *aperiodisch*, wenn P^n für alle $n \geq 1$ irreduzibel ist. In diesem Fall kann man zeigen, dass $\lim_{n \to \infty} \mathsf{P}_{ij}^n = \pi_j$ für alle $i, j \in \mathsf{A}$ gilt. Für $U = {}_0[u_0 u_1 \ldots u_m]$ und $V = {}_0[v_0 v_1 \ldots v_k]$ beweist man dann wie im letzten Teil des Beweises von Satz 2.59, dass $\lim_{n \to \infty} \mu(\sigma^{-n}(U) \cap V) = \mu(U)\mu(V)$ gilt. Nach Satz 2.20 ist σ stark mischend.

Wenn σ auf dem Wahrscheinlichkeitsraum $(\Sigma_N^+, \mathcal{B}, \mu)$ ergodisch ist, so hat für jedes $f \in \mathcal{L}(\mu)$ der reellwertige stochastische Prozess $(Y_k = f \circ \sigma^k)_{k \geq 0}$ aufgrund des Ergodensatzes die Eigenschaft, dass $\frac{1}{n}(Y_0 + Y_1 + \cdots + Y_{n-1})$ für $n \to \infty$ fast sicher gegen $\int f\, d\mu$ konvergiert.

Wenn wir statt der Menge $\mathsf{A} = \{0, \ldots, N-1\}$ wiederum eine beliebige endliche Teilmenge von $\mathbb{R}$ betrachten, so folgt aus Satz 2.59 und dem Ergodensatz, dass jeder Markovprozess $(Y_k)_{k \geq 0}$ mit Zustandsraum A und irreduzibler Übergangsmatrix das starke Gesetz der großen Zahlen erfüllt: $\lim_{n \to \infty} \frac{1}{n}(Y_0 + Y_1 + \cdots + Y_{n-1}) = E(Y_0)$ fast sicher, wobei $E(Y_0)$ der Erwartungswert der Zufallsvariablen Y_0 ist.

2.4   Aufgaben

Ergodensätze

1. Es seien (X, T) ein topologisches dynamisches System und μ ein T-invariantes Maß auf X. Zeigen Sie, dass $x \in \omega(x)$ für fast alle $x \in X$ gilt.

2. **Rekurrenz von Mengen** Es seien $(X, \mathcal{S}, \mu)$ ein Wahrscheinlichkeitsraum und $T \colon X \longrightarrow X$ eine maßtreue Transformation. Zeigen Sie, dass es zu jedem $E \in \mathcal{S}$ mit $\mu(E) > 0$ ein n mit $1 \leq n \leq \frac{1}{\mu(E)}$ und $\mu(E \cap T^{-n}(E)) > 0$ gibt.

3. Es sei $(X, \mathcal{S}, \mu)$ ein Wahrscheinlichkeitsraum. Wenn $J \subset \mathbb{R}_+$ ein Intervall und $\psi \colon J \longrightarrow \mathbb{R}$ *konkav* ist (d. h., wenn $\phi = -\psi$ konvex ist), dann zeigen Sie die Ungleichung

$$E(\psi \circ f \,|\, \mathcal{J}) \leq \psi(E(f \,|\, \mathcal{J})) \tag{2.11}$$

   für jedes $f \colon X \longrightarrow J$ mit $f \in \mathcal{L}_1(X, \mathcal{S}, \mu)$ und $\psi \circ f \in \mathcal{L}_1(X, \mathcal{S}, \mu)$.

4. Es sei $T \colon X \longrightarrow X$ eine maßtreue Transformation auf einem Wahrscheinlichkeitsraum $(X, \mathcal{S}, \mu)$. Beweisen Sie Folgendes:
   (a) Eine Funktion $f \colon X \longrightarrow \mathbb{R}$ ist genau dann $\mathcal{S}_\mu^T$-messbar, wenn $f \circ T = f \pmod{\mu}$ gilt.
   (b) Wenn $f \colon X \longrightarrow \mathbb{R}$ $\mathcal{S}_\mu^T$-messbar ist, so existiert eine $\mathcal{S}^T$-messbare (und daher T-invariante) Funktion $g \colon X \longrightarrow \mathbb{R}$ mit $f = g \pmod{\mu}$.

5. Sei $T \colon X \longrightarrow X$ eine invertierbare maßtreue Transformation auf einem Wahrscheinlichkeitsraum $(X, \mathcal{S}, \mu)$. Zeigen Sie, dass für jedes $f \in L_1(\mu)$ die Limiten der Mittel $\frac{1}{n} \sum_{j=0}^{n-1} f \circ T^j$ und $\frac{1}{n} \sum_{j=0}^{n-1} f \circ T^{-j}$ für $n \to \infty$ μ-f.ü. übereinstimmen.

6. Es sei $(\mathbb{T}, T_3)$ das in Aufgabe 1.2 (5) definierte topologische dynamische System mit $T_3 x = 3x \pmod 1$ für jedes $x \in \mathbb{T}$. Des Weiteren sei $f = 1_{[\frac{1}{3}, \frac{2}{3}]}$ und $C \subset \mathbb{T}$ die klassische Cantormenge. Untersuchen Sie den Ausdruck $\frac{1}{n} \sum_{k=0}^{n-1} f(T_3^k x)$ für $x \in C$.

7. Es seien $\alpha_1 \in \mathbb{R}$ irrational, $\alpha_2 = \alpha_1 + \frac{1}{2} \pmod 1$ und $\boldsymbol{\alpha} = (\alpha_1, \alpha_2)$. Wie in Aufgabe 1.35 definieren wir $R_{\boldsymbol{\alpha}} \colon \mathbb{T}^2 \longrightarrow \mathbb{T}^2$ durch $R_{\boldsymbol{\alpha}}(\mathbf{x}) = \mathbf{x} + \boldsymbol{\alpha} \pmod 1$ für jedes $\mathbf{x} \in \mathbb{T}^2$.
   (1) Zeigen Sie, dass $R_{\boldsymbol{\alpha}}$ nicht eindeutig ergodisch ist (vgl. Aufgabe 1.35).

(2) Es seien $t \in [0,1)$ und $Q_t = [0,t) \times [0,t) \subset \mathbb{T}^2$. Zeigen Sie, dass die ergodischen Mittel $\frac{1}{n} \sum_{k=0}^{n-1} 1_{Q_t} \circ R_\alpha^k$ punktweise gegen eine stetige Funktion $\phi_t \colon \mathbb{T}^2 \longrightarrow \mathbb{R}$ konvergieren, wobei natürlich $\phi_t = E_{\lambda^2}(1_{Q_t} \mid \mathcal{B}_{\mathbb{T}^2}^{R_\alpha}) \pmod{\lambda^2}$ ist.

(3) Bestimmen Sie die Funktion ϕ_t für verschiedene Werte von t (z. B. für $t = \frac{1}{4}$ und $t = \frac{1}{2}$).

8. Sei $T \colon X \longrightarrow X$ eine maßtreue Transformation auf dem Wahrscheinlichkeitsraum $(X, \mathcal{S}, \mu)$, und $f \colon X \longrightarrow \mathbb{R}$ sei eine nichtnegative messbare Funktion mit $\int f \, d\mu = \infty$. Zeigen Sie, dass $\lim_{n \to \infty} \sum_{k=0}^{n-1} f \circ T^k(x) = \infty$ für fast alle $x \in X$ gilt.

9. (1) Zeigen Sie, dass $\lim_{n \to \infty} \left(\frac{1}{n} \sum_{k=0}^{n-1} U_T^k \right)[f] = P_T[f]$ für jedes $f \in \mathcal{L}_2(X, \mathcal{S}^T, \mu)$ gilt, wobei $P_T \colon L_2(X, \mathcal{S}, \mu) \longrightarrow L_2(X, \mathcal{S}, \mu)$ der Projektionsoperator auf den abgeschlossenen Teilraum der U_T-invarianten Elemente von $L_2(X, \mathcal{S}, \mu)$ ist.

(2) Es sei $U_T^* \colon L_2(X, \mathcal{S}, \mu) \longrightarrow L_2(X, \mathcal{S}, \mu)$ der durch die Formel

$$\langle\!\langle U_T v, w \rangle\!\rangle = \langle\!\langle v, U_T^* w \rangle\!\rangle, \quad v, w \in L_2(X, \mathcal{S}, \mu) \tag{2.12}$$

definierte zu U_T *adjungierte* Operator. Zeigen Sie, dass $U_T^* U_T$ die Identitätsabbildung auf $L_2(X, \mathcal{S}, \mu)$ ist, während $U_T U_T^*$ der Projektionsoperator auf den abgeschlossenen Teilraum

$$(\ker U_T^*)^\perp = \{ v \in L_2(\mu) : U_T^* v = 0 \}^\perp = U_T(L_2(\mu)) = \mathrm{Im}(U_T)$$

von $L_2(X, \mathcal{S}, \mu)$ ist.

Mischungseigenschaften

10. **Ergodizität expansiver Automorphismen von $\mathbb{T}^d$**   Sei A eine $d \times d$-Matrix mit Koeffizienten in $\mathbb{Z}$ und Determinante 1 oder −1. Die Transformation $T_A \colon \mathbb{T}^d \longrightarrow \mathbb{T}^d$ sei wie in Beispiel 2.17 definiert durch $T_A(\mathbf{x}) = A\mathbf{x} \pmod{1}$. Beweisen Sie in Verallgemeinerung der Aufgaben 9, dass T_A genau dann expansiv ist (Definition 1.10), wenn A keinen Eigenwert mit Absolutbetrag 1 besitzt. Wegen Beispiel 2.17 ist also jeder expansive Automorphismus T_A von $\mathbb{T}^d$ ergodisch bezüglich λ^d.

11. **Nichtexpansiver ergodischer Automorphismus von $\mathbb{T}^4$**   Zeigen Sie, dass die Matrix

$$A = \begin{pmatrix} 0 & 1 & 0 & 0 \\ 0 & 0 & 1 & 0 \\ 0 & 0 & 0 & 1 \\ -1 & 1 & 1 & 1 \end{pmatrix}$$

einen nichtexpansiven ergodischen Automorphismus T_A von $\mathbb{T}^4$ definiert.

12. Seien (X, T) ein invertierbares topologisches dynamisches System und $\mu \in \mathcal{M}(X)^T$. Beweisen Sie, dass für μ-fast alle x die Aussage $\overline{\mathcal{O}_T^+(x)} = \overline{\mathcal{O}_{T^{-1}}^+(x)} = \overline{\mathcal{O}_T(x)} = \omega(x)$ gilt.

13. **Beweis des monotonen Klassensatzes**   Es seien $\mathcal{A}$ eine Mengenalgebra und $\mathcal{M}$ die kleinste monotone Klasse, die $\mathcal{A}$ enthält. Zeigen Sie folgende Aussagen:

    (i) $\mathcal{C} = \{ C \in \mathcal{M} : X \setminus C \in \mathcal{M} \}$ ist eine monotone Klasse und daher $\mathcal{C} = \mathcal{M}$.

    (ii) Sei $A \in \mathcal{A}$ und $\mathcal{V}_A = \{ B \in \mathcal{M} : A \cup B \in \mathcal{M} \}$. Dann ist $\mathcal{V}_A$ eine monotone Klasse, die $\mathcal{A}$ enthält, und daher $\mathcal{V}_A$. Dies gilt auch für $A \in \mathcal{M}$.

    (iii) $\mathcal{M}$ ist eine Algebra und daher die kleinste σ-Algebra, die $\mathcal{A}$ enthält.

14. **Bernoulli-Maße sind stark mischend**   Es sei $N \geq 2$, und $T = \sigma$ sei der Shift (1.11) auf dem Shiftraum $X = \Sigma_N$ in (1.13). Weiterhin sei $\pi = (\pi_0, \dots, \pi_{N-1})$ ein stochastischer Vektor und $\mu =$

μ_π das in Beispiel 1.64 definierte Bernoullimaß, das für jede Zylindermenge $_m[i_0 i_1 \ldots i_n]$ durch $\mu(_m[i_0 i_1 \ldots i_n]) = \prod_{j=0}^n \pi_{i_j}$ gegeben ist. Zeigen Sie, dass σ eine stark mischende Transformation auf $(X, \mathcal{B}_X, \mu_\pi)$ ist.

Hinweis: Wenden Sie Satz 2.20 auf den Semiring $\mathcal{E}$ der Zylindermengen an.

15. Sei T eine maßerhaltende Transformation auf einem Wahrscheinlichkeitsraum $(X, \mathcal{S}, \mu)$. Zeigen Sie, dass T genau dann schwach mischend ist, wenn es für jedes Paar $A, B \in \mathcal{S}$ eine Teilfolge n_k der natürlichen Zahlen gibt sodass $\lim_{n\to\infty} \frac{1}{n}|\{k : n_k < n\}| = 1$ gilt und die Konvergenz in (2.5) zumindest auf dieser Teilfolge hält.

    Hinweis: Verwenden Sie den Beweis von (2) $\Rightarrow$ (1) in Satz 2.24.

16. Beweisen Sie, dass die Gleichung (2.6) für *jedes* $\alpha \in \mathbb{R} \setminus \mathbb{Z}$ gilt.

    Hinweis: Es sei $\alpha \in \mathbb{R} \setminus \mathbb{Z}$ rational und von der Form $\alpha = \frac{p}{q}$ mit p und q teilerfremd. Beweisen Sie, dass in diesem Fall die durch $S(x, j) = (Tx, j + p \pmod q)$ gegebene Transformation S auf $X \times \mathbb{Z}/q\mathbb{Z}$ ergodisch bezüglich des Maßes $\nu = \mu \otimes \rho$ ist, wobei ρ das gleichverteilte Wahrscheinlichkeitsmaß auf $\mathbb{Z}/q\mathbb{Z}$ ist.

17. Es sei T eine maßtreue Transformation auf einem Wahrscheinlichkeitsraum $(X, \mathcal{S}, \mu)$. Zeigen Sie, dass T genau dann schwach mischend ist, wenn für jede ergodische Transformation S auf einem Wahrscheinlichkeitsraum $(Y, \mathcal{T}, \nu)$ auch $T \times S$ ergodisch bezüglich $\mu \otimes \nu$ ist.

18. Es seien $(X, \mathcal{S}, \mu, T)$ ein invertierbares maßerhaltendes System und $\mathcal{T} \subset \mathcal{S}$ eine strikt invariante Teil-σ-Algebra. Beweisen Sie, dass der in Beispiel 2.31 beschriebene Faktor $(X, \mathcal{T}, \mu, T)$ invertierbar ist.

    Wenn also $\mathcal{P}$ eine Zerlegung von X und $\mathcal{T}_\mathcal{P}$ die von $\bigcup_{j=1}^\infty (\bigvee_{i=-j}^j T^{-i}\mathcal{P})$ erzeugte σ-Algebra ist, so ist der Faktor $(X, \mathcal{T}_\mathcal{P}, \mu, T)$ invertierbar.

19. Es sei $\phi: \Sigma_2^+ \longrightarrow \mathbb{T}$ die in (1.17) definierte topologische Faktorabbildung. Außerdem seien μ das durch den stochastischen Vektor $\pi = (\frac{1}{2}, \frac{1}{2})$ definierte Bernoullimaß auf Σ_2^+ (vgl. Beispiel 1.64) und λ das Lebesguemaß auf $\mathbb{T}$. Zeigen Sie, dass ϕ ein Isomorphismus der maßerhaltenden dynamischen Systeme $(\Sigma_2^+, \mathcal{B}_{\Sigma_2^+}, \mu, \sigma)$ und $(\mathbb{T}, \mathcal{B}_\mathbb{T}, \lambda, T_2)$ ist.

20. Es seien $(X, \mathcal{S}, \mu, T)$ ein maßerhaltendes dynamisches System und $(X', \mathcal{S}', \mu', T')$ ein Faktor von $(X, \mathcal{S}, \mu, T)$. Zeigen Sie Folgendes:
    (a) Wenn $(X, \mathcal{S}, \mu, T)$ ergodisch, mischend oder schwach mischend ist, so gilt dies auch für $(X', \mathcal{S}', \mu', T')$.
    (b) Wenn $(X, \mathcal{S}, \mu, T)$ und $(X', \mathcal{S}', \mu', T')$ isomorph sind, so ist $(X', \mathcal{S}', \mu', T')$ genau dann ergodisch, mischend oder schwach mischend, wenn die analoge Aussage für $(X, \mathcal{S}, \mu, T)$ gilt.

21. **Totale Ergodizität** Ein maßerhaltendes dynamisches System $(X, \mathcal{S}, \mu, T)$ (bzw. eine maßtreue Transformation T auf einem Wahrscheinlichkeitsraum $(X, \mathcal{S}, \mu)$) heißt *totalergodisch*, wenn $(X, \mathcal{S}, \mu, T^k)$ für jedes $k \geq 1$ ergodisch ist. Beweisen Sie, dass jedes schwach mischende maßerhaltende dynamische System totalergodisch ist und dass ein ergodisches maßerhaltendes dynamisches System $(X, \mathcal{S}, \mu, T)$ genau dann totalergodisch ist, wenn T keinen Eigenwert $\gamma \neq 1$ besitzt, der eine Einheitswurzel ist.

    Hinweis: Nehmen Sie an, dass T ergodisch ist, dass aber T^k für ein $k > 1$ nicht ergodisch ist, und betrachten Sie den Faktor $(X, \mathcal{S}^{T^k}, \mu, T)$.

22. Es sei (X, T) ein topologisches dynamisches System, und μ sei ein T-invariantes Wahrscheinlichkeitsmaß auf $\mathcal{B}_X$. Weiterhin sei $(\tilde{X}, \sigma)$ das in Aufgabe 1.47 definierte invertierbare topologische dynamische System und $\pi_0: \tilde{X} \longrightarrow X$ die dort definierte Faktorabbildung. Beweisen Sie, dass es auf $\mathcal{B}_{\tilde{X}}$ ein shiftinvariantes Wahrscheinlichkeitsmaß $\tilde{\mu}$ mit $(\pi_0)_* \tilde{\mu} = \mu$ gibt. Damit ist also das maßerhaltende dynamische System $(X, \mathcal{B}_X, \mu, T)$ ein Faktor des invertierbaren maßerhaltenden dynamischen Systems $(\tilde{X}, \mathcal{B}_{\tilde{X}}, \tilde{\mu}, \sigma)$ mit der Faktorabbildung $\pi_0: \tilde{X} \longrightarrow X$.

23. **Homomorphismen und Isomorphismen von Maßalgebren** Es seien $(X, \mathcal{S}, \mu)$ und $(Y, \mathcal{S}', \mu')$ Wahrscheinlichkeitsräume und $\phi: X \longrightarrow X'$ eine messbare und maßerhaltende Abbildung.

(a) Für jedes $A \in \mathcal{S}$ bezeichnen wir mit $[A] = \{B \in \mathcal{S} : \mu(A \bigtriangleup B) = 0\}$ die Äquivalenzklasse der Menge A. Zeigen Sie, dass für alle $A, B \in \mathcal{S}$ die Operationen $[A] \cup [B] := [A \cup B]$, $[A] \cap [B] := [A \cap B]$ und $[A] \smallsetminus [B] := [A \smallsetminus B]$ wohldefiniert sind und dass die Menge $\mathcal{S}_\mu = \{[A] : A \in \mathcal{S}\}$ mit diesen Operationen die Axiome einer σ-Algebra erfüllt.

(b) Zeigen Sie, dass die Abbildung $\phi: X \longrightarrow X'$ einen Homomorphismus $\Phi: \mathcal{S}'_{\mu'} \longrightarrow \mathcal{S}_\mu$ induziert.[12] Falls ϕ invertierbar ist, so ist dieser Homomorphismus ein Isomorphismus.

Anwendungen der Ergodensätze

24. Beweisen Sie, dass eine Folge $(x_n)_{n \geq 0}$ in $\mathbb{T} = [0, 1)$ genau dann gleichverteilt ist, wenn $\lim_{n \to \infty} \frac{1}{n} \sum_{k=0}^{n-1} 1_{I(x_k)} = \lambda(I)$ für jedes Intervall $I \subset [0, 1)$ gilt (vgl. Aufgabe 1.36).

25. Sei $\mathsf{P} = (\mathsf{P}_{ij})$ eine strikt positive stochastische $N \times N$-Matrix.

(1) Zeigen Sie, dass es ein $\gamma < 1$ gibt, sodass $\left| \sum_{i=0}^{N-1} a_i \mathsf{P}_{ij} \right| \leq \gamma \sum_{i=1}^{N-1} |a_i| \mathsf{P}_{ij}$ für alle $j = 0, \ldots, N-1$ und alle Vektoren $(a_0, \ldots, a_{N-1}) \in \mathbb{R}^N$ mit $\sum_{i=0}^{N-1} a_i = 0$.

(2) Sei $\Delta = \{x = (x_0, \ldots, x_{N-1}) \in \mathbb{R}^N : x_i \geq 0 \text{ und } \sum_{i=0}^{N-1} x_1 = 1\}$. Zeigen Sie, dass $\mathsf{P}: \Delta \longrightarrow \Delta$ eine Kontraktion ist mit $\|x\mathsf{P} - y\mathsf{P}\|_1 \leq \gamma \|x - y\|$ für alle $x, y \in \Delta$. Schließen Sie daraus, dass es einen eindeutigen stochastischen linken Eigenvektor π von P gibt, für den $\lim_{n \to \infty} v\mathsf{P}^n = \pi$ für alle $v \in \Delta$ gilt.

(3) Verallgemeinern Sie die obigen Aufgaben (1) und (2) auf stochastische Matrizen P, für die es ein $n_0 \geq 1$ gibt, sodass P^{n_0} strikt positiv ist.

26. Es seien $\alpha, \beta \in \mathbb{R} \smallsetminus \mathbb{Q}$. Zeigen Sie, dass die Folge $((\alpha n, \beta n^2) \pmod 1)$, $n \geq 1$, gleichverteilt in $\mathbb{T}^2$ ist.

Hinweis: Für $\alpha = \beta$ ist diese Aussage in Beispiel 2.37 enthalten. Wenn $1, \alpha, \beta$ linear unabhängig über $\mathbb{Q}$ sind, so muss man Beispiel 2.37 verallgemeinern.

---

[12] Das heißt, $\Phi([A] \cup [B]) = \Phi([A]) \cup \Phi([B])$, $\Phi([A] \cap [B]) = \Phi([A]) \cap \Phi([B])$ und $\Phi([A] \smallsetminus [B]) = \Phi([A]) \smallsetminus \Phi([B])$ für alle $A, B \in \mathcal{S}'$.

Entropie

3

3.1 Zum Begriff „Entropie"

Der Begriff der *Entropie*, der 1865 von Clausius[1] eingeführt wurde, entsprang dem Versuch, die Irreversibilität gewisser „makroskopischer" physikalischer Systeme zu erklären, obwohl diese Systeme auf „mikroskopischer" Ebene durchaus reversibel sind. Man denke hier an das Beispiel eines mit Wasser gefüllten und von der Außenwelt isolierten Behälters, der in zwei miteinander verbundene Kammern geteilt ist. Wenn das Wasser in den beiden Kammern unterschiedliche Temperatur hat, vermischen sich die beiden Wassermengen, und schließlich hat das Wasser im ganzen Behälter dieselbe Temperatur. Obwohl die Bewegung der einzelnen Wassermoleküle im Behälter durchaus reversibel ist, entspricht der umgekehrte makroskopische Vorgang (bei dem die Flüssigkeitsmengen in den beiden Kammern zunächst dieselbe Temperatur aufweisen, aber dann ohne äußere Einwirkung unterschiedliche Temperaturen annehmen) nicht der physikalischen Realität. Das dieser Irreversibilität zugrunde liegende Prinzip ist der Übergang (isolierter) physikalischer Systeme von einem „geordneteren" in einen „ungeordneteren" Zustand, wobei der Grad der Unordnung des Systems als dessen „Entropie" bezeichnet wird.

Die Präzisierung dieses Begriffs der Unordnung stammt von Gibbs und Ludwig Boltzmann,[2] die die Entropie des Systems (bis auf einen konstanten Faktor) als den Logarithmus der Anzahl der möglichen Konfigurationen der einzelnen Atome und Moleküle definieren, die den beobachteten makroskopischen Zustand des Systems ergeben.

Betrachten wir als Beispiel ein aus N Teilchen bestehendes System. Wir nehmen an, dass $p_i N$ dieser Teilchen in einem Zustand i sind, wobei $i = 1, \ldots, k$ und $p_1 + \cdots + p_k = 1$ ist, und

---

[1] Rudolf Julius Emanuel Clausius (1822–1888) war ein deutscher Physiker und Mathematiker, der das Gebiet der Thermodynamik mitbegründete.
[2] Josiah Willard Gibbs (1839–1903) war ein amerikanischer Wissenschafter, der zusammen mit dem Schotten James Clerk Maxwell (1831–1879) und dem Österreicher Ludwig Boltzmann (1844–1906) das Gebiet der statistischen Mechanik begründete.

M. Einsiedler, K. Schmidt, *Dynamische Systeme*, Mathematik Kompakt,
DOI 10.1007/978-3-0348-0634-3_3, © Springer Basel 2014

dass die sich in einem Zustand i befindlichen Teilchen nicht voneinander unterscheidbar sind.[3] Die Anzahl der möglichen Konfigurationen des Systems ist dann

$$W_N = \frac{N!}{(p_1 N)! \cdots (p_k N)!},$$

da wir ja für $i = 1, \ldots, k$ die Teilchen im Zustand i nicht voneinander unterscheiden können. Demnach ist also

$$\log W_N = \log(N!) - \sum_{j=1}^{k} \log((p_j N)!).$$

Da $\lim_{N \to \infty} \frac{\log(N!)}{N \log N} = 1$ ist[4], können wir zu jedem $\varepsilon > 0$ ein N_ε finden, sodass für $N \geq N_\varepsilon$

$$-N(1 - \varepsilon) \sum_{i=1}^{k} p_i \log p_i = (1 - \varepsilon)\left(N \log N - \sum_{i=1}^{k} p_i N \log(p_i N)\right)$$

$$\leq \log W_N \leq -N(1 + \varepsilon) \sum_{i=1}^{k} p_i \log p_i$$

gilt. Wenn wir nun durch N dividieren, erhalten wir für $N \to \infty$

$$\lim_{N \to \infty} \frac{1}{N} \log W_N = - \sum_{i=1}^{k} p_i \log p_i \qquad (3.1)$$

als die „durchschnittliche Entropie" des Systems.

Der Ausdruck (3.1) erschien in verschiedenen Zusammenhängen sowohl in Schriften von Gibbs als auch von Boltzmann im letzten Viertel des 19. Jahrhunderts.

Der Ingenieur Claude Shannon[5] untersuchte im Jahr 1948 mittels statistischer Methoden die Übertragung von Daten über Datenkanäle (z. B. Telefonleitungen) sowie die bei diesen Übertragungen auftretenden Informationsverluste. Im Zuge dessen entwickelte er quantitative Formulierungen für den Informationsgehalt einer Datenquelle und die maximale, über einen Datenkanal übertragbare Informationsmenge. Wenn ein Datenstrom Folgen von Symbolen in einem endlichen Alphabet A liefert, die mit den relativen Häufigkeiten p_a, a ∈ A auftreten, betrachtete Shannon den Ausdruck

$$H = - \sum_{a \in A} p_a \log_2 p_a \qquad (3.2)$$

---

[3] Da die $p_i N$ ganzzahlig sein sollten, können wir z. B. annehmen, dass die p_i rational und die $p_i N$ ganzzahlig sind; stattdessen können wir natürlich auch annehmen, dass der stochastische Vektor $p = (p_1, \ldots, p_k)$ beliebig ist, und die Zahlen $p_i N$ in der folgenden Rechnung durch ganze Zahlen $m(i, N)$ mit $|p_i N - m(i, N)| < 1$ und $\sum_{i=1}^{k} m(i, N) = N$ ersetzen.

[4] Diese Gleichung folgt aus *Stirlings Formel* $\lim_{n \to \infty} \frac{n!}{(n/e)^n \sqrt{2\pi n}} = 1$.

[5] Claude Elwood Shannon (1916–2001) war ein amerikanischer Wissenschafter, der als „Vater der Informationstheorie" gilt.

als Maß der „Ungewissheit" („uncertainty") oder „Informationsmenge" des Datenstroms. Im Jahr 1949 besuchte er John von Neumann und sprach mit ihm über sein Problem, einen passenden Namen für diese Maßzahl zu finden.[6]

> I thought of calling it „information", but the word was overly used, so I decided to call it „uncertainty". When I discussed it with John von Neumann, he had a better idea. Von Neumann told me, „You should call it entropy, for two reasons. In the first place your uncertainty function has been used in statistical mechanics under that name, so it already has a name. In the second place, and more important, nobody knows what entropy really is, so in a debate you will always have the advantage."

Für den informationstheoretischen Hintergrund des Ausdrucks (3.2) und seine Interpretation als minimale durchschnittliche Codierungslänge bei binärer Codierung von Folgen von Symbolen in einem gegebenen Alphabet A verweisen wir auf [10, Kapitel VI].

Im Jahr 1958 wurde der Begriff der Entropie von Kolmogorov[7] und Sinai[8] in die Ergodentheorie eingeführt. Ausgehend von der Entropie einer Zerlegung eines Wahrscheinlichkeitsraums definierten sie einen Entropiebegriff für eine maßtreue Transformation auf dem Wahrscheinlichkeitsraum, den man als Maßzahl für die Komplexität der Transformation auffasst. Je größer die Entropie ist, umso schwieriger ist eine Vorhersage der Zeitentwicklung des dynamischen Systems (man denke in diesem Zusammenhang z. B. an das Problem der Wettervorhersage!).

3.2 Entropie einer Zerlegung

In diesem Kapitel definieren wir die Kolmogorov-Sinai-Entropie und beschreiben ihre wichtigsten Eigenschaften. Da wir auf einem Wahrscheinlichkeitsraum $(X, \mathcal{S}, \mu)$ arbeiten, der üblicherweise nicht diskret ist, müssen wir ihn zunächst diskretisieren, um Entropie definieren zu können.

Definition 3.1 (Zerlegung)

Sei $\mathcal{S}$ eine σ-Algebra auf einer Menge X. Eine endliche oder abzählbar unendliche Teilmenge $\mathcal{P}$ von $\mathcal{S} \setminus \{\varnothing\}$ heißt *Zerlegung* von X, wenn $\bigcup_{A \in \mathcal{P}} A = X$ gilt und die Mengen in $\mathcal{P}$ paarweise disjunkt sind.

---

[6] M. Tribus, E.C. McIrvine, *Energy and information*, Scientific American, 224 (1971) 179–188.

[7] Andrey Nikolaevich Kolmogorov (1903–1987) war ein russischer Mathematiker, der grundlegende Beiträge zur Wahrscheinlichkeitstheorie, Topologie, Logik, Turbulenz von Strömungen, klassischen Mechanik und Komplexitätstheorie leistete.

[8] Yakov Grigorevich Sinai, geboren 1935 in Moskau, Professor in Princeton, ist einer der Begründer der Ergodentheorie. Viele der klassischen maßtheoretischen Methoden und Konstruktionen auf diesem Gebiet (z. B. die maßtheoretische Entropietheorie in ihrer heutigen Form) gehen auf ihn zurück.

Es sei $\mathcal{P}$ eine Zerlegung von X. Wie schon in der Einleitung zu diesem Kapitel erwähnt, betrachten wir zu jedem $x \in X$ die Information, die wir gewinnen, wenn wir erfahren, in welcher Menge von $\mathcal{P}$ der Punkt x liegt.

Definition 3.2 (Entropie einer Zerlegung)

Sei $(X, \mathcal{S}, \mu)$ ein Wahrscheinlichkeitsraum und $\mathcal{P}$ eine Zerlegung von X. Dann heißt $I_\mu(\mathcal{P}) = -\sum_{A \in \mathcal{P}} 1_A \log \mu(A)$ die *Information* und $H_\mu(\mathcal{P}) = \int I_\mu(\mathcal{P}) \, d\mu = -\sum_{A \in \mathcal{P}} \mu(A) \log \mu(A)$ die *Entropie der Zerlegung* $\mathcal{P}$.

Ist $\Phi \colon [0, \infty) \longrightarrow \mathbb{R}$ definiert durch $\Phi(0) = 0$ und $\Phi(x) = -x \log x$ für $x > 0$, so können wir $H_\mu(\mathcal{P})$ auch in der Form $H_\mu(\mathcal{P}) = \sum_{A \in \mathcal{P}} \Phi(\mu(A))$ schreiben.

Wegen $\mu(A) \in [0,1]$ gilt immer $H_\mu(\mathcal{P}) \geq 0$, da Φ auf dem Intervall $[0,1]$ nichtnegativ ist. Wenn $\mathcal{P}$ aus abzählbar unendlich vielen Mengen besteht, dann kann auch $H_\mu(\mathcal{P}) = \infty$ gelten. Weitere wichtige Eigenschaften der Entropie ergeben sich aus der Tatsache, dass die Funktion Φ in Definition 3.2 *strikt konkav* ist.

Lemma 3.3 Für alle $x, y \geq 0$ und $t \in [0,1]$ ist

$$\Phi(tx + (1-t)y) \geq t\Phi(x) + (1-t)\Phi(y),$$

wobei Gleichheit nur für $x = y$ oder $t \in \{0,1\}$ gilt.

Beweis Die ersten beiden Ableitungen von Φ sind gegeben durch $\Phi'(x) = -1 - \log x$ und $\Phi''(x) = -1/x$. Für $x < y$ und $t \in (0,1)$ ergibt sich aus dem Mittelwertsatz, dass es ein z mit $tx + (1-t)y < z < y$ und $\Phi(y) - \Phi(tx + (1-t)y) = \Phi'(z)t(y-x)$ gibt. Aus demselben Grund gibt es ein w mit $x < w < tx + (1-t)y$ und $\Phi(tx + (1-t)y) - \Phi(x) = \Phi'(w)(1-t)(y-x)$. Da $\Phi'' < 0$ ist, ist $\Phi'(z) < \Phi'(w)$ und daher

$$(1-t)\big(\Phi(y) - \Phi(tx + (1-t)y)\big) = (1-t)t\Phi'(z)(y-x)$$
$$< (1-t)t\Phi'(w)(y-x) = t\big(\Phi(tx + (1-t)y) - \Phi(x)\big).$$

Also ist $\Phi(tx + (1-t)y) > t\Phi(x) + (1-t)\Phi(y)$ für $0 \leq x < y$ und $t \in (0,1)$. Für die Spezialfälle $x = y$ oder $t \in \{0,1\}$ sind die zwei Ausdrücke trivialerweise gleich. $\quad\square$

Aufgaben 3.4

(1) Beweisen Sie mittels Induktion die folgende Verallgemeinerung von Lemma 3.3: Für $n \geq 2$, $x_1, \ldots, x_n \geq 0$ und $t_1, \ldots, t_n \geq 0$ mit $\sum_{k=1}^{n} t_i = 1$ ist

$$\Phi\Big(\sum_{k=1}^{n} t_k x_k\Big) \geq \sum_{k=1}^{n} t_k \Phi(x_k),$$

wobei Gleichheit nur gilt, wenn alle x_i mit $t_i > 0$ übereinstimmen.

(2) Sei $(X, \mathcal{S}, \mu)$ ein Wahrscheinlichkeitsraum. Zeigen Sie mittels Aufgabe (1) die Ungleichung $H_\mu(\mathcal{P}) \leq \log n$ für jede n-elementige Zerlegung $\mathcal{P} = \{A_1, \dots, A_n\}$ von X, wobei $H_\mu(\mathcal{P}) = \log n$ nur für $\mu(A_1) = \cdots = \mu(A_n) = 1/n$ gilt.

Als Nächstes definieren wir *bedingte* Versionen von Information und Entropie.

Definition 3.5 (Bedingte Information und Entropie)

Seien $(X, \mathcal{S}, \mu)$ ein Wahrscheinlichkeitsraum, $\mathcal{P}$ eine Zerlegung von X und $\mathcal{T}$ eine Teil-σ-Algebra von $\mathcal{S}$. Die *bedingte Information der Zerlegung $\mathcal{P}$, gegeben $\mathcal{T}$*, ist definiert durch $I_\mu(\mathcal{P} \mid \mathcal{T}) = -\sum_{A \in \mathcal{P}} 1_A \log E(1_A \mid \mathcal{T})$. Das Integral dieser Funktion $H_\mu(\mathcal{P} \mid \mathcal{T}) = \int I_\mu(\mathcal{P} \mid \mathcal{T}) \, d\mu$ ist die *bedingte Entropie der Zerlegung $\mathcal{P}$, gegeben $\mathcal{T}$*.

Wir können auch $H_\mu(\mathcal{P} \mid \mathcal{T})$ mit Hilfe der Funktion Φ aus Definition 3.2 darstellen. Da die Funktion $\log E(1_A \mid \mathcal{T})$ $\mathcal{T}$-messbar ist, gilt

$$-E_\mu(1_A \log E(1_A \mid \mathcal{T}) \mid \mathcal{T}) = -E_\mu(1_A \mid \mathcal{T}) \log E(1_A \mid \mathcal{T}) = \Phi \circ E(1_A \mid \mathcal{T}).$$

Summiert man über $A \in \mathcal{P}$ und integriert mit μ, so folgt

$$H_\mu(\mathcal{P} \mid \mathcal{T}) = \int \sum_{A \in \mathcal{P}} \Phi \circ E(1_A \mid \mathcal{T}) \, d\mu.$$

Wenn wir für jede Menge $B \in \mathcal{T}$ bereits wissen, ob ein gegebener Punkt $x \in X$ in der Menge B liegt oder nicht, so können wir $I_\mu(\mathcal{P} \mid \mathcal{T})(x)$ als den Informationsgewinn interpretieren, wenn wir erfahren, in welcher Menge von $\mathcal{P}$ der Punkt x liegt.

▶ **Bemerkung 3.6** Da die bedingte Erwartung nur eindeutig (mod μ) definiert ist, gilt das auch für die Information $I_\mu(\mathcal{P} \mid \mathcal{T})$ einer Zerlegung $\mathcal{P}$, gegeben $\mathcal{T}$. Gleichungen und Ungleichungen, die die bedingte Information enthalten, können daher nur fast sicher gelten und sind auch immer als fast sicher zu verstehen, selbst wenn das nicht ausdrücklich betont wird.

Die folgenden Beispiele beschreiben die bedingte Information und Entropie unter speziellen Voraussetzungen.

Beispiel 3.7 (Bedingte Information und Entropie in Spezialfällen)
(1) Ist $\mathcal{N} = \{\emptyset, X\}$ die triviale σ-Algebra, dann gilt $I_\mu(\mathcal{P} \mid \mathcal{N}) = I_\mu(\mathcal{P})$ und $H_\mu(\mathcal{P} \mid \mathcal{N}) = H_\mu(\mathcal{P})$ für jede Zerlegung $\mathcal{P}$ von X. Allgemeiner gilt $I_\mu(\mathcal{P} \mid \mathcal{T}) = I_\mu(\mathcal{P})$ fast sicher und daher $H_\mu(\mathcal{P} \mid \mathcal{T}) = H_\mu(\mathcal{P})$, wenn $\mathcal{P}$ eine Zerlegung von X und $\mathcal{T}$ in $\mathcal{N}_\mu = \{B \in \mathcal{S} : \mu(B) \in \{0,1\}\}$ enthalten ist.
(2) Ist $\mathcal{P} \subset \mathcal{T}$ (mod μ), dann gilt $E(1_A \mid \mathcal{T}) = 1_A$ fast sicher für alle $A \in \mathcal{P}$, woraus $I_\mu(\mathcal{P} \mid \mathcal{T}) = 0$ fast sicher folgt. Insbesondere gilt $I_\mu(\mathcal{P} \mid \mathcal{S}) = 0$ fast sicher für jede Zerlegung $\mathcal{P}$.
(3) Wenn $\mathcal{Q}$ eine Zerlegung von X ist, dann bezeichne $\widehat{\mathcal{Q}}$ die von $\mathcal{Q}$ erzeugte σ-Algebra. Es gilt $E(1_A \mid \widehat{\mathcal{Q}}) = \sum_{C \in \mathcal{Q}} 1_C \frac{\mu(A \cap C)}{\mu(C)}$ fast sicher für alle $A \in \mathcal{S}$. Daraus folgt, dass $I_\mu(\mathcal{P} \mid \widehat{\mathcal{Q}}) =$

$-\sum_{A \in \mathcal{P}} \sum_{C \in \mathcal{Q}} 1_{A \cap C} \log \frac{\mu(A \cap C)}{\mu(C)}$ fast sicher gilt (die unbestimmten Ausdrücke, die hier auftreten können, definieren wir dabei als $\frac{0}{0} = 1$, $0 \cdot \infty = 0$ und $-\log 0 = \infty$). Integriert man mit μ, so erhält man

$$
\begin{aligned}
H_\mu(\mathcal{P} \mid \widehat{\mathcal{Q}}) &= -\sum_{A \in \mathcal{P}} \sum_{C \in \mathcal{Q}} \mu(A \cap C) \log \frac{\mu(A \cap C)}{\mu(C)} \\
&= \sum_{A \in \mathcal{P}} \sum_{C \in \mathcal{Q}} \mu(C) \Phi\left(\frac{\mu(A \cap C)}{\mu(C)}\right) = \sum_{C \in \mathcal{Q}} \mu(C) H_{\frac{1}{\mu(C)} \mu|_C}(\mathcal{P}),
\end{aligned}
\tag{3.3}
$$

wobei Φ wieder die in Definition 3.2 eingeführte Funktion ist. Wir werden der Einfachheit halber auch $I_\mu(\mathcal{P} \mid \mathcal{Q})$ und $H_\mu(\mathcal{P} \mid \mathcal{Q})$ statt $I_\mu(\mathcal{P} \mid \widehat{\mathcal{Q}})$ und $H_\mu(\mathcal{P} \mid \widehat{\mathcal{Q}})$ schreiben.

Um weitere Eigenschaften der Entropie zu zeigen, führen wir folgende Definitionen ein. Sind $\mathcal{P}$ und $\mathcal{Q}$ Zerlegungen von X, dann nennen wir $\mathcal{Q}$ *feiner als* $\mathcal{P}$ und schreiben $\mathcal{Q} \succ \mathcal{P}$, falls für jedes $B \in \mathcal{Q}$ ein $A \in \mathcal{P}$ existiert mit $B \subset A$. Das bedeutet, dass jedes Element von $\mathcal{P}$ die Vereinigung von Elementen von $\mathcal{Q}$ ist und dass daher $\hat{\mathcal{P}} \subset \hat{\mathcal{Q}}$ gilt. Die *gemeinsame Verfeinerung* von zwei Zerlegungen $\mathcal{P}$ und $\mathcal{Q}$ ist definiert durch $\mathcal{P} \vee \mathcal{Q} = \{A \cap B : A \in \mathcal{P}, B \in \mathcal{Q} \text{ und } A \cap B \neq \varnothing\}$. Das ist wieder eine Zerlegung.

Die im folgenden Satz zusammengefassten Formeln bestätigen, dass die (bedingte) Information und Entropie wirklich jene Eigenschaften haben, die man intuitiv von ihnen erwarten würde. Nur die Aufgabe 2 am Kapitelende mahnt zu etwas Vorsicht.

Satz 3.8 (Eigenschaften von Information und Entropie) *Sei $(X, \mathcal{S}, \mu)$ ein Wahrscheinlichkeitsraum. Seien $\mathcal{T}$ und $\mathcal{U}$ Teil-σ-Algebren von $\mathcal{S}$ und $\mathcal{P}$, $\mathcal{Q}$ und $\mathcal{R}$ Zerlegungen von X. Dann gilt*

(1) $I_\mu(\mathcal{P} \vee \mathcal{Q} \mid \mathcal{R}) = I_\mu(\mathcal{P} \mid \mathcal{R}) + I_\mu(\mathcal{Q} \mid \mathcal{P} \vee \mathcal{R})$ *und*
   $H_\mu(\mathcal{P} \vee \mathcal{Q} \mid \mathcal{R}) = H_\mu(\mathcal{P} \mid \mathcal{R}) + H_\mu(\mathcal{Q} \mid \mathcal{P} \vee \mathcal{R})$,
(2) $I_\mu(\mathcal{P} \vee \mathcal{Q}) = I_\mu(\mathcal{P}) + I_\mu(\mathcal{Q} \mid \mathcal{P})$ *und* $H_\mu(\mathcal{P} \vee \mathcal{Q}) = H_\mu(\mathcal{P}) + H_\mu(\mathcal{Q} \mid \mathcal{P})$,
(3) $\mathcal{P} \prec \mathcal{Q} \Rightarrow I_\mu(\mathcal{P} \mid \mathcal{T}) \leq I_\mu(\mathcal{Q} \mid \mathcal{T})$ *fast sicher und* $H_\mu(\mathcal{P} \mid \mathcal{T}) \leq H_\mu(\mathcal{Q} \mid \mathcal{T})$,
(4) $\mathcal{P} \prec \mathcal{Q} \Rightarrow I_\mu(\mathcal{P}) \leq I_\mu(\mathcal{Q})$ *und* $H_\mu(\mathcal{P}) \leq H_\mu(\mathcal{Q})$,
(5) $\mathcal{T} \supset \mathcal{U} \Rightarrow H_\mu(\mathcal{P} \mid \mathcal{T}) \leq H_\mu(\mathcal{P} \mid \mathcal{U})$ *und* $\mathcal{Q} \succ \mathcal{R} \Rightarrow H_\mu(\mathcal{P} \mid \mathcal{Q}) \leq H_\mu(\mathcal{P} \mid \mathcal{R})$,
(6) $H_\mu(\mathcal{P} \vee \mathcal{Q} \mid \mathcal{R}) \leq H_\mu(\mathcal{P} \mid \mathcal{R}) + H_\mu(\mathcal{Q} \mid \mathcal{R})$,
(7) $H_\mu(\mathcal{P} \vee \mathcal{Q}) \leq H_\mu(\mathcal{P}) + H_\mu(\mathcal{Q})$.

Beweis Es gilt $-\log \frac{\mu(A \cap C)}{\mu(C)} - \log \frac{\mu(A \cap B \cap C)}{\mu(A \cap C)} = -\log \frac{\mu(A \cap B \cap C)}{\mu(C)}$ für beliebige Mengen in $\mathcal{S}$, da wir $\frac{0}{0} = 1$ und $-\log 0 = \infty$ setzen. Multipliziert man diese Gleichung mit $1_{A \cap B \cap C}$ und summiert über $A \in \mathcal{P}$, $B \in \mathcal{Q}$ und $C \in \mathcal{R}$, so erhält man $I_\mu(\mathcal{P} \mid \mathcal{Q}) + I_\mu(\mathcal{Q} \mid \mathcal{P} \vee \mathcal{Q}) = I_\mu(\mathcal{P} \vee \mathcal{Q} \mid \mathcal{Q})$, die erste Gleichung von (1). Die zweite folgt aus der ersten durch Integration mit μ. Wählt man in (1) für $\mathcal{R}$ die triviale Zerlegung $\{X\}$, dann hat man (2).

Es gelte $\mathcal{P} \prec \mathcal{Q}$. Sei $A \in \mathcal{Q}$. Wir finden eine Menge $B \in \mathcal{P}$ mit $A \subset B$. Auf der Menge A gilt dann $I_\mu(\mathcal{Q} \mid \mathcal{T}) = -\log E(1_A \mid \mathcal{T}) \geq -\log E(1_B \mid \mathcal{T}) = I_\mu(\mathcal{P} \mid \mathcal{T})$ fast sicher, da aus $1_A \leq 1_B$

ja $E(1_A | \mathcal{T}) \le E(1_B | \mathcal{T})$ fast sicher folgt. Damit ist die erste Ungleichung von (3) gezeigt. Die zweite folgt aus der ersten durch Integration mit μ. Wählt man in (3) für $\mathcal{T}$ die σ-Algebra $\mathcal{N} = \{\varnothing, X\}$, dann erhält man (4).

Es gelte $\mathcal{T} \supset \mathcal{U}$. Da die Funktion Φ in Definition 3.2 wegen Lemma 3.3 konkav ist, folgt aus der Jensenschen Ungleichung (2.11), dass

$$E_\mu(\Phi \circ E_\mu(1_A | \mathcal{T}) | \mathcal{U}) \le \Phi \circ E_\mu(E_\mu(1_A | \mathcal{T}) | \mathcal{U}) = \Phi \circ E_\mu(1_A | \mathcal{U})$$

fast sicher gilt. Nun folgt $\sum_{A \in \mathcal{P}} \int \Phi \circ E_\mu(1_A | \mathcal{T}) \, d\mu \le \sum_{A \in \mathcal{P}} \int \Phi \circ E_\mu(1_A | \mathcal{U}) \, d\mu$, indem man mit μ integriert und über $A \in \mathcal{P}$ summiert. Damit ist $H_\mu(\mathcal{P} | \mathcal{T}) \le H_\mu(\mathcal{P} | \mathcal{U})$, die erste Aussage in (5). Die zweite Aussage in (5) folgt aus der ersten, da die von der feineren Zerlegung $\mathcal{Q}$ erzeugte σ-Algebra eine Obermenge der von der gröberen Zerlegung $\mathcal{P}$ erzeugten σ-Algebra ist.

Schließlich ergibt sich (6) als Folgerung aus (1) und (5), und (7) erhält man aus (6), wenn man $\mathcal{R} = \{X\}$ setzt. $\qquad \square$

3.3 Entropie einer Transformation

Für eine Zerlegung $\mathcal{P}$ von X definieren wir $T^{-k}\mathcal{P} = \{T^{-k}(A) : A \in \mathcal{P}\}$ für $k \ge 0$, wenn T nicht invertierbar ist, und für $k \in \mathbb{Z}$, wenn T invertierbar ist. Dadurch erhalten wir wieder Zerlegungen von X.

Lemma 3.9 Seien $(X, \mathcal{S}, \mu)$ ein Wahrscheinlichkeitsraum und $\mathcal{P}$ und $\mathcal{Q}$ Zerlegungen von X. Ist $T : X \longrightarrow X$ messbar und $\nu = T_*^k \mu$ das Bildmaß von μ unter T^k, dann gilt $I_\mu(T^{-k}\mathcal{P}) = I_\nu(\mathcal{P}) \circ T^k$, $H_\mu(T^{-k}\mathcal{P}) = H_\nu(\mathcal{P})$ und $H_\mu(T^{-k}\mathcal{P} | T^{-k}\mathcal{Q}) = H_\nu(\mathcal{P} | \mathcal{Q})$ für alle $k \ge 0$. Ist T invertierbar, dann gelten diese Aussagen für alle $k \in \mathbb{Z}$. Ist T eine maßtreue Transformation, dann gelten diese Aussagen mit $\nu = \mu$.

Beweis Es gilt $1_{T^{-k}(A)} = 1_A \circ T^k$ und $\mu(T^{-k}(A)) = \nu(A)$ für alle $A \in \mathcal{S}$ und für alle $k \ge 0$, wenn T nicht invertierbar ist, und für alle $k \in \mathbb{Z}$, wenn T invertierbar ist. Daraus folgen die behaupteten Gleichungen. Für maßtreues T gilt außerdem $T_* \mu = \mu$, d. h. heißt $\nu = \mu$. $\qquad \square$

Aus einer Zerlegung können wir neue Zerlegungen bilden, indem wir sie transformieren und die gemeinsame Verfeinerung der transformierten Zerlegungen bilden. Für $m \le n$, wobei $m \ge 0$ ist bei nicht invertierbarem T, gilt

$$\bigvee_{i=m}^{n} T^{-i}\mathcal{P} = T^{-m}\mathcal{P} \vee T^{-m-1}\mathcal{P} \vee \cdots \vee T^{-n}\mathcal{P} = \left\{\bigcap_{i=m}^{n} T^{-i}(A_i) : A_i \in \mathcal{P}\right\}.$$

Man kann $H_\mu(\bigvee_{i=0}^{n-1} \mathcal{P})$ als die durchschnittliche Information interpretieren, die man gewinnt, wenn man für jedes $x \in X$ verfolgt, in welchen Mengen von $\mathcal{P}$ die Punkte x, Tx, $\ldots$, $T^{n-1}x$ liegen. Der folgende Satz beschreibt die Entropie der Transformation T als die pro Zeiteinheit gewonnene durchschnittliche Information.

Definition 3.10 (Entropie einer Transformation bezüglich einer Zerlegung)

Sei $(X, \mathcal{S}, \mu, T)$ ein maßerhaltendes dynamisches System und $\mathcal{P}$ eine Zerlegung von X mit $H_\mu(\mathcal{P}) < \infty$. Die *Entropie von T bezüglich der Zerlegung $\mathcal{P}$* ist durch die Gleichung $h_\mu(T, \mathcal{P}) = \lim_{n\to\infty} \frac{1}{n} H_\mu(\bigvee_{i=0}^{n-1} T^{-i}\mathcal{P})$ definiert.

Zuerst müssen wir nachweisen, dass der Grenzwert in Definition 3.10 auch wirklich existiert.

Lemma 3.11 Es gilt $H_\mu(\bigvee_{i=0}^{n-1} T^{-i}\mathcal{P}) = H_\mu(\mathcal{P}) + \sum_{j=1}^{n-1} H_\mu(\mathcal{P} \mid \bigvee_{i=1}^{j} T^{-i}\mathcal{P})$ für alle Zerlegungen $\mathcal{P}$ von X mit endlicher Entropie und alle $n \geq 1$. Die Folge $\frac{1}{n} H_\mu(\bigvee_{i=0}^{n-1} T^{-i}\mathcal{P})$ ist monoton fallend, sodass $h_\mu(T, \mathcal{P})$ existiert.

Beweis Die erste Aussage beweist man mit Induktion. Für $n = 1$ ist sie trivial. Ist sie für $n = m$ bewiesen, dann gilt wegen Satz 3.8 (2) und Lemma 3.9

$$H_\mu\Big(\bigvee_{i=0}^{m} T^{-i}\mathcal{P}\Big) = H_\mu\Big(\bigvee_{i=1}^{m} T^{-i}\mathcal{P} \vee \mathcal{P}\Big) = H_\mu\Big(\bigvee_{i=1}^{m} T^{-i}\mathcal{P}\Big) + H_\mu\Big(\mathcal{P} \mid \bigvee_{i=0}^{m} T^{-i}\mathcal{P}\Big)$$

$$= H_\mu\Big(\bigvee_{i=0}^{m-1} T^{-i}\mathcal{P}\Big) + H_\mu\Big(\mathcal{P} \mid \bigvee_{i=1}^{m} T^{-i}\mathcal{P}\Big)$$

$$= H_\mu(\mathcal{P}) + \sum_{j=1}^{m-1} H_\mu\Big(\mathcal{P} \mid \bigvee_{i=1}^{j} T^{-i}\mathcal{P}\Big) + H_\mu\Big(\mathcal{P} \mid \bigvee_{i=1}^{m} T^{-i}\mathcal{P}\Big)$$

$$= H_\mu(\mathcal{P}) + \sum_{j=1}^{m} H_\mu\Big(\mathcal{P} \mid \bigvee_{i=1}^{j} T^{-i}\mathcal{P}\Big).$$

Damit ist die erste Aussage des Satzes gezeigt.

Aus dieser folgt $H_\mu(\bigvee_{i=0}^{n-1} T^{-i}\mathcal{P}) \geq n H_\mu(\mathcal{P} \mid \bigvee_{i=1}^{n} T^{-i}\mathcal{P})$ mit Satz 3.8 (5). Da $H_\mu(\bigvee_{i=0}^{n-1} T^{-i}\mathcal{P}) = H_\mu(\bigvee_{i=1}^{n} T^{-i}\mathcal{P})$ wegen Lemma 3.9 gilt, folgt aus Satz 3.8 (2), dass $H_\mu(\bigvee_{i=0}^{n} T^{-i}\mathcal{P}) = H_\mu(\bigvee_{i=0}^{n-1} T^{-i}\mathcal{P}) + H_\mu(\mathcal{P} \mid \bigvee_{i=1}^{n} T^{-i}\mathcal{P})$ ist. Beides zusammen ergibt

$$H_\mu\Big(\bigvee_{i=0}^{n} T^{-i}\mathcal{P}\Big) \leq H_\mu\Big(\bigvee_{i=0}^{n-1} T^{-i}\mathcal{P}\Big) + \frac{1}{n} H_\mu\Big(\bigvee_{i=0}^{n-1} T^{-i}\mathcal{P}\Big) = \frac{n+1}{n} H_\mu\Big(\bigvee_{i=0}^{n-1} T^{-i}\mathcal{P}\Big).$$

Für jedes $n \geq 1$ ist also $\frac{1}{n+1} H_\mu(\bigvee_{i=0}^{n} T^{-i}\mathcal{P}) \leq \frac{1}{n} H_\mu(\bigvee_{i=0}^{n-1} T^{-i}\mathcal{P})$, womit das Lemma bewiesen ist. $\square$

Wir können $h_\mu(T, \mathcal{P})$ auch noch auf eine andere Art berechnen.

Satz 3.12 *Sei* $(X, \mathcal{S}, \mu, T)$ *ein maßerhaltendes dynamisches System. Dann gilt* $h_\mu(T, \mathcal{P}) = \lim_{n \to \infty} H_\mu(\mathcal{P} \mid \bigvee_{i=1}^{n} T^{-i}\mathcal{P})$ *für alle Zerlegungen* $\mathcal{P}$ *von* X *mit endlicher Entropie.*

Beweis Wegen Satz 3.8 (5) bildet $H_\mu(\mathcal{P} \mid \bigvee_{i=1}^{n} T^{-i}\mathcal{P})$ eine in n monoton fallende Folge. Da sie auch ≥ 0 ist, existiert $\lim_{n \to \infty} H_\mu(\mathcal{P} \mid \bigvee_{i=1}^{n} T^{-i}\mathcal{P})$. Somit gilt auch $\lim_{n \to \infty} \frac{1}{n} \sum_{j=1}^{n-1} H_\mu(\mathcal{P} \mid \bigvee_{i=1}^{j} T^{-i}\mathcal{P}) = \lim_{n \to \infty} H_\mu(\mathcal{P} \mid \bigvee_{i=1}^{n} T^{-i}\mathcal{P})$. Nun folgt $h_\mu(T, \mathcal{P}) = \lim_{n \to \infty} \frac{1}{n} H_\mu(\mathcal{P}) + \lim_{n \to \infty} \frac{1}{n} \sum_{j=1}^{n-1} H_\mu(\mathcal{P} \mid \bigvee_{i=1}^{j} T^{-i}\mathcal{P})$ aus Lemma 3.11, woraus wir $h_\mu(T, \mathcal{P}) = \lim_{n \to \infty} H_\mu(\mathcal{P} \mid \bigvee_{i=1}^{n} T^{-i}\mathcal{P})$ erhalten. $\square$

Im folgenden Satz sind die wichtigsten Eigenschaften dieser Entropie zusammengefasst.

Satz 3.13 *Sei* $(X, \mathcal{S}, \mu, T)$ *ein maßerhaltendes dynamisches System. Ist* $\mathcal{P}$ *eine Zerlegung von* X *mit* $H_\mu(\mathcal{P}) < \infty$, *dann gilt* $h_\mu(T, \mathcal{P}) \leq H_\mu(\mathcal{P})$ *und* $h_\mu(T, \mathcal{P}) = h_\mu(T, \bigvee_{i=0}^{k} T^{-i}\mathcal{P})$ *für alle* $k \geq 1$. *Sind* $\mathcal{P}$ *und* $\mathcal{Q}$ *Zerlegungen von* X *mit endlicher Entropie und* $\mathcal{P} \prec \mathcal{Q}$, *dann gilt* $h_\mu(T, \mathcal{P}) \leq h_\mu(T, \mathcal{Q})$.

Beweis Für $n \geq 1$ gilt $\frac{1}{n} H_\mu(\bigvee_{i=0}^{n-1} T^{-i}\mathcal{P}) \leq \frac{1}{n} \sum_{i=0}^{n-1} H_\mu(T^{-i}\mathcal{P}) = H_\mu(\mathcal{P})$ wegen Satz 3.8 (7) und Lemma 3.9. Mit $n \to \infty$ erhält man $h_\mu(T, \mathcal{P}) \leq H_\mu(\mathcal{P})$.

Sei $k \geq 1$. Es gilt $\frac{1}{n} H_\mu(\bigvee_{i=0}^{n-1} T^{-i}(\bigvee_{j=0}^{k} T^{-j}\mathcal{P})) = \frac{n+k}{n} \frac{1}{n+k} H_\mu(\bigvee_{i=0}^{n+k-1} T^{-i}\mathcal{P})$ für $n \geq 1$. Es folgt $h_\mu(T, \bigvee_{i=0}^{k} T^{-i}\mathcal{P}) = h_\mu(T, \mathcal{P})$ durch Grenzübergang $n \to \infty$.

Es gelte $\mathcal{P} \prec \mathcal{Q}$. Dann gilt auch $\bigvee_{i=0}^{n-1} T^{-i}\mathcal{P} \prec \bigvee_{i=0}^{n-1} T^{-i}\mathcal{Q}$ für alle $n \geq 1$. Wegen Satz 3.8 (4) folgt $\frac{1}{n} H_\mu(\bigvee_{i=0}^{n-1} T^{-i}\mathcal{P}) \leq \frac{1}{n} H_\mu(\bigvee_{i=0}^{n-1} T^{-i}\mathcal{Q})$ und daraus $h_\mu(T, \mathcal{P}) \leq h_\mu(T, \mathcal{Q})$ durch Grenzübergang $n \to \infty$. $\square$

Durch $\rho(\mathcal{P}, \mathcal{Q}) = \max(H_\mu(\mathcal{P} \mid \mathcal{Q}), H_\mu(\mathcal{Q} \mid \mathcal{P}))$ ist eine Metrik auf der Menge aller Zerlegungen von X mit endlicher Entropie definiert (wobei Zerlegungen identifiziert werden, die $(\mathrm{mod}\ \mu)$ übereinstimmen). Der folgende Satz zeigt, dass für alle derartigen Zerlegungen $|h_\mu(T, \mathcal{P}) - h_\mu(T, \mathcal{Q})| \leq \rho(\mathcal{P}, \mathcal{Q})$ gilt.

Satz 3.14 *Sei* $(X, \mathcal{S}, \mu, T)$ *ein maßerhaltendes dynamisches System. Für Zerlegungen* $\mathcal{P}$ *und* $\mathcal{Q}$ *von* X *mit endlicher Entropie gilt dann* $h_\mu(T, \mathcal{P}) \leq h_\mu(T, \mathcal{Q}) + H_\mu(\mathcal{P} \mid \mathcal{Q})$.

Beweis Wir erhalten mit Hilfe von Satz 3.8 und Lemma 3.9

$$
H_\mu\Big(\bigvee_{i=0}^{n-1} T^{-i}\mathcal{P}\Big) \le H_\mu\Big(\bigvee_{i=0}^{n-1} T^{-i}\mathcal{P} \vee \bigvee_{i=0}^{n-1} T^{-i}\mathcal{Q}\Big)
$$

$$
= H_\mu\Big(\bigvee_{i=0}^{n-1} T^{-i}\mathcal{Q}\Big) + H_\mu\Big(\bigvee_{i=0}^{n-1} T^{-i}\mathcal{P} \,\Big|\, \bigvee_{i=0}^{n-1} T^{-i}\mathcal{Q}\Big)
$$

$$
\le H_\mu\Big(\bigvee_{i=0}^{n-1} T^{-i}\mathcal{Q}\Big) + \sum_{i=0}^{n-1} H_\mu\Big(T^{-i}\mathcal{P} \,\Big|\, \bigvee_{i=0}^{n-1} T^{-i}\mathcal{Q}\Big)
$$

$$
\le H_\mu\Big(\bigvee_{i=0}^{n-1} T^{-i}\mathcal{Q}\Big) + \sum_{i=0}^{n-1} H_\mu\big(T^{-i}\mathcal{P} \,\big|\, T^{-i}\mathcal{Q}\big)
$$

$$
= H_\mu\Big(\bigvee_{i=0}^{n-1} T^{-i}\mathcal{Q}\Big) + n H_\mu\big(\mathcal{P} \,\big|\, \mathcal{Q}\big).
$$

Division durch n und Grenzübergang $n \to \infty$ ergibt die gesuchte Abschätzung. □

Schließlich definieren wir die Entropie einer maßtreuen Transformation.

Definition 3.15 (Entropie einer Transformation)

Sei $(X, \mathcal{S}, \mu, T)$ ein maßerhaltendes dynamisches System. Die *Entropie* $h_\mu(T)$ *der Transformation* T definiert man als Supremum von $h_\mu(T, \mathcal{P})$, wobei man das Supremum über alle endlichen Zerlegungen $\mathcal{P}$ von X nimmt.

▶ **Bemerkung 3.16 (Definition der Entropie mit Hilfe von Zerlegungen mit endlicher Entropie)** Man kann $h_\mu(T)$ auch als Supremum von $h_\mu(T, \mathcal{P})$ über alle abzählbare Zerlegungen $\mathcal{P}$ von X mit endlicher Entropie definieren. Dazu sei $\mathcal{P}$ eine abzählbare Zerlegung von X mit $H_\mu(\mathcal{P}) < \infty$ und $\varepsilon > 0$. Sei $\mathcal{R}$ eine Teilmenge von $\mathcal{P}$ sodass $\mathcal{P} \setminus \mathcal{R}$ endlich ist und $\sum_{A \in \mathcal{R}} \Phi(\mu(A)) < \varepsilon$ gilt (vgl. Definition 3.2). Sei $C = \bigcup_{A \in \mathcal{R}} A$ und $\mathcal{Q} = \{C\} \cup (\mathcal{P} \setminus \mathcal{R})$. Dann gilt $H_\mu(\mathcal{P} \,|\, \mathcal{Q}) = -\sum_{A \in \mathcal{R}} \mu(A) \log \frac{\mu(A)}{\mu(C)} = \mu(C) \log \mu(C) - \sum_{A \in \mathcal{R}} \mu(A) \log \mu(A) < \varepsilon$, und $\mathcal{Q}$ ist natürlich eine endliche Zerlegung von X. Aus Satz 3.14 erhalten wir $h_\mu(T, \mathcal{P}) \le h_\mu(T, \mathcal{Q}) + \varepsilon$. Da $\varepsilon > 0$ beliebig war, ist das Supremum von $h_\mu(T, \mathcal{P})$ über alle abzählbaren Zerlegungen $\mathcal{P}$ von X mit $H_\mu(\mathcal{P}) < \infty$ gleich dem Supremum von $h_\mu(T, \mathcal{Q})$ über alle endlichen Zerlegungen $\mathcal{Q}$ von X.

Satz 3.17 *Sei $(X, \mathcal{S}, \mu, T)$ ein maßerhaltendes dynamisches System. Für $k \ge 1$ gilt dann $h_\mu(T^k) = k h_\mu(T)$. Ist T invertierbar, dann gilt $h_\mu(T^{-1}) = h_\mu(T)$.*

Beweis Für jede endliche Zerlegung $\mathcal{P}$ von X gilt

$$
\frac{1}{n} H_\mu\Big(\bigvee_{j=0}^{n-1} T^{-kj}\Big(\bigvee_{i=0}^{k-1} T^{-i}\mathcal{P}\Big)\Big) = \frac{k}{kn} H_\mu\Big(\bigvee_{i=0}^{nk-1} T^{-i}\mathcal{P}\Big)
$$

für alle $n \ge 1$. Damit erhalten wir $h_\mu(T^k, \bigvee_{i=0}^{k-1} T^{-i}\mathcal{P}) = k h_\mu(T, \mathcal{P})$ mit $n \to \infty$.

Einerseits folgt daraus $h_\mu(T^k) \geq k h_\mu(T,\mathcal{P})$ für jede endliche Zerlegung $\mathcal{P}$ von X. Daraus ergibt sich dann $h_\mu(T^k) \geq k h_\mu(T)$.

Andererseits folgt $k h_\mu(T) \geq h_\mu(T^k, \bigvee_{i=0}^{k-1}\mathcal{P}) \geq h_\mu(T^k,\mathcal{P})$ für jede endliche Zerlegung $\mathcal{P}$ von X, wobei auch Satz 3.13 verwendet wurde. Daraus ergibt sich dann $k h_\mu(T) \geq h_\mu(T^k)$.

Sei schließlich T invertierbar und $S = T^{-1}$. Für eine endliche Zerlegung $\mathcal{P}$ von X folgt $H_\mu(\bigvee_{i=0}^{n-1} T^{-i}\mathcal{P}) = H_\mu(S^{-(n-1)}(\bigvee_{i=0}^{n-1} T^{-i}\mathcal{P})) = H_\mu(\bigvee_{i=0}^{n-1} S^{-i}\mathcal{P})$ aus Lemma 3.9. Daraus ergibt sich $h_\mu(T,\mathcal{P}) = h_\mu(S,\mathcal{P})$. Indem man $\mathcal{P}$ variiert, erhält man $h_\mu(T) = h_\mu(S)$. □

3.4 Der Ergodensatz der Informationstheorie

Im letzten Kapitel haben wir für jede maßtreue Transformation T auf einem Wahrscheinlichkeitsraum $(X,\mathcal{S},\mu)$ und jede endliche Zerlegung $\mathcal{P}$ von X die Gleichung $h(T,\mathcal{P}) = \lim_{n\to\infty} \frac{1}{n} H_\mu(\bigvee_{i=1}^n T^{-i}\mathcal{P}) = \lim_{n\to\infty} \frac{1}{n}\int I_\mu(\bigvee_{i=1}^n T^{-i}\mathcal{P})\,d\mu$ bewiesen. In diesem Kapitel wollen wir zeigen, dass unter der Voraussetzung der Ergodizität von T die viel stärkere Aussage $\lim_{n\to\infty} \frac{1}{n} I_\mu(\bigvee_{i=1}^n T^{-i}\mathcal{P}) = h_\mu(T,\mathcal{P})$ μ-f.ü. gilt. Für nichtergodisches T erhalten wir eine zum individuellen Ergodensatz analoge Aussage über die fast sichere Konvergenz von $\frac{1}{n} I_\mu(\bigvee_{i=1}^n T^{-i}\mathcal{P})$ gegen die bedingte Erwartung $E(g\,|\,\mathcal{S}^T)$ der Funktion $g = I_\mu(\mathcal{P}\,|\,T^{-1}\mathcal{P}^-)$, wobei $\mathcal{P}^-$ die durch $\bigcup_{j=0}^\infty (\bigvee_{i=0}^j T^{-i}\mathcal{P})$ erzeugte σ-Algebra ist.

Für den Beweis dieser Aussage benötigen wir die fast sichere Konvergenz der bedingten Erwartungen $E(f\,|\,\mathcal{T}_n)$ einer Funktion $f \in \mathcal{L}_1(\mu)$ bezüglich einer aufsteigenden Folge von Teil-σ-Algebren $(\mathcal{T}_n)_{n\geq 1}$ von $\mathcal{S}$. Derartige Konvergenzaussagen werden in der Wahrscheinlichkeitstheorie als *Martingalsätze* bezeichnet.

Lemma 3.18 (Maximallemma) Sei $(X,\mathcal{S},\mu)$ ein Wahrscheinlichkeitsraum und $\mathcal{T}_1 \subset \mathcal{T}_2 \subset \mathcal{T}_3 \subset \dots$ eine aufsteigende Folge von Teil-σ-Algebren von $\mathcal{S}$. Sei $t > 0$ und $f \in \mathcal{L}_1(\mu)$. Dann gilt $\mu(R) \leq \frac{1}{t}\int |f|\,d\mu$, wobei $R = \{x \in X : \sup_{n\geq 1} E_\mu(f\,|\,\mathcal{T}_n) > t\}$ ist.

Beweis Wir können offensichtlich voraussetzen, dass $f \geq 0$ ist. Für $k \geq 1$ sei R_k die Teilmenge von X, auf der $E_\mu(f\,|\,\mathcal{T}_k) > t$ und $E_\mu(f\,|\,\mathcal{T}_n) \leq t$ für $1 \leq n < k$ gilt. Die Mengen R_k mit $k \geq 1$ bilden dann eine Zerlegung von R. Wegen $\mathcal{T}_1 \subset \mathcal{T}_2 \subset \dots \subset \mathcal{T}_k$ ist $E_\mu(f\,|\,\mathcal{T}_n)$ für $1 \leq n \leq k$ messbar bezüglich $\mathcal{T}_k$, sodass $R_k \in \mathcal{T}_k$ gilt. Da $1_{R_k} E_\mu(f\,|\,\mathcal{T}_k) = E_\mu(1_{R_k} f\,|\,\mathcal{T}_k) \geq t 1_{R_k}$ ist, folgt aus der Definition der bedingten Erwartung, dass $\int 1_{R_k} f\,d\mu = \int 1_{R_k} E_\mu(f\,|\,\mathcal{T}_k)\,d\mu \geq t\mu(R_k)$ für alle $k \geq 1$. Summation über k ergibt $\int 1_R f\,d\mu \geq t\mu(R)$. Wegen $f \geq 0$ gilt auch $1_R f \leq f$, womit $\mu(R) \leq \frac{1}{t}\int 1_R f\,d\mu \leq \frac{1}{t}\int f\,d\mu$ folgt. □

Satz 3.19 (Aufsteigender Martingalsatz) *Seien $(X,\mathcal{S},\mu)$ ein Wahrscheinlichkeitsraum und $\mathcal{T}_1 \subset \mathcal{T}_2 \subset \mathcal{T}_3 \subset \dots$ eine aufsteigende Folge von Teil-σ-Algebren von $\mathcal{S}$. Sei $\mathcal{T}_\infty$ die von*

$\bigcup_{n=1}^\infty \mathfrak{T}_n$ *erzeugte σ-Algebra. Für $f \in \mathcal{L}_1(\mu)$ gilt dann $\lim_{n\to\infty} E_\mu(f \mid \mathfrak{T}_n) = E_\mu(f \mid \mathfrak{T}_\infty)$*
fast sicher.

Beweis Sei $\mathcal{T} = \bigcup_{n=1}^\infty \mathfrak{T}_n$ und $\mathcal{U}$ die Menge aller $A \in \mathcal{S}$ mit der Eigenschaft, dass für jedes $\varepsilon > 0$ ein $G \in \mathcal{T}$ existiert mit $\mu(A \triangle G) < \varepsilon$. Wir zeigen, dass $\mathcal{U}$ eine σ-Algebra ist.

Wegen $\varnothing \in \mathcal{T}$ gilt auch $\varnothing \in \mathcal{U}$. Ist A in $\mathcal{U}$, dann auch A^c, da mit G auch G^c in $\mathcal{T}$ liegt und $A \triangle G = A^c \triangle G^c$ gilt. Um die dritte Eigenschaft einer σ-Algebra zu zeigen, seien $A_1, A_2, \ldots$ in $\mathcal{U}$ und $A = \bigcup_{k=1}^\infty A_k$. Für jedes $\varepsilon > 0$ existiert ein $r \geq 1$ mit $\mu(A \setminus \bigcup_{k=1}^r A_k) < \frac{\varepsilon}{2}$ und Mengen $G_1, G_2, \ldots, G_r$ in $\mathcal{T}$ mit $\mu(A_k \triangle G_k) < \frac{\varepsilon}{2r}$ für $1 \leq k \leq r$. Sei $G = \bigcup_{k=1}^r G_k$. Wegen $\mathfrak{T}_1 \subset \mathfrak{T}_2 \subset \ldots$ existiert ein n mit $G_k \in \mathfrak{T}_n$ für $1 \leq k \leq r$, sodass auch G in $\mathfrak{T}_n$ und damit in $\mathcal{T}$ liegt. Es folgt $\mu(A \triangle G) \leq \mu(A \setminus \bigcup_{k=1}^r A_k) + \sum_{k=1}^r \mu(A_k \triangle G_k) < \varepsilon$, womit $A \in \mathcal{U}$ gezeigt ist.

Somit ist $\mathcal{U}$ eine σ-Algebra, die $\mathcal{T}$ enthält. Da $\mathfrak{T}_\infty$ von $\mathcal{T}$ erzeugt wird, gilt auch $\mathfrak{T}_\infty \subset \mathcal{U}$.

Es sei nun $f \in \mathcal{L}_1(\mu)$. Wir setzen $g = E(f \mid \mathfrak{T}_\infty)$ und erhalten, dass für jedes $n \geq 1$ $E(f \mid \mathfrak{T}_n) = E(g \mid \mathfrak{T}_n) \pmod \mu$ gilt. Zu jedem $\varepsilon > 0$ gibt es eine $\mathfrak{T}_\infty$-messbare Elementar-funktion $h = \sum_{j=1}^s c_j 1_{A_j}$ mit $\int |g - h| \, d\mu < \frac{\varepsilon}{2}$. Aus der Definition von $\mathcal{U}$ und der Tatsache, dass $\mathfrak{T}_\infty \subset \mathcal{U}$ ist, folgt nun, dass es Mengen $G_j \in \mathcal{T}$ mit $\mu(A_j \triangle G_j) < \frac{\varepsilon}{2s|c_j|}$ gibt. Für die Funktion $\tilde{h} = \sum_{j=1}^s c_j 1_{G_j}$ gilt dann $\int |\tilde{h} - h| \, d\mu < \frac{\varepsilon}{2}$ und daher auch $\int |g - \tilde{h}| \, d\mu < \varepsilon$. Wegen $\mathfrak{T}_1 \subset \mathfrak{T}_2 \subset \mathfrak{T}_3 \subset \ldots$ existiert ein n_0, sodass $\tilde{h}$ messbar bezüglich $\mathfrak{T}_{n_0}$ ist, woraus $E_\mu(\tilde{h} \mid \mathfrak{T}_n) = \tilde{h}$ für $n \geq n_0$ folgt. Damit ist auch

$$\int |g - E(f \mid \mathfrak{T}_n)| \, d\mu \leq \int |g - \tilde{h}| \, d\mu + \int |\tilde{h} - E(\tilde{h} \mid \mathfrak{T}_n)| \, d\mu + \int |E(\tilde{h} - g \mid \mathfrak{T}_n)| \, d\mu < 2\varepsilon$$

für $n \geq n_0$. Indem wir ε variieren, erhalten wir $\lim_{n\to\infty} \int |g - E(f \mid \mathfrak{T}_n)| \, d\mu = \lim_{n\to\infty} \int |g - E(g \mid \mathfrak{T}_n)| \, d\mu = 0$.

Mit Hilfe des Maximallemmas 3.18 können wir nun die fast sichere Konvergenz bewei-sen. Es gilt

$$\mu(\{x : \limsup_n |E(f \mid \mathfrak{T}_n) - E(f \mid \mathfrak{T})| > \varepsilon^{1/2}\})$$

$$= \mu(\{x : \limsup_n |E(g \mid \mathfrak{T}_n) - g| > \varepsilon^{1/2}\})$$

$$\leq \mu(\{x : \limsup_n |E((g - \tilde{h}) \mid \mathfrak{T}_n) - (g - \tilde{h})| + |E(\tilde{h} \mid \mathfrak{T}_n) - \tilde{h}| > \varepsilon^{1/2}\})$$

$$\leq \mu(\{x : \sup_n |E((g - \tilde{h}) \mid \mathfrak{T}_n)| + |g - \tilde{h}| > \varepsilon^{1/2}\})$$

$$\leq \mu(\{x : \sup_n |E((g - \tilde{h}) \mid \mathfrak{T}_n)| > \varepsilon^{1/2}/2\}) + \mu(\{x : |g - \tilde{h}| > \varepsilon^{1/2}/2\})$$

$$\leq (2/\varepsilon^{1/2}) \int |g - \tilde{h}| \, d\mu + (2/\varepsilon^{1/2}) \int |g - \tilde{h}| \, d\mu \leq 4\varepsilon^{1/2}.$$

Da ε beliebig ist, folgt $\limsup_n |E(f \mid \mathfrak{T}_n) - E(f \mid \mathfrak{T}_\infty)| = 0$, wie behauptet. $\qquad\square$

Lemma 3.20 Sei $(X, \mathcal{S}, \mu)$ ein Wahrscheinlichkeitsraum und $\mathcal{P}$ eine Zerlegung von X mit $H_\mu(\mathcal{P}) < \infty$. Für jede aufsteigende Folge $\mathcal{T}_1 \subset \mathcal{T}_2 \subset \mathcal{T}_3 \subset \dots$ von Teil-σ-Algebren von $\mathcal{S}$ gilt $\int \sup_{n \geq 1} I_\mu(\mathcal{P} \,|\, \mathcal{T}_n)\, d\mu \leq H_\mu(\mathcal{P}) + 1$.

Beweis Für $A \in \mathcal{P}$ und $n \geq 1$ sei $f_{n,A} = -\log E(1_A \,|\, \mathcal{T}_n)$. Weiterhin definieren wir $R_{n,A}(t) = \{x \in X : f_{1,A} \leq t, \dots, f_{n-1,A} \leq t, f_{n,A} > t\}$ für $t > 0$. Da die Funktion $f_{k,A}$ messbar bezüglich $\mathcal{T}_k$ ist und $\mathcal{T}_1 \subset \mathcal{T}_2 \subset \mathcal{T}_3 \subset \dots$ gilt, liegt die Menge $R_{n,A}(t)$ in $\mathcal{T}_n$. Aus den Eigenschaften der bedingten Erwartung folgt daher $\mu(A \cap R_{n,A}(t)) = \int_{R_{n,A}(t)} E(1_A \,|\, \mathcal{T}_n)\, d\mu = \int_{R_{n,A}(t)} e^{-f_{n,A}}\, d\mu < e^{-t} \mu(R_{n,A}(t))$.

Sei $f^* = \sup_{n \geq 1} I_\mu(\mathcal{P} \,|\, \mathcal{T}_n)$ und $C_t = \{x \in X : f^*(x) > t\}$ für $t > 0$. Da $A \cap C_t$ die disjunkte Vereinigung der Mengen $A \cap R_{n,A}(t)$ über $n \geq 1$ ist, erhalten wir $\mu(A \cap C_t) = \sum_{n=1}^\infty \mu(A \cap R_{n,A}(t)) \leq e^{-t} \sum_{n=1}^\infty \mu(R_{n,A}(t)) \leq e^{-t}$. Da auch $\mu(A \cap C_t) \leq \mu(A)$ gilt, ergibt sich $\int_0^\infty \mu(A \cap C_t)\, dt \leq \int_0^\infty \min(\mu(A), e^{-t})\, dt = \int_0^{-\log \mu(A)} \mu(A)\, dt + \int_{-\log \mu(A)}^\infty e^{-t}\, dt = -\mu(A) \log \mu(A) + \mu(A)$. Summiert man über $A \in \mathcal{P}$, dann erhält man $\int_0^\infty \mu(C_t)\, dt \leq H_\mu(\mathcal{P}) + 1$. Aus dem Satz von Fubini folgt $\int f^*\, d\mu = \int \int 1_{[0, f^*(x))}(t)\, dt\, d\mu(x) = \int \int 1_{C_t}(x)\, d\mu(x)\, dt = \int_0^\infty \mu(C_t)\, dt$, sodass $\int f^*\, d\mu \leq H_\mu(\mathcal{P}) + 1$ bewiesen ist. $\qquad\square$

Jetzt können wir einen Stetigkeitssatz für die bedingte Information beweisen.

Satz 3.21 *Seien $(X, \mathcal{S}, \mu)$ ein Wahrscheinlichkeitsraum und $\mathcal{P}$ eine Zerlegung von X mit $H_\mu(\mathcal{P}) < \infty$. Seien $\mathcal{T}_1 \subset \mathcal{T}_2 \subset \mathcal{T}_3 \subset \dots$ eine aufsteigende Folge von Teil-σ-Algebren von $\mathcal{S}$ und $\mathcal{T}_\infty$ die von $\bigcup_{n=1}^\infty \mathcal{T}_n$ erzeugte σ-Algebra. Dann konvergiert $I_\mu(\mathcal{P} \,|\, \mathcal{T}_n)$ mit $n \to \infty$ fast sicher und in $\mathcal{L}_1(\mu)$ gegen $I_\mu(\mathcal{P} \,|\, \mathcal{T}_\infty)$. Des Weiteren gilt $\lim_{n \to \infty} H_\mu(\mathcal{P} \,|\, \mathcal{T}_n) = H_\mu(\mathcal{P} \,|\, \mathcal{T}_\infty)$.*

Beweis Für jedes $A \in \mathcal{P}$ gilt $\lim_{n \to \infty} E(1_A \,|\, \mathcal{T}_n) = E(1_A \,|\, \mathcal{T}_\infty)$ fast sicher nach Satz 3.19. Daraus folgt, dass auch $I_\mu(\mathcal{P} \,|\, \mathcal{T}_n)$ für $n \to \infty$ fast sicher gegen $I_\mu(\mathcal{P} \,|\, \mathcal{T}_\infty)$ konvergiert.

Sei $f^* = \sup_{n \geq 1} I_\mu(\mathcal{P} \,|\, \mathcal{T}_n)$. Dann gilt $|I_\mu(\mathcal{P} \,|\, \mathcal{T}_n) - I_\mu(\mathcal{P} \,|\, \mathcal{T}_\infty)| \leq 2 f^*$ fast sicher für alle $n \geq 1$. Nach Lemma 3.20 gilt $\int f^*\, d\mu < \infty$. Daher folgt die Konvergenz von $I_\mu(\mathcal{P} \,|\, \mathcal{T}_n)$ für $n \to \infty$ gegen $I_\mu(\mathcal{P} \,|\, \mathcal{T}_\infty)$ in $\mathcal{L}_1(\mu)$ aus dem Satz über dominierte Konvergenz. Daraus erhalten wir dann auch $\lim_{n \to \infty} \int I_\mu(\mathcal{P} \,|\, \mathcal{T}_n)\, d\mu = \int I_\mu(\mathcal{P} \,|\, \mathcal{T}_\infty)\, d\mu$. Das beweist die letzte Behauptung. $\qquad\square$

Satz 3.22 (Ergodensatz der Informationstheorie) *Sei $(X, \mathcal{S}, \mu, T)$ ein maßerhaltendes dynamisches System. Seien $\mathcal{P}$ eine Zerlegung von X mit $H_\mu(\mathcal{P}) < \infty$ und $\mathcal{P}^-$ die von der Menge $\bigcup_{j=0}^\infty \left(\bigvee_{i=0}^j T^{-i} \mathcal{P} \right)$ erzeugte σ-Algebra. Ist $\mathcal{S}^T$ die σ-Algebra der T-invarianten Teilmengen und $g = I_\mu(\mathcal{P} \,|\, T^{-1} \mathcal{P}^-)$, so konvergiert $\frac{1}{n} I_\mu\left(\bigvee_{i=0}^{n-1} T^{-i} \mathcal{P} \right)$ für $n \to \infty$ fast* *sicher und in $\mathcal{L}_1(\mu)$ gegen $E_\mu(g \mid \mathcal{S}^T)$. Außerdem gilt*

$$h_\mu(T, \mathcal{P}) = \lim_{n \to \infty} \frac{1}{n} H_\mu\left(\bigvee_{i=0}^{n-1} T^{-i}\mathcal{P}\right) = \int E_\mu(g \mid \mathcal{S}^T)\, d\mu = \int g\, d\mu. \qquad (3.4)$$

Ist T ergodisch, dann gilt $E_\mu(g \mid \mathcal{S}^T) = h_\mu(T, \mathcal{P})$ fast sicher.

Beweis Mit Hilfe von Satz 3.8 (1) und Lemma 3.9 erhalten wir für $n \geq 1$

$$I_\mu\left(\bigvee_{i=0}^{n-1} T^{-i}\mathcal{P}\right) = I_\mu\left(\mathcal{P} \vee \bigvee_{i=0}^{n-1} T^{-i}\mathcal{P}\right)$$

$$= I_\mu\left(\bigvee_{i=1}^{n-1} T^{-i}\mathcal{P}\right) + I_\mu\left(\mathcal{P} \mid \bigvee_{i=1}^{n-1} T^{-i}\mathcal{P}\right)$$

$$= I_\mu\left(\bigvee_{i=0}^{n-2} T^{-i}\mathcal{P}\right) \circ T + I_\mu\left(\mathcal{P} \mid \bigvee_{i=1}^{n-1} T^{-i}\mathcal{P}\right).$$

Durch wiederholtes Anwenden dieser Gleichung ergibt sich

$$I_\mu\left(\bigvee_{i=0}^{n-1} T^{-i}\mathcal{P}\right) = \sum_{k=0}^{n-1} I_\mu\left(\mathcal{P} \mid \bigvee_{i=1}^{n-k-1} T^{-i}\mathcal{P}\right) \circ T^k,$$

wobei $\bigvee_{i=1}^{0} \mathcal{P} = \{X\}$ zu setzen ist. Sei $h_j = I_\mu(\mathcal{P} \mid \bigvee_{i=1}^{j} T^{-i}\mathcal{P}) - I_\mu(\mathcal{P} \mid T^{-1}\mathcal{P}^-)$ für $j \geq 0$ und $g = I_\mu(\mathcal{P} \mid T^{-1}\mathcal{P}^-)$. Es gilt $I_\mu(\bigvee_{i=0}^{n-1} T^{-i}\mathcal{P}) = S_n + R_n$ mit $S_n = \sum_{k=0}^{n-1} g \circ T^k$ und $R_n = \sum_{k=0}^{n-1} h_{n-k-1} \circ T^k$. Wegen $\int g\, d\mu = H_\mu(\mathcal{P} \mid T^{-1}\mathcal{P}^-) \leq H_\mu(\mathcal{P}) < \infty$ erhalten wir $\lim_{n \to \infty} \frac{1}{n} S_n = E_\mu(g \mid \mathcal{S}^T)$ fast sicher und in $\mathcal{L}_1(\mu)$ aus den Ergodensätzen. Es bleibt also zu zeigen, dass $\lim_{n \to \infty} \frac{1}{n} R_n = 0$ fast sicher und in $\mathcal{L}_1(\mu)$ gilt. Wegen $\int \left|\frac{1}{n} R_n\right| d\mu \leq \frac{1}{n} \sum_{k=0}^{n-1} \int |h_{n-k-1}|\, d\mu$ folgt die $\mathcal{L}_1(\mu)$-Konvergenz unmittelbar aus Satz 3.21, der besagt, dass h_j für $j \to \infty$ in $\mathcal{L}_1(\mu)$ gegen 0 konvergiert.

Sei $f_m = \sup_{j \geq m} |h_j|$ für $m \geq 0$ und $f^* = \sup_{j \geq 0} I_\mu(\mathcal{P} \mid \bigvee_{i=1}^{j} T^{-i}\mathcal{P})$. Wegen Satz 3.21 gilt $\lim_{j \to \infty} h_j = 0$ fast sicher. Daraus folgt $\lim_{m \to \infty} f_m = 0$ fast sicher und $f_m \leq 2f^*$ fast sicher für alle $m \geq 0$. Da auch $\int f^*\, d\mu < \infty$ nach Lemma 3.20 gilt, erhalten wir $\lim_{m \to \infty} \int f_m\, d\mu = 0$ aus dem Satz über dominierte Konvergenz und damit auch $\lim_{m \to \infty} \int E_\mu(f_m \mid \mathcal{S}^T)\, d\mu = 0$. Da die Folge f_m und somit auch $E_\mu(f_m \mid \mathcal{S}^T)$ monoton fallend in m ist, ist $\lim_{m \to \infty} E_\mu(f_m \mid \mathcal{S}^T) = 0$ fast sicher.

Sei $m \geq 1$. Es gilt $|R_n| \leq \sum_{k=0}^{n-1} |h_{n-k-1}| \circ T^k$. Durch Aufspalten der Summe erhalten wir $\frac{1}{n}|R_n| \leq \frac{1}{n} \sum_{k=0}^{n-m-1} f_m \circ T^k + \frac{1}{n} \sum_{k=n-m}^{n-1} f_0 \circ T^k$ für $n \geq m$. Aus dem Ergodensatz folgt jetzt $\limsup_{n \to \infty} \frac{1}{n}|R_n| \leq E_\mu(f_m \mid \mathcal{S}^T)$ fast sicher. Da das für alle $m \geq 1$ gilt und oben $\lim_{m \to \infty} E_\mu(f_m \mid \mathcal{S}^T) = 0$ fast sicher gezeigt wurde, ist auch $\lim_{n \to \infty} \frac{1}{n} R_n = 0$ fast sicher.

Somit ist $\lim_{n \to \infty} \frac{1}{n} I_\mu(\bigvee_{i=0}^{n-1} T^{-i}\mathcal{P}) = E_\mu(g \mid \mathcal{S}^T)$ fast sicher und in $\mathcal{L}_1(\mu)$ bewiesen. Daraus folgt dann $\lim_{n \to \infty} \frac{1}{n} \int I_\mu(\bigvee_{i=0}^{n-1} T^{-i}\mathcal{P})\, d\mu = \int E_\mu(g \mid \mathcal{S}^T)\, d\mu$. Weiterhin gilt

$\int E_\mu(g|\mathcal{S}^T)\,d\mu = \int g\,d\mu = H_\mu(\mathcal{P}|T^{-1}\mathcal{P}^-)$, und mit Hilfe von Satz 3.12 und Satz 3.21 erhalten wir $h_\mu(T,\mathcal{P}) = \lim_{n\to\infty} H_\mu(\mathcal{P}|\bigvee_{i=1}^n T^{-i}\mathcal{P}) = H_\mu(\mathcal{P}|T^{-1}\mathcal{P}^-) = \int E(g|\mathcal{S}^T)\,d\mu$.

Ist T ergodisch, dann ist $E_\mu(g|\mathcal{S}^T)$ fast sicher konstant nach Satz 2.14, da $E_\mu(g|\mathcal{S}^T)$ messbar bezüglich der σ-Algebra $\mathcal{S}^T$ und somit nach Lemma 2.8 invariant unter T ist. Da aber $\int E_\mu(g|\mathcal{S}^T)\,d\mu = h_\mu(T,\mathcal{P})$ gilt, ist auch $E_\mu(g|\mathcal{S}^T) = h_\mu(T,\mathcal{P})$ fast sicher gezeigt.

□

3.5 Berechnen der Entropie

Schließlich kommen wir zu dem Problem, die Entropie einer maßtreuen Transformation auch tatsächlich zu berechnen. Dazu dienen die folgenden Sätze.

Definition 3.23 (Erzeuger)

Sei $(X,\mathcal{S},\mu,T)$ ein maßerhaltendes dynamisches System. Eine Zerlegung $\mathcal{P}$ von X nennt man *(einseitigen) Erzeuger*, wenn die σ-Algebra $\mathcal{S}$ von der Menge $\bigcup_{n=0}^\infty (\bigvee_{i=0}^n T^{-i}\mathcal{P})$ erzeugt wird. Ist T invertierbar, dann heißt eine Zerlegung $\mathcal{P}$ von X *zweiseitiger Erzeuger*, wenn die σ-Algebra $\mathcal{S}$ von der Menge $\bigcup_{n=0}^\infty (\bigvee_{i=-n}^n T^{-i}\mathcal{P})$ erzeugt wird.

Satz 3.24 *Sei $(X,\mathcal{S},\mu,T)$ ein maßerhaltendes dynamisches System. Sei $\mathcal{P}_1 < \mathcal{P}_2 < \mathcal{P}_3 < \dots$ eine Folge von immer feiner werdenden Zerlegungen von X mit $H_\mu(\mathcal{P}_n) < \infty$ für alle n. Wenn $\bigcup_{n=1}^\infty \mathcal{P}_n$ die σ-Algebra $\mathcal{S}$ erzeugt, dann gilt $h_\mu(T) = \lim_{n\to\infty} h_\mu(T,\mathcal{P}_n)$.*

Beweis Sei $\mathcal{Q}$ eine beliebige Zerlegung von X mit $H_\mu(\mathcal{Q}) < \infty$. Aus Satz 3.14 folgt $h_\mu(T,\mathcal{Q}) \le h_\mu(T,\mathcal{P}_n) + H_\mu(\mathcal{Q}|\mathcal{P}_n)$ für $n \ge 1$. Nach Voraussetzung und wegen Satz 3.21 gilt $\lim_{n\to\infty} H_\mu(\mathcal{Q}|\mathcal{P}_n) = H_\mu(\mathcal{Q}|\mathcal{S}) = 0$. Wegen Satz 3.13 ist $h_\mu(T,\mathcal{P}_n)$ monoton wachsend in n, sodass $\lim_{n\to\infty} h_\mu(T,\mathcal{P}_n)$ existiert. Wir erhalten daher $h_\mu(T,\mathcal{Q}) \le \lim_{n\to\infty} h_\mu(T,\mathcal{P}_n)$. Da $\mathcal{Q}$ beliebig war, ist $h_\mu(T) \le \lim_{n\to\infty} h_\mu(T,\mathcal{P}_n)$ gezeigt. Es gilt Gleichheit wegen $h_\mu(T) \ge h_\mu(T,\mathcal{P}_n)$ für alle $n \ge 1$.

□

Satz 3.25 *Sei $(X,\mathcal{S},\mu,T)$ ein maßerhaltendes dynamisches System. Sei $\mathcal{P}$ eine Zerlegung von X mit $H_\mu(\mathcal{P}) < \infty$. Ist $\mathcal{P}$ ein Erzeuger, dann gilt $h_\mu(T) = h_\mu(T,\mathcal{P})$. Ist T invertierbar und $\mathcal{P}$ ein zweiseitiger Erzeuger, dann gilt $h_\mu(T) = h_\mu(T,\mathcal{P})$.*

Beweis Für $n \ge 1$ sei $\mathcal{P}_n = \bigvee_{i=0}^n T^{-i}\mathcal{P}$, wenn $\mathcal{P}$ ein (einseitiger) Erzeuger ist, und $\mathcal{P}_n = \bigvee_{i=-n}^n T^{-i}\mathcal{P}$, wenn T invertierbar und $\mathcal{P}$ ein zweiseitiger Erzeuger ist. Dann sind die Voraussetzungen von Satz 3.24 erfüllt, sodass $h_\mu(T) = \lim_{n\to\infty} h_\mu(T,\mathcal{P}_n)$ gilt. Nach Satz 3.13 gilt $h_\mu(T,\mathcal{P}_n) = h_\mu(T,\mathcal{P})$ für alle n, und wir sind fertig.

□

Beispiel 3.26 (Entropie von Bernoulli-Shifts)
Sei $A = \{0, \dots, N-1\}$ und $X = \Sigma_N^+$ der einseitige Shiftraum mit Alphabet A. Für $n \geq 1$ sei $\mathcal{Z}_n = \{{}_0[j_0 j_1 \dots j_{n-1}] : j_0, j_1, \dots, j_{n-1} \in A\}$ die Zerlegung von X in Zylindermengen der Ordnung n. Ist $\mathcal{P} = \mathcal{Z}_1$, dann gilt $\bigvee_{i=0}^{n-1} T^{-i} \mathcal{P} = \mathcal{Z}_n$. Die Zerlegung $\mathcal{P}$ ist ein Erzeuger, da die Topologie und damit auch die Borel-σ-Algebra $\mathcal{B}_X$ auf X von $\bigcup_{n=1}^{\infty} \mathcal{Z}_n$ erzeugt wird. Ist μ ein T-invariantes Maß auf X, dann gilt $h_\mu(T) = h_\mu(T, \mathcal{P}) = \lim_{n \to \infty} \frac{1}{n} \sum_{Z \in \mathcal{Z}_n} \Phi(\mu(Z))$ nach Satz 3.25.

Sei $\pi = (\pi_i)_{i \in A}$ ein stochastischer Vektor und μ das π-Bernoullimaß. Dann gilt $\frac{1}{n} \sum_{Z \in \mathcal{Z}_n} \Phi(\mu(Z)) = -\sum_{i \in A} \pi_i \log \pi_i$ für alle $n \geq 1$, wie man leicht nachrechnet. Somit gilt auch $h_\mu(T) = -\sum_{i \in A} \pi_i \log \pi_i$.

Sei jetzt μ das (π, P)-Markovmaß, wobei $P = (P_{ij})_{i,j \in A}$ eine stochastische Matrix und $\pi = (\pi_i)_{i \in A}$ ein stochastischer Vektor mit $\pi P = P$ ist. Dann gilt $\sum_{Z \in \mathcal{Z}_n} \Phi(\mu(Z)) = -\sum_{i \in A} \pi_i \log \pi_i - (n-1) \sum_{i \in A} \sum_{j \in A} \pi_i P_{ij} \log P_{ij}$ für alle $n \geq 1$. Es folgt $h_\mu(T) = -\sum_{i \in A} \sum_{j \in A} \pi_i P_{ij} \log P_{ij}$.

Beispiel 3.27 (Entropie der Multiplikation mit 2)
Seien $X = [0, 1)$ und λ das Lebesguemaß auf der Borel-σ-Algebra $\mathcal{B}_X$ von X. Wir berechnen die Entropie $h_\lambda(T)$ der Transformation $T(x) = 2x \pmod 1$. Dazu sei $\mathcal{P} = \{[0, \frac{1}{2}), [\frac{1}{2}, 1)\}$. Für $n \geq 1$ gilt dann $\bigvee_{k=0}^{n-1} T^{-k} \mathcal{P} = \{[\frac{j-1}{2^n}, \frac{j}{2^n}) : 1 \leq j \leq 2^n\}$ und $H_\lambda(\bigvee_{k=0}^{n-1} \mathcal{P}) = 2^n \frac{1}{2^n} \log 2^n$. Daraus folgt $h_\lambda(T, \mathcal{P}) = \log 2$. Da die Zerlegung $\mathcal{P}$ auch ein Erzeuger ist, ist $h_\lambda(T) = \log 2$ gezeigt.

Beispiel 3.28 (Entropie der Kettenbruchtransformation)
Seien $X = [0, 1]$ und γ das Maß auf $[0, 1]$ mit Dichte $\frac{1}{(1+x) \log 2}$ bezüglich des Lebesguemaßes. Die Kettenbruchtransformation K ist maßtreu. Wir berechnen $h_\gamma(K)$ und verwenden die im Abschnitt über Kettenbrüche eingeführte Bezeichnung. Seien $Z_m^\circ = (\frac{1}{m+1}, \frac{1}{m})$ für $m \geq 1$ und $\mathcal{P} = \{Z_m^\circ : m \geq 1\} \cup \{\{0\}, \{1\}, \{\frac{1}{2}\}, \{\frac{1}{3}\}, \{\frac{1}{4}\}, \dots\}$. Wegen $\gamma(Z_m^\circ) = \frac{1}{\log 2} \log(1 + \frac{1}{m(m+2)}) \leq \frac{1}{\log 2} \frac{1}{m(m+2)} \leq \frac{1}{\log 2} \frac{1}{m^2}$ gilt $H_\mu(\mathcal{P}) < \infty$.

Für $x \in [0, 1] \setminus \mathbb{Q}$ und $n \geq 1$ sei $i_0, i_1, i_2, \dots$ die Kettenbruchentwicklung von x. Dann ist $Y_n(x) = \bigcap_{k=0}^{n-1} K^{-k}(Z_{i_k}^\circ)$ dasjenige Element von $\bigvee_{k=0}^{n-1} T^{-k} \mathcal{P}$, das x enthält. Es folgt $I_\mu(\bigvee_{k=0}^{n-1} T^{-k} \mathcal{P})(x) = -\log(\gamma(Y_n(x)))$. Aus Satz 2.53 folgt jetzt $\lim_{n \to \infty} I_\mu(\bigvee_{k=0}^{n-1} T^{-k} \mathcal{P}) = \frac{\pi^2}{6 \log 2}$ fast sicher. Da K nach Satz 2.50 ergodisch ist, erhalten wir $h_\gamma(K, \mathcal{P}) = \frac{\pi^2}{6 \log 2}$ mit Hilfe von Satz 3.22.

Für $n \geq 1$ besteht die Zerlegung $\bigvee_{k=0}^{n-1} T^{-k} \mathcal{P}$ aus abzählbar vielen einpunktigen Mengen und offenen Intervallen, die wegen Lemma 2.49 und Lemma 2.46 alle Länge $\leq \frac{2}{2^n}$ haben. Daraus folgt, dass die Zerlegung $\mathcal{P}$ ein Erzeuger ist. Mit Hilfe von Satz 3.25 erhalten wir $h_\gamma(K) = \frac{\pi^2}{6 \log 2}$.

Beispiel 3.29 (Entropie der β-Transformation)
Sei $\beta > 1$ und $T_\beta : [0, 1] \longrightarrow [0, 1]$ die in Abschnitt 2.3.2 behandelte β-Transformation. Sie ist definiert durch $T(x) = \beta x \pmod 1$, wobei jedoch $T(1) = 1$ gesetzt wird, wenn $\beta \in \mathbb{N}$ ist. Sei μ_β das in Abschnitt 2.3.2 eingeführte Wahrscheinlichkeitsmaß auf $[0, 1]$, das invariant unter T_β ist. Wir wollen $h_{\mu_\beta}(T_\beta)$ bestimmen.

Sei b die kleinste ganze Zahl $\geq \beta - 1$. Weiterhin sei $\mathcal{P} = \{Z_0, Z_1, \dots, Z_b\}$ mit $Z_m = [\frac{m}{\beta}, \frac{m+1}{\beta})$ für $0 \leq m < b$ und $Z_b = [\frac{b}{\beta}, 1]$. Wegen Lemma 2.41 gilt $\lambda(C) \leq \frac{1}{\beta^n}$ für alle $C \in \bigvee_{i=0}^{n-1} T^{-i} \mathcal{P}$ und $n \geq 1$. Daraus folgt, dass die Zerlegung $\mathcal{P}$ ein Erzeuger ist. Nach Satz 3.25 gilt daher $h_{\mu_\beta}(T_\beta) = h_{\mu_\beta}(T_\beta, \mathcal{P})$.

Für $x \in [0, 1]$ und $n \geq 1$ sei $Z_n(x)$ dasjenige Element von $\bigvee_{i=0}^{n-1} T^{-i} \mathcal{P}$, das x enthält. Wegen $\lambda(Z_n(x)) \leq \frac{1}{\beta^n}$ erhalten wir $\liminf_{n \to \infty} -\frac{1}{n} \log \lambda(Z_n(x)) \geq \log \beta$ für alle $x \in [0, 1]$. Des Weiteren folgt aus Lemma 2.41, dass für jedes $x \in [0, 1)$ eine Folge $n_1 < n_2 < n_3 < \dots$ existiert mit $\lambda(Z_{n_k}(x)) = \frac{1}{\beta^{n_k}}$ für alle $k \geq 1$, woraus $\liminf_{n \to \infty} -\frac{1}{n} \log \lambda(Z_n(x)) = \log \beta$ folgt. Da das Maß μ_β eine Dichte bezüglich des Lebesguemaßes λ hat, die nach unten und oben durch positive Konstanten

c_1 und c_2 beschränkt ist, haben wir $c_1\lambda(A) \le \mu_\beta(A) \le c_2\lambda(A)$ für alle $A \in \mathcal{B}_X$. Daraus folgt dann $\liminf_{n\to\infty} -\frac{1}{n}\log\mu_\beta(Z_n(x)) = \log\beta$ für alle $x \in [0,1)$.

Da $\frac{1}{n}I_\mu(\bigvee_{i=0}^{n-1}\mathcal{P})(x) = -\frac{1}{n}\log\mu_\beta(Z_n(x))$ für alle $x \in [0,1]$ gilt, ist somit

$$\liminf_{n\to\infty}\frac{1}{n}I_\mu\Big(\bigvee_{i=0}^{n-1}T^{-i}\mathcal{P}\Big) = \log\beta$$

auf dem Intervall $[0,1)$ gezeigt. Da T_β ergodisch ist, konvergiert $\frac{1}{n}I_\mu(\bigvee_{i=0}^{n-1}T^{-i}\mathcal{P})$ für $n \to \infty$ fast sicher gegen $h_{\mu_\beta}(T_\beta,\mathcal{P})$ nach Satz 3.22. Es folgt $h_{\mu_\beta}(T_\beta,\mathcal{P}) = \log\beta$ und somit auch $h_{\mu_\beta}(T_\beta) = \log\beta$.

Satz 3.30 *Es seien $(X,\mathcal{S},\mu,T)$ ein maßerhaltendes dynamisches System und $\mathcal{P}$ eine Zerlegung von X mit $H_\mu(\mathcal{P}) < \infty$. Ist $\mathcal{P}$ ein einseitiger Erzeuger, dann gilt $h_\mu(T) = 0$.*

Beweis Für $n \ge 1$ sei $\mathcal{Q}_n = \bigvee_{i=1}^{n}T^{-i}\mathcal{P}$. Nach Voraussetzung wird die σ-Algebra $\mathcal{S}$ von $\bigcup_{n=1}^{\infty}T^{-1}\mathcal{Q}_n$ erzeugt. Da aber $\{T(A) : A \in \mathcal{S}\} = \mathcal{S}$ gilt, wird $\mathcal{S}$ auch von $\bigcup_{n=1}^{\infty}\mathcal{Q}_n$ erzeugt. Wegen Satz 3.12 gilt $h_\mu(T,\mathcal{P}) = \lim_{n\to\infty}H_\mu(\mathcal{P}\,|\,\mathcal{Q}_n)$. Weiterhin gilt $h_\mu(T) = h_\mu(T,\mathcal{P})$ nach Satz 3.25 und $\lim_{n\to\infty}H_\mu(\mathcal{P}\,|\,\mathcal{Q}_n) = H_\mu(\mathcal{P}\,|\,\mathcal{S}) = 0$ nach Satz 3.21. Damit ist $h_\mu(T) = 0$ gezeigt. $\square$

3.6   Aufgaben

1. Beweisen Sie die folgende Umkehrung zu Beispiel 3.7 (2): Seien $(X,\mathcal{S},\mu)$ ein Wahrscheinlichkeitsraum, $\mathcal{T} \subset \mathcal{S}$ eine Teil-σ-Algebra und $\mathcal{P} = \{A_1, A_2, \dots\}$ eine Zerlegung von X. Wenn $H_\mu(\mathcal{P}\,|\,\mathcal{T}) = 0$ ist, so gibt es eine Zerlegung $\mathcal{Q} = \{B_1, B_2, \dots\}$ von X mit $B_i \in \mathcal{T}$ und $\mu(A_i \triangle B_i) = 0$ für alle $i \ge 1$.
   In diesem Fall ist natürlich $\mathcal{T} \vee \mathcal{P} = \mathcal{T} \vee \mathcal{Q} = \mathcal{T} \pmod{\mu}$.
2. Aus Satz 3.8 (5) folgt, dass $H_\mu(\mathcal{P}\,|\,\mathcal{Q}) \le H_\mu(\mathcal{P})$ für je zwei Zerlegungen $\mathcal{P}, \mathcal{Q}$ gilt. Finden Sie ein Beispiel von endlichen Zerlegungen $\mathcal{P}, \mathcal{Q}$, die die Ungleichung $I_\mu(\mathcal{P}\,|\,\mathcal{Q}) \le I_\mu(\mathcal{P})$ verletzen.
3. Es sei $(X,\mathcal{S},\mu,T)$ ein maßerhaltendes dynamisches System, und $\mathcal{P}$ und $\mathcal{Q}$ seien Zerlegungen von X mit endlicher Entropie. Zeigen Sie, dass $h_\mu(T, T^{-1}\mathcal{P}) = h_\mu(T,\mathcal{P})$ und $h_\mu(T,\mathcal{P}\vee\mathcal{Q}) \le h_\mu(T,\mathcal{P}) + h_\mu(T,\mathcal{Q})$ gilt. Ist T invertierbar, so gilt auch $h_\mu(T,\mathcal{P}) = h_\mu(T,\bigvee_{i=-k}^{k}T^{-i}\mathcal{P})$ für alle $k \ge 1$.
4. Es seien $(X,\mathcal{S},\mu,T)$ und $(X',\mathcal{S}',\mu',T')$ maßerhaltende dynamische Systeme. Beweisen Sie folgende Aussagen:
   (1) Wenn $(X',\mathcal{S}',\mu',T')$ ein messbarer Faktor von $(X,\mathcal{S},\mu,T)$ ist, so ist $h_{\mu'}(T') \le h_\mu(T)$.
   (2) Wenn die Systeme $(X,\mathcal{S},\mu,T)$ und $(X',\mathcal{S}',\mu',T')$ isomorph sind, so ist $h_\mu(T) = h_{\mu'}(T')$.
5. Es sei $(X,\mathcal{S},\mu,T)$ ein invertierbares maßerhaltendes System. Beweisen Sie, dass für jede Zerlegung $\mathcal{P}$ von X mit $H_\mu(\mathcal{P}) < \infty$,

$$\lim_{n\to\infty}\frac{1}{2n+1}I_\mu\Big(\bigvee_{k=-n}^{n}T^{-k}\mathcal{P}\Big) = E_\mu(g\,|\,\mathcal{S}^T) \quad \mu\text{-f.ü.}$$

mit $g = I_\mu(\mathcal{P}\,|\,T^{-1}\mathcal{P}^-)$ gilt.

6. **Entropie irrationaler Rotationen** Es sei $R_\alpha\colon \mathbb{T} \longrightarrow \mathbb{T}$ die durch ein irrationales $\alpha \in \mathbb{R}$ definierte Rotation des Kreises (Beispiel 1.2). Laut Beispiel 2.16 ist das Lebesguemaß λ invariant und ergodisch unter R_α.

   Es sei $\mathcal{P}$ eine Zerlegung von $\mathbb{T}$ in endlich viele Intervalle. Zeigen Sie mittels Satz 3.12, dass $h_\lambda(R_\alpha, \mathcal{P}) = 0$ ist. Schließen Sie daraus, dass $h_\lambda(R_\alpha) = 0$ ist.

7. **Entropie von Kilometerzählern** Es sei $\mathbf{b} = (b_n)_{n \geq 0}$ eine Folge von ganzen Zahlen $b_n \geq 2$, $X_{\mathbf{b}} = \prod_{n \geq 0}\{0, \ldots, b_n - 1\}$, und $T_{\mathbf{b}}\colon X_{\mathbf{b}} \longrightarrow X_{\mathbf{b}}$ der in Aufgabe 1.71 definierte „verallgemeinerte Kilometerzähler" mit invariantem Wahrscheinlichkeitsmaß ν. Beweisen Sie, dass $h_\nu(T_{\mathbf{b}}) = 0$ ist. *Hinweis*: Wenden Sie Satz 3.24 auf die Zerlegungen $\mathcal{P}_n$, $n \geq 1$, von $X_{\mathbf{b}}$ in Zylindermengen der Länge n an.

Topologische Entropie

4

In Analogie zur Entropie einer maßtreuen Transformation wurde 1965 in [1] die Entropie eines topologischen dynamischen Systems definiert. Wie wir sehen werden, ist die topologische Entropie $h(T)$ eine Invariante eines topologischen Systems (X, T), welche in engem Zusammenhang mit der Menge der maßtheoretischen Entropien $\{h_\mu(T) : \mu \in \mathcal{M}(X)^T\}$ steht.

4.1 Definition der topologischen Entropie

4.1.1 Definition mittels Überdeckungen

Während die *maßtheoretische Entropie* mittels messbarer Zerlegungen definiert wurde, verwendet die Definition der *topologischen Entropie* offene Überdeckungen.

Sei X ein kompakter metrisierbarer Raum. Eine offene Überdeckung $\mathcal{U}$ von X ist eine Menge von offenen Teilmengen von X mit $\bigcup_{U \in \mathcal{U}} U = X$. Wenn die Überdeckung $\mathcal{U}$ endlich ist, dann können wir die offenen Mengen $U \in \mathcal{U}$ alle gleich gewichten und im Sinne der Definition 3.2 der Entropie einer Zerlegung von X in Mengen gleichen Maßes die Zahl $\log|\mathcal{U}|$ als Entropie von $\mathcal{U}$ bezeichnen.

Für eine unendliche Überdeckung $\mathcal{U}$ von X ist diese Definition der Entropie natürlich nicht informativ. Wenn $\mathcal{U}$ aber Mengen enthält, die zur Überdeckung von X nicht benötigt werden, dann können wir diese weglassen: Eine *Teilüberdeckung* einer offenen Überdeckung $\mathcal{U}$ ist eine Teilmenge von $\mathcal{V} \subset \mathcal{U}$, die ebenfalls eine Überdeckung von X ist. Mit $N(\mathcal{U})$ bezeichnen wir die kleinste Anzahl von Elementen in $\mathcal{U}$, die wir für eine Überdeckung von X benötigen. Da X kompakt ist, gilt $N(\mathcal{U}) < \infty$, und wir nennen $H(\mathcal{U}) = \log N(\mathcal{U})$ die *Entropie der offenen Überdeckung* $\mathcal{U}$ von X.

Wenn $\mathcal{V}$ eine zweite offene Überdeckung von X ist, dann definieren wir die *gemeinsame Verfeinerung* von $\mathcal{U}$ und $\mathcal{V}$ durch $\mathcal{U} \vee \mathcal{V} = \{U \cap V : U \in \mathcal{U},\ V \in \mathcal{V}\ \text{und}\ U \cap V \neq \varnothing\}$. Genauso

M. Einsiedler, K. Schmidt, *Dynamische Systeme*, Mathematik Kompakt,
DOI 10.1007/978-3-0348-0634-3_4, © Springer Basel 2014

können wir die gemeinsame Verfeinerung $\bigvee_{k=1}^{n} \mathcal{V}_k$ endlich vieler offener Überdeckungen $\mathcal{V}_1, \ldots, \mathcal{V}_n$ definieren.

Wenn $\mathcal{U}, \mathcal{V}$ offene Überdeckungen von X sind, dann nennen wir $\mathcal{U}$ *feiner* als $\mathcal{V}$ (oder eine *Verfeinerung* von $\mathcal{V}$), sofern jedes $U \in \mathcal{U}$ in einer Menge $V \in \mathcal{V}$ enthalten ist. Wir schreiben $\mathcal{U} \prec \mathcal{V}$, um auszudrücken, dass $\mathcal{U}$ feiner ist als $\mathcal{V}$.

Vorsicht: $\mathcal{U} \supset \mathcal{V} \;\Rightarrow\; \mathcal{U} \prec \mathcal{V}$!

Aufgabe 4.1
Es seien $\mathcal{U}, \mathcal{V}$ offene Überdeckungen von X. Beweisen Sie Folgendes:

(1) $H(\mathcal{U}) \geq 0$.
(2) $H(\mathcal{U}) = 0$ genau dann, wenn $X \in \mathcal{U}$ gilt.
(3) Wenn $\mathcal{U} \prec \mathcal{V}$ ist, dann ist $H(\mathcal{U}) \geq H(\mathcal{V})$.
(4) $H(\mathcal{U} \vee \mathcal{V}) \leq H(\mathcal{U}) + H(\mathcal{V})$.
(5) Wenn $T \colon X \longrightarrow X$ stetig ist, dann gilt $H(T^{-1}\mathcal{U}) \leq H(\mathcal{U})$ für jede offene Überdeckung $\mathcal{U}$ von X, wobei natürlich $T^{-1}\mathcal{U} = \{T^{-1}U : U \in \mathcal{U}\}$ ist. Wenn T auch surjektiv ist, dann ist $H(T^{-1}\mathcal{U}) = H(\mathcal{U})$.

Sei (X, T) ein topologisches dynamisches System. Um die stetige Transformation $T \colon X \longrightarrow X$ ins Spiel zu bringen, gehen wir genauso vor wie bei maßtreuen Transformationen auf einem Wahrscheinlichkeitsraum, indem wir für jede offene Überdeckung $\mathcal{U}$ von X die sukzessiven Verfeinerungen $\bigvee_{k=0}^{n-1} T^{-k}\mathcal{U}$ betrachten.

Lemma 4.2 Es sei $\mathcal{U}$ eine offene Überdeckung von X. Dann ist $H\big(\bigvee_{k=0}^{n-1} T^{-k}\mathcal{U}\big) \leq nH(\mathcal{U})$ für jedes $n \geq 1$. Weiterhin existiert der Grenzwert

$$h(T, \mathcal{U}) = \lim_{n \to \infty} \frac{1}{n} H\Big(\bigvee_{k=0}^{n-1} T^{-k}\mathcal{U}\Big) \leq H(\mathcal{U}).$$

Beweis Für jedes $n \geq 1$ setzen wir $u_n = H\big(\bigvee_{k=0}^{n-1} T^{-k}\mathcal{U}\big)$. Wegen Aufgabe 4.1 (4) und (5) gilt $u_n \leq nH(\mathcal{U})$ und $u_{m+n} \leq u_m + u_n$ für alle $m, n \geq 1$. Wenn wir nun m festhalten, dann lässt sich jedes $n \geq 1$ in der Form $n = lm + p$ mit $0 \leq p < m$ schreiben. Daher ist

$$\frac{u_n}{n} = \frac{u_{lm+p}}{lm+p} \leq \frac{u_p}{lm} + \frac{u_{lm}}{lm} \leq \frac{u_p}{lm} + \frac{lu_m}{lm} = \frac{p}{lm}H(\mathcal{U}) + \frac{u_m}{m}.$$

Für $n \to \infty$ geht auch $l \to \infty$, sodass $\limsup_{n \to \infty} \frac{a_n}{n} \leq \frac{a_m}{m}$ ist. Da dies für alle $m \geq 1$ gilt, ist $\limsup_{n \to \infty} \frac{a_n}{n} \leq \inf_{m \geq 1} \frac{a_m}{m} \leq \liminf_{m \geq 1} \frac{a_m}{m}$, womit die Konvergenz der Folge $\frac{u_n}{n} = \frac{1}{n}H\big(\bigvee_{k=0}^{n-1} T^{-k}\mathcal{U}\big)$ bewiesen ist. $\square$

Aufgabe 4.3
Zeigen Sie, dass für alle offenen Überdeckungen $\mathcal{U}, \mathcal{V}$ mit $\mathcal{U} \prec \mathcal{V}$ die Ungleichung $0 \leq h(T, \mathcal{V}) \leq h(T, \mathcal{U})$ gilt.

Definition 4.4 (Definition der topologischen Entropie durch Überdeckungen)

Wenn (X, T) ein topologisches dynamisches System ist, dann ist die *topologische Entropie* von T (oder von (X, T)) durch

$$h(T) = \sup_{\mathcal{U}} h(T, \mathcal{U})$$

definiert, wobei $\mathcal{U}$ die Menge der offenen Überdeckungen von X durchläuft.

Aufgaben 4.5

Es sei (X, T) ein topologisches dynamisches System. Beweisen Sie folgende Aussagen.

(1) Wenn $\mathcal{U}$ eine offene Überdeckung von X ist, dann ist $h(T, \mathcal{U}) = h(T, \bigvee_{j=0}^{k-1} T^{-j} \mathcal{U})$ für jedes $k \geq 1$.
(2) Für jedes $k \geq 0$ ist $h(T^k) = kh(T)$.
(3) Wenn T invertierbar ist, dann ist $h(T^{-1}) = h(T)$.

Hinweis zu (2): Es sei $\mathcal{U}$ eine offene Überdeckung von X. Wenn $S = T^k$ und $\mathcal{V} = \bigvee_{j=0}^{k-1} T^{-j} \mathcal{U}$ ist, dann gilt $h(S, \mathcal{U}) \leq h(S, \mathcal{V}) = kh(T, \mathcal{U})$.

4.1.2   Definition mittels ε-dichter und ε-getrennter Mengen

Da es etwas kompliziert ist, mit offenen Überdeckungen zu arbeiten, geben wir eine weitere Charakterisierung der topologischen Entropie. Dazu ist es notwendig, eine Metrik d festzulegen, die die Topologie des kompakten Raumes X erzeugt.

Sei (X, T) ein topologisches dynamisches System und d eine Metrik auf X. Des Weiteren seien $n \in \mathbb{N}$ und $\varepsilon > 0$. Wir zählen Bahnen der Länge n, wobei wir solche Bahnen nur dann unterscheiden, wenn sie zumindest zu einem Zeitpunkt Abstand $\geq \varepsilon$ voneinander haben. Dazu definieren wir

$$d_n(x, y) = \max_{0 \leq i \leq n-1} d(T^k(x), T^k(y)).$$

Eine Menge $E \subset X$ heißt (n, ε)-*getrennt*, wenn $d_n(x, y) \geq \varepsilon$ für alle voneinander verschiedenen Punkte $x, y \in E$ gilt. Die Menge aller (n, ε)-getrennten Mengen bezeichnen wir mit $G(n, \varepsilon)$. Eine (n, ε)-getrennte Menge heißt *maximal*, wenn sie nach Hinzufügen eines beliebigen weiteren Punktes nicht mehr (n, ε)-getrennt ist.

Eine endliche Menge $F \subset X$ heißt (n, ε)-*dicht*, wenn für jedes $x \in X$ ein $y \in F$ existiert mit $d_n(x, y) < \varepsilon$. Die Menge aller (n, ε)-dichten Mengen bezeichnen wir mit $D(n, \varepsilon)$.

Definition 4.6

Seien (X, T) ein topologisches dynamisches System und d eine Metrik auf X. Für $n \in \mathbb{N}$ und $\varepsilon > 0$ sei

$$s_n(T, \varepsilon) = \max\{|E| : E \in G(n, \varepsilon)\} \quad \text{und} \quad r_n(T, \varepsilon) = \min\{|F| : F \in D(n, \varepsilon)\}.$$

Für $\varepsilon > 0$ definieren wir dann

$$s(T, \varepsilon) = \limsup_{n \to \infty} \frac{1}{n} \log s_n(T, \varepsilon) \quad \text{und} \quad r(T, \varepsilon) = \limsup_{n \to \infty} \frac{1}{n} \log r_n(T, \varepsilon).$$

▶ **Notation 4.7 (Durchmesser und Lebesguezahlen von Überdeckungen)** Es sei (X, d) ein kompakter metrischer Raum. Wir bezeichnen mit $B_\varepsilon(x) = \{y \in X : d(x, y) < \varepsilon\}$ die *offene Kugel* mit Mittelpunkt x und Radius ε und schreiben $\mathcal{U}_\varepsilon = \{B_\varepsilon(x) : x \in X\}$ für die Überdeckung von X durch alle offenen Kugeln mit Radius ε.

Wenn $\mathcal{U}$ eine Überdeckung von X ist, dann nennen wir $\Delta(\mathcal{U}) = \sup_{U \in \mathcal{U}} \Delta(U)$ den *Durchmesser* von $\mathcal{U}$, wobei $\Delta(U) = \sup\{d(x, y) : x, y \in U\}$ für den Durchmesser einer Menge $U \in \mathcal{U}$ steht.

Eine *Lebesguezahl* $\delta(\mathcal{U})$ einer offenen Überdeckung $\mathcal{U}$ ist definiert als eine Zahl $a > 0$, sodass es zu jedem $x \in X$ ein $U \in \mathcal{U}$ mit $B(x, a) \subset U$ gibt.

Satz 4.8 (Zweite Charakterisierung der topologischen Entropie) *Es sei (X, T) ein topologisches dynamisches System, und d sei eine Metrik auf X. Dann ist*

$$h(T) = \lim_{\varepsilon \to 0} s(T, \varepsilon) = \lim_{\varepsilon \to 0} r(T, \varepsilon). \tag{4.1}$$

Beweis Es sei $\varepsilon > 0$. Wenn E eine maximale (n, ε)-getrennte Menge ist, dann kann kein Element der Überdeckung $\bigvee_{k=0}^{n-1} T^{-k} \mathcal{U}_{\varepsilon/2}$ zwei verschiedene Elemente von E enthalten. Wenn also $\mathcal{V}$ eine minimale Teilüberdeckung von $\bigvee_{k=0}^{n-1} T^{-k} \mathcal{U}_{\varepsilon/2}$ ist, dann ist $s_n(T, \varepsilon) = |E| \le |\mathcal{V}| = N(\bigvee_{k=0}^{n-1} T^{-k} \mathcal{U}_{\varepsilon/2})$.

Wie man ebenfalls leicht sieht, ist jede maximale (n, ε)-getrennte Menge E auch (n, ε)-dicht: Wäre das nicht der Fall, so gäbe es ein $x \in X$ mit $d_n(x, y) \ge \varepsilon$ für alle $y \in E$. Damit wäre $E \cup \{x\}$ immer noch (n, ε)-getrennt, im Widerspruch zur Maximalität von E. Daher ist $r_n(T, \varepsilon) \le s_n(T, \varepsilon)$.

Wenn schließlich F eine minimale (n, ε)-dichte Menge ist, dann gibt es zu jedem $y \in X$ ein $x \in F$ mit $y \in T^{-k} B_\varepsilon(T^k x)$ für $k = 0, \ldots, n-1$. Also ist die Menge $\{\bigcap_{k=0}^{n-1} T^{-k} B_\varepsilon(T^k x) : x \in F\} \subset \bigvee_{k=0}^{n-1} T^{-k} \mathcal{U}_\varepsilon$ eine offene Überdeckung von X, womit $N(\bigvee_{k=0}^{n-1} T^{-k} \mathcal{U}_\varepsilon) \le r_n(T, \varepsilon)$ gezeigt ist. Damit gilt also

$$N\left(\bigvee_{k=0}^{n-1} T^{-k} \mathcal{U}_\varepsilon\right) \le r_n(T, \varepsilon) \le s_n(T, \varepsilon) \le N\left(\bigvee_{k=0}^{n-1} T^{-k} \mathcal{U}_{\varepsilon/2}\right). \tag{4.2}$$

Es sei nun $\mathcal{U}$ eine beliebige offene Überdeckung von X mit Lebesguezahl $\delta = \delta(\mathcal{U})$. Dann ist

$$\limsup_{n \to \infty} \frac{1}{n} H\left(\bigvee_{k=0}^{n-1} T^{-k} \mathcal{U}\right) \le \limsup_{n \to \infty} \frac{1}{n} H\left(\bigvee_{k=0}^{n-1} T^{-k} \mathcal{U}_\delta\right)$$

$$\le \limsup_{n \to \infty} \frac{1}{n} \log r_n(T, \delta) \le \limsup_{n \to \infty} \frac{1}{n} H\left(\bigvee_{k=0}^{n-1} T^{-k} \mathcal{U}_{\delta/2}\right) \le h(T),$$

und dies gilt auch für s_n statt r_n. Wenn wir das Supremum über alle offenen Überdeckungen $\mathcal{U}$ von X nehmen, erhalten wir (4.1) wegen der Monotonie in ε.   □

4.2 Expansive Homöomorphismen

Definition 4.9

Es sei (X, T) ein invertierbares dynamisches System. Eine endliche offene Überdeckung $\mathcal{U}$ von X ist ein *topologischer Erzeuger* für T, wenn für jede zweiseitige Folge $(U_n)_{n \in \mathbb{Z}}$ von Elementen von $\mathcal{U}$ die Menge $\bigcap_{n \in \mathbb{Z}} T^{-n} \bar{U}_n$ höchstens einen Punkt enthält, wobei $\bar{U}_n$ der Abschluss von U_n ist.

Satz 4.10 *Es sei (X, T) ein invertierbares dynamisches System, und $\mathcal{U}$ sei ein topologischer Erzeuger für T. Dann ist $\lim_{n \to \infty} \Delta(\bigvee_{k=-n}^{n} T^{-k} \mathcal{U}) = 0$.*

Beweis Wir argumentieren indirekt. Wenn die Aussage des Satzes falsch ist, dann gibt es ein $\varepsilon > 0$ mit der folgenden Eigenschaft: Zu jedem $n \geq 0$ gibt es Punkte x_n, y_n in X mit $d(x_n, y_n) \geq \varepsilon$, die im selben Element V_n von $\bigvee_{k=-n}^{n} T^{-k} \mathcal{U}$ liegen. Wir können V_n als $V_n = \bigcap_{k=-n}^{n} T^{-k} U_{k,n}$ schreiben, wobei $U_{k,n} \in \mathcal{U}$ für $n \geq 1$ und $k = -n, \dots, n$ ist.

Da X kompakt ist, gibt es eine Teilfolge $(n_j)_{j \geq 1}$ der natürlichen Zahlen, sodass die Folgen (x_{n_j}) und (y_{n_j}) gegen Grenzwerte x bzw. y konvergieren. Dann gilt auch $d(x, y) \geq \varepsilon$.

Betrachten wir nun die Mengen $U_{0,n_j} \in \mathcal{U}$, $j \geq 1$. Da $\mathcal{U}$ endlich ist, stimmen unendlich viele dieser Mengen überein, d. h., es gibt eine Menge $U_0 \in \mathcal{U}$ und eine unendliche Teilfolge $(n_j^{(0)})_{j \geq 1}$ von $(n_j)_{j \geq 1}$ mit $U_0 = U_{0,n_j^{(0)}}$ für alle $j \geq 1$. Damit gilt auch $x_{n_j^{(0)}}, y_{n_j^{(0)}} \in U_0$ für jedes $j \geq 1$.

Wir können eine weitere Teilfolge $(n_j^{(1)})_{j \geq 1}$ von $(n_j^{(0)})_{j \geq 1}$ und Elemente $U_{\pm 1} \in \mathcal{U}$ wählen, sodass $U_{i,n_j^{(1)}} = U_i$ für $i = -1, 0, 1$ und alle $j \geq 1$ gilt. Damit ist auch $x_{n_j^{(1)}}, y_{n_j^{(1)}} \in T U_{-1} \cap U_0 \cap T^{-1} U_1$ für jedes $j \geq 1$.

So erhalten wir sukzessive Elemente $U_i \in \mathcal{U}$, $i \in \mathbb{Z}$, und immer weitere unendliche Teilfolgen $(n_j^{(k)})_{j \geq 1}$ von $(n_j)_{j \geq 1}$, für die $U_{i,n_j^{(k)}} = U_i$ für alle $i = -k, \dots, k$ und $j \geq 1$ gilt. Damit ist auch $x_{n_j^{(k)}}, y_{n_j^{(k)}} \in \bigcap_{i=-k}^{k} T^{-i} U_i$ für jedes $k \geq 0$ und $j \geq 1$ und daher $x, y \in \bigcap_{k \geq 0} \overline{\bigcap_{i=-k}^{k} T^{-i} U_i} \subset \bigcap_{i=-\infty}^{\infty} T^{-i} \bar{U}_i$. Das widerspricht unserer Voraussetzung, dass $\mathcal{U}$ ein topologischer Erzeuger für T ist. $\square$

Satz 4.11 *Ein Homöomorphismus T eines kompakten metrischen Raumes (X, d) ist genau dann expansiv, wenn er einen topologischen Erzeuger besitzt.*

Beweis Es sei T expansiv mit expansiver Konstante $\delta > 0$, und $\mathcal{U}$ sei eine endliche Überdeckung von X mit $\Delta(\mathcal{U}) < \delta$ (vgl. Notation 4.7), z. B. eine endliche Überdeckung $\mathcal{U} \subset \mathcal{U}_{\delta/2}$. Wenn $x, y \in X$ in einer Menge der Form $\bigcap_{n \in \mathbb{Z}} T^{-n} \bar{U}_n$ mit $U_n \in \mathcal{U}$ liegen, dann ist $d(T^n x, T^n y) < \delta$ für jedes n, woraus $x = y$ folgt. Das bedeutet, dass $\mathcal{U}$ ein topologischer Erzeuger für T ist.

Für die Umkehrung nehmen wir an, dass $\mathcal{U}$ ein topologischer Erzeuger für T ist. Wenn $d(x,y) < \delta(\mathcal{U})$ (der Lebesguezahl von $\mathcal{U}$) ist, so gibt es zu jedem $n \in \mathbb{Z}$ ein $U_n \in \mathcal{U}$ mit $T^n y \in B_\delta(T^n x) \subset U_n$. Daher gilt $x,y \in \bigcap_{n\in\mathbb{T}} T^{-n} U_n$. Da $\bigcap_{n\in\mathbb{T}} T^{-n} U_n$ höchstens einen Punkt enthalten kann, ist $x = y$. Damit ist die Expansivität von T gezeigt. $\square$

Korollar 4.12 Es sei T ein expansiver Homöomorphismus eines kompakten metrischen Raumes (X,d) mit expansiver Konstante δ. Dann ist jede endliche Zerlegung $\mathcal{P}$ von X mit Durchmesser $\Delta(\mathcal{P}) = \max_{A\in\mathcal{P}} \sup_{x,y\in A} d(x,y) < \delta/2$ ein zweiseitiger Erzeuger für T im Sinne von Definition 3.23. Insbesondere gilt $h_\mu(T,\mathcal{P}) = h_\mu(T)$ für jede derartige Zerlegung und für jedes $\mu \in \mathcal{M}(X)^T$.

Beweis Es sei $\mathcal{P}$ eine endliche Zerlegung von X mit Durchmesser $< \delta/2$. Für jedes $A \in \mathcal{P}$ wählen wir einen Punkt $x_A \in A$. Dann ist $A \subset B_{\delta/2}(x_A)$, und der erste Teil des Beweises von Satz 4.11 zeigt, dass die offene Überdeckung $\mathcal{U} = \{B_{\delta/2}(x_A) : A \in \mathcal{P}\}$ ein topologischer Erzeuger für T ist. Satz 4.10 besagt, dass es zu jedem $m \geq 1$ ein $n_m \geq 1$ gibt, für das der Durchmesser der Zerlegung $\mathcal{Q}_m = \bigvee_{k=-n_m}^{n_m} T^{-k}\mathcal{P}$ die Ungleichung $\Delta(\mathcal{Q}_m) \leq \Delta(\bigvee_{k=-n_m}^{n_m} T^{-k}\mathcal{U}) < \frac{1}{m}$ erfüllt.

Es sei nun $C \subset X$ eine abgeschlossene Menge. Für jedes $\varepsilon > 0$ und $m \geq 1$ betrachten wir die offene Menge $C_\varepsilon = \{x \in X : d(x,C) < \varepsilon\}$ und setzen $C^{(m)} = \bigcup\{A \in \mathcal{Q}_m : A \cap C \neq \varnothing\} \in \widehat{\mathcal{Q}}_m$ der von $\mathcal{Q}_m$ erzeugten Algebra. Dann ist $C \subset C^{(m)} \subset C_{1/m}$, woraus $C = \bigcap_{m\geq 1} C^{(m)}$ folgt. Damit liegt C in der von $\bigvee_{k\in\mathbb{Z}} T^{-k}\mathcal{P}$ erzeugten σ-Algebra, die wir mit $\mathcal{T}$ bezeichnen. Da C eine beliebige abgeschlossene Teilmenge von X war, stimmt $\mathcal{T}$ mit der Borel-σ-Algebra $\mathcal{B}_X$ überein, d. h., $\mathcal{P}$ ist ein zweiseitiger Erzeuger im Sinne von Definition 3.23. Laut Satz 3.25 ist daher $h_\mu(T,\mathcal{P}) = h_\mu(T)$ für jedes $\mu \in \mathcal{M}(X)^T$. $\square$

Satz 4.13 *Es sei (X,T) ein invertierbares topologisches dynamisches System. Wenn $\mathcal{U}$ ein topologischer Erzeuger für T ist, so ist $h(T) = h(T,\mathcal{U}) < \infty$.*

Beweis Es sei $\mathcal{U}$ ein topologischer Erzeuger für T, und $\mathcal{V}$ sei eine beliebige offene Überdeckung von X mit Lebesguezahl $\delta(\mathcal{U})$. Wegen Satz 4.10 gibt es ein $N \geq 1$, sodass die Überdeckung $\mathcal{W} = \bigvee_{k=-N}^{N} T^{-k}\mathcal{U}$ den Durchmesser $\Delta(\mathcal{W}) < \delta(\mathcal{V})$ hat. Damit gilt $\mathcal{W} \prec \mathcal{V}$ und daher (wegen der Aufgaben 4.3 und 4.5 (1)) auch $h(T,\mathcal{V}) \leq h(T,\mathcal{W}) = h(T,\mathcal{U}) \leq H(\mathcal{U}) < \infty$ (vgl. Lemma 4.2). Damit ist der Satz bewiesen. $\square$

4.2.1 Die Entropie topologischer Markovshifts

Es seien im Folgenden M eine aperiodische $N \times N$-Matrix, Σ_M der durch M definierte zweiseitige Markovshift und σ die Shifttransformation auf Σ_M (siehe Definitionen 1.30 und 1.31).

Satz 4.14 (Entropie von Markovshifts) *Es sei* (Σ_M, σ) *der durch eine aperiodische* $N \times N$-*Matrix definierte Markovshift. Dann gilt* $h(\sigma) = \log \rho$, *wobei* ρ *der im Absolutbetrag größte, und automatisch positive, Eigenwert von* M *ist.*

Ein wichtiges Hilfsmittel für den Beweis von Satz 4.14 ist ein Satz aus der linearen Algebra, den wir hier in einer etwas vereinfachten Version beweisen.

Satz 4.15 (Satz von Perron-Frobenius) *Es sei* Q *eine* $N \times N$-*Matrix mit nichtnegativen Koeffizienten, die weiterhin aperiodisch ist, d. h. für die eine Potenz* Q^k *mit* $k \geq 1$ *nur positive Koeffizienten hat. Dann gibt es einen einfachen[1] Eigenwert* $\rho > 0$ *von* Q, *sodass* $|\lambda| < \rho$ *für alle weiteren Eigenwerte* λ *von* Q *gilt. Außerdem gibt es einen Eigenvektor* v *mit positiven Koeffizienten zum Eigenwert* ρ.

Wir schreiben im folgenden $|\mathbf{v}| = (|v_1|, \ldots, |v_N|)$ für den Vektor der Absolutbeträge eines Vektors $\mathbf{v} \in \mathbb{R}^N$. Weiterhin schreiben wir $\mathbf{v} \leq \mathbf{w}$ falls $\mathbf{v}, \mathbf{w} \in \mathbb{R}^N$ und $v_j \leq w_j$ für $j = 1, \ldots, N$. Wir nennen einen Vektor $\mathbf{v} \in \mathbb{R}^N$ *positiv* (*nichtnegativ*), wenn alle seine Koeffizienten positiv (nichtnegativ) sind.

Beweis von Satz 4.15 Wir nehmen zuerst an, dass Q nur positive Koeffizienten hat. Es sei $\lambda' \in \mathbb{C}$ einer der im Absolutbetrag größten Eigenwerte von Q. Da die Spur tr(Q) von Q positiv und gleichzeitig die Summe der Eigenwerte (mit Vielfachheit) ist, ist $|\lambda'| > 0$. Sei $\mathbf{v}' = (v_1', \ldots, v_N') \in \mathbb{C}^N$ ein rechter Eigenvektor zum Eigenwert λ'. Da Q nichtnegative Koeffizienten hat, folgt aus der Dreiecksungleichung in den komplexen Zahlen die komponentenweise Ungleichung

$$|\lambda'| |\mathbf{v}'| = |\lambda' \mathbf{v}'| = |Q\mathbf{v}'| \leq Q|\mathbf{v}'|. \tag{4.3}$$

Wir behaupten, dass hier in der Tat eine Gleichheit gilt, womit dann $|\lambda'|$ auch ein Eigenwert und $\mathbf{v} = |\mathbf{v}'|$ ein Eigenvektor von Q sind.

Um das zu beweisen, nehmen wir indirekt an, dass der nichtnegative Vektor $\mathbf{w} = Q|\mathbf{v}'| - |\lambda'| |\mathbf{v}'|$ nichttrivial ist. Dann sind $Q\mathbf{w}$ und $\mathbf{u} = Q|\mathbf{v}'|$ zwei positive Vektoren. Also gibt es ein $\varepsilon > 0$, sodass $\varepsilon \mathbf{u} \leq Q\mathbf{w}$ ist. Wir verwenden nun $Q\mathbf{w} = Q\mathbf{u} - |\lambda'|\mathbf{u}$ und erhalten aus dieser Ungleichung, dass $(|\lambda'| + \varepsilon)\mathbf{u} \leq Q\mathbf{u}$ ist. Wir können diese Ungleichung nun iterieren, sodass

$$\left(\frac{1}{|\lambda'| + \varepsilon} Q \right)^n \mathbf{u} \geq \mathbf{u} \tag{4.4}$$

für alle $n \geq 1$ gilt. Die Eigenwerte der Matrix $\frac{1}{|\lambda'| + \varepsilon} Q$ sind aber alle vom Absolutbetrag kleiner als 1. Wenn nun R die Jordan-Normalform der Matrix $\frac{1}{|\lambda'| + \varepsilon} Q$ ist, dann sind die Koeffizienten von R^n alle von der Form $\eta^n p(n)$, wobei $|\eta| < 1$ und $p(n)$ ein Polynom in n ist, was $\lim_{n \to \infty} R^n = \lim_{n \to \infty} (\frac{1}{|\lambda'| + \varepsilon} Q)^n = 0$ zur Folge hat. Wir erhalten aus diesem Wider-

---

[1] Das heißt, die geometrische und algebraische Vielfachheit des Eigenwertes ρ ist 1.

spruch zu (4.4), dass in der Tat Gleichheit in (4.3) gilt und daher $\mathbf{v} = |\mathbf{v}'|$ ein nichtnegativer Eigenvektor zum positiven Eigenwert $\rho = |\lambda'|$ ist. Da Q positive Koeffizienten hat, folgt daraus auch, dass $\mathbf{v}$ ein positiver Vektor ist.

Sei nun Q eine aperiodische Matrix wie in der Voraussetzung des Satzes. Wenn wir den obigen Beweis auf die Matrix Q^k anwenden, dann erhalten wir einen positiven Eigenwert ρ_k und einen positiven Eigenvektor v_k für Q^k. Wir setzen $\rho = \sqrt[k]{\rho_k}$ und $v = \sum_{j=0}^{k-1} \rho^{-j} Q^j v_k$. Dann ist $v \neq 0$ ein positiver Vektor und es gilt

$$Qv = \sum_{j=0}^{k-1} \rho \rho^{-(j+1)} Q^{j+1} v_k = \rho \sum_{j=1}^{k-1} \rho^{-j} Q^j v_k + \rho \rho^{-k} Q^k v_k = \rho v.$$

Also ist wiederum gezeigt, dass es einen positiven Eigenwert mit einem positiven Eigenvektor gibt.

Wir setzen $P_{ij} = \rho^{-1} v_i^{-1} Q_{ij} v_j$, wobei ρ^{-1} als Normalisierung des maximalen Eigenwertes zu verstehen ist und die Terme v_i^{-1}, v_j einer Konjugation mit einer diagonalen Matrix gleichkommen. Dann ist P eine aperiodische stochastische Matrix. Aus Aufgabe 2.25 (3) folgt, dass 1 ein einfacher Eigenwert der Matrix P ist und die weiteren Eigenwerte von P Absolutbetrag kleiner als 1 haben. Daraus folgt, das ρ ein einfacher Eigenwert von Q ist und alle weiteren Eigenwerte von Q Absolutbetrag kleiner als ρ haben. $\square$

Beweis von Satz 4.14 Sei M eine aperiodische Matrix mit Koeffizienten in $\{0,1\}$ und Σ_M wie im Satz. Sei $\mathcal{U} = \{_0[j] : j = 1, \dots, N\}$ die offene Überdeckung von Σ_M, die durch die Zylindermengen für das Symbol an der nullten Stelle definiert ist. Dann ist $\mathcal{U}$ ein topologischer Erzeuger, also gilt $h(\sigma) = h(\sigma, \mathcal{U})$ nach Satz 4.13. Da $\mathcal{U}$ aber auch eine Zerlegung ist, ist $N(\bigvee_{j=0}^{n-1} \mathcal{U})$ die Anzahl der nichtleeren Elemente von $\bigvee_{j=0}^{n-1} \mathcal{U}$. Da M die erlaubten Übergänge in den Symbolen $\{1, \dots, N\}$ beschreibt und eine positive Potenz hat, folgt daraus $h(\sigma) = \lim_{n\to\infty} \frac{1}{n} \log w_n$, wobei $w_n = \sum_{i,j} (M^n)_{ij}$ die Anzahl der erlaubten Wörter der Länge n ist.

Sei R die Jordan-Normalform von M. Dann sind nach Satz 4.15 alle Koeffizienten von R^n entweder von der Form ρ^n oder von der Form $\eta^n p(n)$ für einen Eigenwert $|\eta| < \rho$ und ein Polynom $p(n)$. Daraus folgt, dass $w_n = \sum_{i,j} (M^n)_{i,j}$ eine Linearkombination von derartigen Ausdrücken ist. Daher ist $w_n \leq C\rho^n$ für alle $n \geq 1$ und eine absolute Konstante $C > 0$. Weiterhin ist $w_n \geq \sum_i (M^n)_{ii} = \operatorname{tr}(M^n) = \rho^n + \sum_{|\eta|<\rho} \eta^n$, wobei die Summe über alle weiteren Eigenwerte η von M geht. Daher ist auch $w_n \geq c\rho^n$ für alle $n \geq 1$ und eine Konstante $c > 0$. Daraus folgt die Aussage des Satzes. $\square$

4.3   Die Entropieabbildung und das Variationsprinzip

Sei (X, T) ein topologisches dynamisches System. Für jedes Wahrscheinlichkeitsmaß $\mu \in \mathcal{M}(X)^T$ betrachten wir die maßtheoretische Entropie $h_\mu(T)$ der Transformation T (Definition 3.15). Die so auf $\mathcal{M}(X)^X$ definierte Abbildung $\mu \mapsto h_\mu(T)$ bezeichnet man als die *Entropieabbildung* von T (mit Werten in $[0, \infty]$).

4.3.1 Die Entropieabbildung

In diesem Abschnitt beweisen wir einige wichtige Eigenschaften der Entropieabbildung.

Satz 4.16 (Affinität der Entropieabbildung) *Es sei* (X, T) *ein topologisches dynamisches System. Dann ist die Entropieabbildung von T affin: Für alle $k \geq 2$, alle $\mu_1, \ldots, \mu_k \in \mathcal{M}(X)^T$ und alle $t_1, \ldots, t_k \in [0,1]$ mit $\sum_{i=1}^{k} t_i = 1$ ist $h_{\sum_{i=1}^{k} t_i \mu_i}(T) = \sum_{i=1}^{k} t_i h_{\mu_i(T)}$.*

Wir beginnen den Beweis von Satz 4.16 mit einem Lemma.

Lemma 4.17 Sei $(X, \mathcal{S})$ ein messbarer Raum. Für alle $k \geq 2$, alle $\mu_1, \ldots, \mu_k \in \mathcal{M}(X)$ und $t_1, \ldots, t_k \in [0,1]$ mit $\sum_{i=1}^{k} t_i = 1$ gilt

$$\sum_{i=1}^{k} t_i H_{\mu_i}(\mathcal{P}) \leq H_{\mu}(\mathcal{P}) \leq \sum_{i=1}^{k} t_i H_{\mu_i}(\mathcal{P}) + \log k$$

für jede endliche Zerlegung $\mathcal{P} \subset \mathcal{S}$, wobei $\mu = \sum_{i=1}^{k} t_i \mu_i$ ist.

Beweis Es sei $\tilde{X} = X \times \{1, \ldots, k\}$. Für jedes $i = 1, \ldots, k$ betrachten wir die Abbildung $\phi_i \colon x \mapsto (x, i)$ von X nach $\tilde{X}$ und das Wahrscheinlichkeitsmaß $\tilde{\mu}_i = (\phi_i)_* \mu_i \in \mathcal{M}(\tilde{X})$, und wir setzen $\tilde{\mu} = \sum_{i=1}^{k} t_i \tilde{\mu}_i \in \mathcal{M}(\tilde{X})$. Wenn $\pi \colon \tilde{X} \longrightarrow X$ die Projektion $\pi(x, i) = x$ ist, so ist offensichtlich $\pi_* \tilde{\mu} = \mu$ und (wie im Beweis von Lemma 3.9) $H_{\tilde{\mu}}(\pi^{-1}(\mathcal{P})) = H_{\mu}(\mathcal{P})$.

Wir betrachten die durch $\mathcal{Q} = \{X \times \{i\} : i = 1, \ldots, k\}$ gegebene Zerlegung von $\tilde{X}$. Dann gilt

$$H_{\tilde{\mu}}(\mathcal{Q} \vee \pi^{-1}\mathcal{P})) = H_{\tilde{\mu}}(\pi^{-1}\mathcal{P} \mid \mathcal{Q}) + H_{\tilde{\mu}}(\mathcal{Q}) \leq H_{\tilde{\mu}}(\pi^{-1}\mathcal{P} \mid \mathcal{Q}) + \log k$$

(vgl. Aufgabe 3.4 (2)). Da $\sum_{i=1}^{k} t_i H_{\mu_i}(\mathcal{P}) = H_{\tilde{\mu}}(\pi^{-1}\mathcal{P} \mid \mathcal{Q}) \leq H_{\tilde{\mu}}(\pi^{-1}\mathcal{P})$ wegen (3.3) ist, haben wir das Lemma bewiesen. $\square$

Beweis von Satz 4.16 Wir setzen $\mu = \sum_{i=1}^{k} t_i \mu_i$. Wenn $\mathcal{Q}$ eine beliebige endliche Zerlegung von X ist, dann setzen wir $\mathcal{P}_n = \bigvee_{i=0}^{n-1} T^{-i} \mathcal{Q}$ und erhalten aus Lemma 4.17

$$\frac{1}{n} \sum_{i=1}^{k} t_i H_{\mu_i}(\mathcal{P}_n) \leq \frac{1}{n} H_{\mu}(\mathcal{P}_n) \leq \frac{1}{n} \sum_{i=1}^{k} t_i H_{\mu_i}(\mathcal{P}_n) + \frac{\log k}{n}$$

für jedes $n \geq 1$. Mit $n \to \infty$ erhalten wir $h_{\mu}(T, \mathcal{P}) = \sum_{i=1}^{k} t_i h_{\mu_i}(T, \mathcal{P})$ (vgl. Definition 3.10). Da $\mathcal{P}$ beliebig war, folgt $h_{\mu}(T) \leq \sum_{i=1}^{k} t_i h_{\mu_i}(T)$ (Definition 3.15).

Für die umgekehrte Ungleichung nehmen wir o.B.d.A.[2] an, dass $t_i > 0$ ist für alle i. Sei $\varepsilon > 0$, und $\mathcal{P}_i$, $i = 1, \ldots, k$, seien endliche Zerlegungen von X mit

$$h_{\mu_i}(T, \mathcal{P}_i) > \begin{cases} h_{\mu_i}(T) - \varepsilon, & \text{wenn } h_{\mu_i}(T) < \infty \text{ ist,} \\ \frac{1}{\varepsilon t_i}, & \text{wenn } h_{\mu_i}(T) = \infty \text{ ist,} \end{cases}$$

Für $\mathcal{P} = \bigvee_{i=1}^k \mathcal{P}_i$ ergibt sich aus Satz 3.13 und der obigen Ungleichung

$$h_{\mu}(T, \mathcal{P}) > \begin{cases} \sum_{i=1}^k t_i h_{\mu_i}(T) - \varepsilon & \text{für } \sum_{i=1}^k h_{\mu_i}(T) < \infty, \\ 1/\varepsilon & \text{für } \sum_{i=1}^k h_{\mu_i}(T) = \infty, \end{cases}$$

sodass $h_{\mu}(T) \geq \sum_{i=1}^k t_i h_{\mu_i}(T)$ ist. Damit ist der Satz bewiesen. $\qquad\square$

In Aufgabe 2.34 haben wir gesehen, dass jedes shiftinvariante ergodische Wahrscheinlichkeitsmaß μ auf dem N-Shift Σ_N Grenzwert einer schwach*-konvergenten Folge $(\nu_n)_{n \geq 1}$ von shiftinvarianten Wahrscheinlichkeitsmaßen ist, wobei jedes ν_n auf der Bahn eines einzigen periodischen Punktes konzentriert ist. Damit ist $h_{\nu_n}(\sigma) = 0$ für jedes $n \geq 1$, aber $h_{\mu}(\sigma)$ kann natürlich positiv sein (siehe Beispiel 3.26). So sieht man, dass die Entropiefunktion im Allgemeinen nicht stetig in der schwachen*-Topologie ist. Der nächste Satz zeigt aber, dass die Entropiefunktion eines *expansiven* Homöomorphismus zumindest *halbstetig* ist.

Satz 4.18 (Halbstetigkeit der Entropieabbildung) *Sei T ein expansiver Homöomorphismus eines kompakten metrischen Raumes (X, d). Dann gibt es zu jedem $\mu \in \mathcal{M}(X)^T$ und zu jedem $\varepsilon > 0$ eine schwach*-offene Umgebung U von μ in $\mathcal{M}(X)^T$, sodass $h_{\nu}(T) < h_{\mu}(T) + \varepsilon$ für jedes $\nu \in U$ gilt. Die Entropieabbildung $\mu \mapsto h_{\mu}(T)$ ist also halbstetig von oben.*

Erneut beginnen wir den Beweis mit einem einfachen Lemma.

Lemma 4.19 Seien (X, d) ein kompakter metrischer Raum und $\mu \in \mathcal{M}(X)$. Dann gibt es zu jedem $\varepsilon > 0$ eine endliche Zerlegung $\mathcal{P}$ von X mit Durchmesser $\Delta(\mathcal{P}) < \varepsilon$ und $\mu(\partial A) = 0$ für alle $A \in \mathcal{P}$.

Beweis Da für jedes $x \in X$ die Mengen $S_\delta(x) = \{y \in X : d(x, y) = \delta\} \supset \partial B_\varepsilon(x)$ abgeschlossen und für verschiedene Werte von δ disjunkt sind, können wir die Menge $B_{\varepsilon/2}(x) = \{y \in X : d(x, y) < \frac{\varepsilon}{2}\}$ als Vereinigung von überabzählbar vielen paarweise disjunkten messbaren Mengen schreiben. Daraus folgt, dass es zu jedem $x \in X$ ein

---

[2] Ohne Beschränkung der Allgemeinheit.

$\varepsilon_x < \varepsilon/2$ gibt, für das $\mu(\partial B_{\varepsilon_x}(x)) = 0$ ist. Wir wählen eine endliche Teilüberdeckung $\{B_{\varepsilon_{x_m}}(x_m) : m = 1, \ldots, M\}$ der Überdeckung $\{B_{\varepsilon_x}(x) : x \in X\}$ von X und setzen $A_1 = B_{x_1}(x_1), A_2 = B_{x_2}(x_2) \smallsetminus A_1, \ldots, A_M = B_{x_M}(x_M) \smallsetminus \bigcup_{i=1}^{M-1} A_i$. Da $\partial A_m \subset \bigcup_{i=1}^{M} \partial B_{x_i}(x_i)$ gilt, ist auch $\mu(\partial A_m) = 0$ für $m = 1, \ldots, M$. Weiterhin ist der Durchmesser $\Delta(A_m)$ jeder dieser Mengen $< \varepsilon$. $\qquad\square$

Beweis von Satz 4.18 Es seien δ eine expansive Konstante von T und $\mathcal{P} = \{A_1, \ldots, A_m\}$ eine endliche Zerlegung von X mit Durchmesser $\Delta(\mathcal{P}) < \delta/2$. Korollar 4.12 besagt, dass $h_\mu(T) = h_\mu(T, \mathcal{P})$ für jedes $\mu \in \mathcal{M}(X)^T$ gilt.

Sei nun $\mu \in \mathcal{M}(X)^T$ und $\varepsilon > 0$. Laut Lemma 3.11 gibt es ein $N \geq 1$ mit $\frac{1}{N} H_\mu(\bigvee_{k=0}^{n-1} T^{-k} \mathcal{P}) < h_\mu(T) + \varepsilon/2$. Wir setzen $\mathcal{Q} = \bigvee_{k=0}^{n-1} T^{-k} \mathcal{P}$. Wegen $\partial C \subset \bigcup_{k=0}^{n-1} T^{-k} \bigcup_{j=1}^{m} \partial A_j$ gilt $\mu(\partial C) = 0$ für alle $C \in \mathcal{Q}$. Wir behaupten, dass

$$\frac{1}{n} H_\nu\left(\bigvee_{k=0}^{n-1} T^{-k} \mathcal{Q}\right) \leq H_\mu\left(\bigvee_{k=0}^{n-1} T^{-k} \mathcal{P}\right) + \frac{\varepsilon}{2}$$

für alle ν in einer genügend kleinen schwachen*-Umgebung U von μ gilt. Andernfalls können wir mittels Aufgabe 1.53 eine Folge $\nu_n \in \mathcal{M}(X)$ finden, sodass ν_n in der schwachen*-Topologie gegen μ konvergiert und die umgekehrte Ungleichung gilt. In diesem Falle folgt aber aus Lemma 1.54 und der Stetigkeit der Funktion Φ in Definition 3.2 ein Widerspruch.

Da $\mathcal{Q}$ Durchmesser $< \delta/2$ hat, ist wegen Korollar 4.12 $h_\nu(T) = h_\nu(T, \mathcal{Q})$ und daher, wegen Lemma 3.11,

$$h_\nu(T) \leq \frac{1}{n} H_\nu\left(\bigvee_{k=0}^{n-1} T^{-k} \mathcal{Q}\right) \leq \frac{1}{n} H_\mu\left(\bigvee_{k=0}^{n-1} T^{-k} \mathcal{P}\right) + \frac{\varepsilon}{2} < h_\mu(T) + \varepsilon.$$

Damit ist der Satz bewiesen. $\qquad\square$

4.3.2   Das Variationsprinzip

In diesem Abschnitt beschreiben wir den Zusammenhang zwischen maßtheoretischer und topologischer Entropie.

Satz 4.20 (Variationsprinzip) *Für jedes topologische dynamische System ist* $h(T) = \sup_{\mu \in \mathcal{M}(X)^T} h_\mu(T)$.

Wir beginnen den Beweis von Satz 4.20 mit zwei Lemmas.

Lemma 4.21 Es seien (X, T) ein topologisches dynamisches System und $\mu \in \mathcal{M}(X)^T$. Dann ist $h_\mu(T) \leq h(T)$.

Beweis Es seien $\mathcal{P} = \{A_1, \ldots, A_m\}$ eine endliche Zerlegung von X und $\varepsilon > 0$ mit $\varepsilon < 1/m \log m$. Da μ regulär ist [3, Satz VII.5], existieren abgeschlossene (und daher kompakte) Mengen $B_i \subset A_i$, $i = 1, \ldots, m$, mit $\mu(A_i \setminus B_i) < \varepsilon$. Für die Zerlegung $\mathcal{Q} = \{B_0, B_1, \ldots, B_m\}$ mit $B_0 = X \setminus \bigcup_{i=1}^m B_i$ gilt $\mu(B_0) < m\varepsilon$ und

$$
\begin{aligned}
H_\mu(\mathcal{P} \mid \mathcal{Q}) &= \sum_{i=0}^m \sum_{j=1}^m \mu(B_i) \Phi\left(\frac{\mu(B_i \cap A_j)}{\mu(B_i)}\right) \quad \text{(wegen Beispiel 3.7 (3))} \\
&= \mu(B_0) \sum_{j=1}^m \Phi\left(\frac{\mu(B_0 \cap A_j)}{\mu(B_0)}\right) \quad \left(\text{da } \frac{\mu(B_i \cap A_j)}{\mu(B_i)} \in \{0,1\} \text{ für } i \neq 0\right) \\
&\leq \mu(B_0) \log m \quad \text{(wegen Aufgabe 3.4 (2))} \\
&< m\varepsilon \log m < 1.
\end{aligned}
$$

Um einen Zusammenhang mit topologischer Entropie herzustellen, betrachten wir die offenen Mengen $U_i = B_0 \cup B_i = X \setminus \bigcup_{j\neq i} B_j$, $i = 1, \ldots, m$, die eine Überdeckung $\mathcal{U}$ des Raumes X bilden. Wegen Aufgabe 3.4 (2) ist, für jedes $n \geq 1$, $H_\mu(\bigvee_{k=0}^{n-1} T^{-k}\mathcal{Q}) \leq \log N(\bigvee_{k=0}^{n-1} T^{-k}\mathcal{Q})$, wobei $N(\bigvee_{k=0}^{n-1} T^{-k}\mathcal{Q})$ die Anzahl der nichtleeren Mengen in der Zerlegung $\bigvee_{k=0}^{n-1} T^{-k}\mathcal{Q}$ ist.

Jede der Mengen in der Überdeckung $\bigvee_{k=0}^{n-1} T^{-k}\mathcal{U}$ ist von der Form $U = \bigcap_{k=0}^{n-1} T^{-k}U_{l_k}$ mit $l_k \in \{1, \ldots, m\}$. Damit zerfällt U in (höchstens) 2^n nichtleere Mengen der Zerlegung $\bigvee_{k=0}^{n-1} T^{-k}\mathcal{Q}$, da wir ja jedes U_{l_k} in die disjunkten Mengen $B_0 \cup B_{l_k}$ zerlegen können. Also ist $N(\bigvee_{k=0}^{n-1} T^{-k}\mathcal{Q}) \leq N(\bigvee_{k=0}^{n-1} T^{-k}\mathcal{U}) \cdot 2^n$. Daher gilt $h_\mu(T, \mathcal{Q}) \leq h(T, \mathcal{U}) + \log 2 \leq h(T) + \log 2$.

Wegen Satz 3.14 ist $h_\mu(T, \mathcal{P}) \leq h_\mu(T, \mathcal{Q}) + H_\mu(\mathcal{P} \mid \mathcal{Q}) \leq h(T) + \log 2 + 1$. Wir nehmen das Supremum über alle Zerlegungen $\mathcal{P}$ und erhalten die Ungleichung

$$
h_\mu(T) \leq h(T) + \log 2 + 1. \tag{4.5}
$$

Für diese Ungleichung hatten wir keine Voraussetzungen über die Transformation T gemacht. Daher gilt Ungleichung (4.5) auch, wenn wir T durch T^M mit $M \geq 1$ ersetzen. Aus Satz 3.17 und Aufgabe 4.5 (2) erhalten wir $h_\mu(T^M) = M h_\mu(T) \leq h(T^M) + \log 2 + 1 = Mh(T) + \log 2 + 1$ für jedes $M \geq 1$, woraus $h_\mu(T) \leq h(T)$ folgt. $\square$

Lemma 4.22 Zu jedem $\varepsilon > 0$ gibt es ein $\mu \in \mathcal{M}(X)^T$ mit $h_\mu(T) \geq s(T, \varepsilon)$ (vgl. Definition 4.6).

Beweis Für jedes $n \geq 1$ wählen wir eine (n, ε)-getrennte Menge mit $s_n(T, \varepsilon)$ Elementen. Wir bezeichnen das gleichverteilte Wahrscheinlichkeitsmaß auf E_n mit ν_n und setzen $\mu_n = \frac{1}{n} \sum_{k=0}^{n-1} T_*^k \nu_n$. Da $\mathcal{M}(X)$ schwach*-kompakt ist, gibt es eine Teilfolge $(n_j)_{j\geq 1}$ der natürlichen Zahlen mit $\lim_{j\to\infty} s_{n_j}(T, \varepsilon) = s(T, \varepsilon)$, sodass $(\mu_{n_j})_{j\geq 1}$ schwach* gegen ein Maß $\mu \in \mathcal{M}(X)^T$ konvergiert (Lemma 1.59). Wir wollen zeigen, dass $h_\mu(T) \geq s(T, \varepsilon)$ gilt.

Dazu konstruieren wir mit Hilfe von Lemma 4.19 eine endliche Zerlegung $\mathcal{P} = \{A_1, \ldots, A_M\}$ mit Durchmesser $< \varepsilon$ und Rändern vom μ-Maß 0. Dann kann keine der Mengen $A \in \bigvee_{k=0}^{n-1} T^{-k}\mathcal{P}$ mehr als ein Element von E_n enthalten. Damit haben $s_n(T, \varepsilon)$ dieser Mengen ν_n-Maß $1/s_n(T, \varepsilon)$, und alle anderen haben ν_n-Maß 0. Des Weiteren gilt natürlich $\mu(\partial A) = 0$ für jedes $A \in \bigvee_{k=0}^{n-1} T^{-k}\mathcal{P}$, da ja $\partial A \subset \bigcup_{k=0}^{n-1} \bigcup_{i=1}^{M} T^{-k}\partial B_{x_i}(x_i)$ ist.

Für jedes q, j mit $1 < q < n$ und $0 \le j < q$ betrachten wir die mit j beginnende arithmetische Folge $F_{j,q} = \{j, j+q, \ldots, j+(a_{j,q}-1)q\} \subset \{0, \ldots, n-1\}$ der Differenz q, wobei $a_{j,q} = [(n-j)/q]$ der ganzzahlige Teil von $(n-j)/q$ ist. Wenn $J_q = \{0, \ldots, q-1\}$ ist, so sind die Translate $s + J_q$, $s \in F_{j,q}$, paarweise disjunkt und in $J_n = \{0, \ldots, n-1\}$ enthalten, und die Menge $S = J_n \setminus [\bigcup_{s \in F_{j,q}}(s+J_q)]$ hat höchstens $j + q \le 2q$ Elemente.

Mit dieser Zerlegung von J_n in die paarweise disjunkten Mengen $s + J_q$, $s \in F_{j,q}$ und die Restmenge S erhalten wir

$$\bigvee_{k=0}^{n-1} T^{-k}\mathcal{P} = \bigvee_{s \in F_{j,q}} \left[T^{-s} \left(\bigvee_{t \in J_q} T^{-t}\mathcal{P} \right) \right] \vee \bigvee_{j \in S} T^{-j}\mathcal{P}$$

und

$$\log s_n(T, \varepsilon) = H_{\nu_n} \left(\bigvee_{k=0}^{n-1} T^{-k}\mathcal{P} \right)$$

$$\le \sum_{s \in F_{j,q}} H_{\nu_n} \left[T^{-s} \left(\bigvee_{t \in J_q} T^{-t}\mathcal{P} \right) \right] + \sum_{j \in S} H_{\nu_n}(T^{-j}\mathcal{P})$$

$$\le \sum_{s \in F_{j,q}} H_{T_*^s \nu_n} \left(\bigvee_{t \in J_q} T^{-t}\mathcal{P} \right) + 2q \log M,$$

wobei wir Satz 3.8 (6), Lemma 3.9 und Aufgabe 3.4 (2) verwendet haben. Wenn wir die letzte Ungleichung über $j = 0, \ldots, q-1$ summieren, erhalten wir

$$q \log s_n(T, \varepsilon) \le \sum_{s \in J_n} H_{T_*^s \nu_n} \left(\bigvee_{t \in J_q} T^{-t}\mathcal{P} \right) + 2q^2 \log M.$$

Wenn wir nun durch n dividieren und Lemma 4.17 anwenden, so folgt

$$\frac{q}{n} \log s_n(T, \varepsilon) \le H_{\mu_n} \left(\bigvee_{t \in J_q} T^{-t}\mathcal{P} \right) + \frac{2q^2}{n} \log M.$$

Wir haben die Zerlegung $\mathcal{P}$ so gewählt, dass die Elemente von $\bigvee_{t \in J_q} T^{-t}\mathcal{P}$ Ränder mit μ-Maß 0 haben. Wegen Lemma 1.54 gilt $\mu(B) = \lim_{j \to \infty} \mu_{n_j}(B)$ für jedes $B \in \bigvee_{t \in J_q} T^{-t}\mathcal{P}$, woraus $\lim_{j \to \infty} H_{\mu_{n_j}}(\bigvee_{t \in J_q} T^{-t}\mathcal{P}) = H_\mu(\bigvee_{t \in J_q} T^{-t}\mathcal{P})$ folgt. Aus der letzten Abschätzung ergibt sich

$$qs(T, \varepsilon) = \limsup_{j \to \infty} \frac{q}{n} \log s_{n_j}(T, \varepsilon) \le \lim_{j \to \infty} H_{\mu_{n_j}} \left(\bigvee_{t=0}^{q-1} T^{-t}\mathcal{P} \right) = H_\mu \left(\bigvee_{t=0}^{q-1} T^{-t}\mathcal{P} \right).$$

Indem wir durch q dividieren und $q \to \infty$ laufen lassen, erhalten wir $s(T, \varepsilon) \le h_\mu(T, \mathcal{P}) \le h_\mu(T)$, wie versprochen. $\square$

Beweis des Variationsprinzips 4.20 Lemma 4.21 besagt, dass $\sup_{\mu \in \mathcal{M}(X)^T} h_\mu(T) \leq h(T)$ ist. Andererseits besagen Definition 4.6 und Satz 4.8, dass

$$h(T) = \lim_{\varepsilon \to 0} \liminf_n s_n(T, \varepsilon) \leq \lim_{\varepsilon \to 0} \limsup_n s_n(T, \varepsilon) = \lim_{\varepsilon \to 0} s(T, \varepsilon)$$

gilt. Wegen Lemma 4.22 ist $\lim_{\varepsilon \to 0} s(T, \varepsilon) \leq \sup_{\mu \in \mathcal{M}(X)^T} h_\mu(T)$, woraus die umgekehrte Ungleichung $h(T) \leq \sup_{\mu \in \mathcal{M}(X)^T} h_\mu(T)$ folgt. □

4.3.3 Maße mit maximaler Entropie

Definition 4.23

Sei (X, T) ein topologisches dynamisches System. Ein Maß $\mu \in \mathcal{M}(X)^T$ hat *maximale Entropie*, wenn $h_\mu(T) = h(T)$ ist. Die Menge aller Maße $\mu \in \mathcal{M}(X)^T$ mit maximaler Entropie bezeichnen wir mit $\mathcal{M}(X)^T_{\max}$.

Satz 4.24 *Sei (X, T) ein topologisches dynamisches System. Dann gilt Folgendes:*

(1) $\mathcal{M}(X)^T_{\max}$ ist eine konvexe Teilmenge von $\mathcal{M}(X)^T$.

(2) Wenn $h(T) < \infty$ und $\mathcal{M}(X)^T_{\max} \neq \varnothing$ ist, dann ist ein Maß $\mu \in \mathcal{M}(X)^T_{\max}$ genau dann ergodisch, wenn es ein Extremalpunkt von $\mathcal{M}(X)^T_{\max}$ ist.

(3) Wenn die Entropieabbildung von T halbstetig von oben ist, so ist $\mathcal{M}(X)^T_{\max}$ schwach*-kompakt und nichtleer.

Beweis Die erste Aussage folgt unmittelbar aus der Affinität der Entropieabbildung (Satz 4.16). Um (2) zu beweisen, nehmen wir an, dass $\mu \in \mathcal{M}(X)^T_{\max}$ ergodisch ist. Dann ist μ wegen Satz 1.80 extremal in $\mathcal{M}(X)^T$ und daher auch in $\mathcal{M}(X)^T_{\max}$. Für die Umkehrung nehmen wir an, dass $\mu \in \mathcal{M}(X)^T_{\max}$ extremal ist. Wäre μ nicht ergodisch, dann gäbe es – wiederum wegen Satz 1.80 – Maße $\mu_1 \neq \mu_2$ in $\mathcal{M}(X)^T$ und $t \in (0, 1)$ sodass $\mu = t\mu_1 + (1 - t)\mu_2$ ist. Laut Satz 4.16 ist $h_\mu(T) = th_{\mu_1}(T) + (1 - t)h_{\mu_2}(T)$. Da $h_{\mu_i}(T) \leq h_\mu(T) = h(T)$ gilt, folgt $h_\mu(T) = h_{\mu_1}(T) = h_{\mu_2}(T)$, d. h. $\mu_1, \mu_2 \in \mathcal{M}(X)^T_{\max}$. Das widerspricht der Annahme, dass μ extremal in $\mathcal{M}(X)^T_{\max}$ ist. Damit ist (2) gezeigt.

Wenn die Entropieabbildung von T halbstetig von oben ist, dann ist die Menge $M_t = \{\mu \in \mathcal{M}(X)^T : h_\mu(T) \geq t\}$ für jedes $t < h(T)$ schwach*-abgeschlossen und wegen Satz 4.20 nichtleer. Da $\mathcal{M}(X)^T$ schwach*-kompakt ist (Satz 1.55), ist auch $\mathcal{M}(X)^T_{\max} = \bigcap_{n \geq 1} M_{h(T) - \frac{1}{n}}$ nichtleer, schwach*-abgeschlossen und kompakt. □

Korollar 4.25 Wenn T ein expansiver Homöomorphismus eines kompakten metrischen Raumes ist, so ist $\mathcal{M}(X)^T_{\max}$ schwach*-kompakt und nichtleer.

Beweis Das folgt aus den Sätzen 4.18 und 4.24.   □

Wenn T nicht expansiv ist, dann kann die Menge $\mathcal{M}(X)^T_{\max}$ leer sein (Aufgabe 9). Wenn $\mathcal{M}(X)^T_{\max} \neq \varnothing$ ist, dann kann es vorkommen, dass $\mathcal{M}(X)^T_{\max}$ nur aus einem einzigem Maß μ besteht.

Definition 4.26

Ein topologisches dynamisches System (X, T) heißt *intrinsisch ergodisch*, wenn es ein eindeutiges Maß mit maximaler Entropie hat.

Beispiele 4.27 (Intrinsisch ergodische Transformationen)
(1) Jede eindeutig ergodische Transformation ist natürlich auch intrinsisch ergodisch.
(2) Es sei $N \geq 2$, und σ sei der Shift auf Σ_N (vgl. (1.13)). Dann ist σ intrinsisch ergodisch und das eindeutige Maß mit maximaler Entropie ist das gleichverteilte Bernoullimaß μ_π mit $\pi_i = 1/N$ für $i = 0, \ldots, N - 1$ in Beispiel 1.64.

Hinweis: Aufgaben 5 und 3.4 (2) sowie Beispiel 3.26.

Wir zeigen nun, dass jeder Markovshift Σ_M, der durch eine aperiodische $N \times N$-Matrix M definiert wird, intrinsisch ergodisch ist. Das eindeutig bestimmte ergodische Maß maximaler Entropie wird Parry-Maß[3] genannt.

Sei $\mathbf{v}_M$ der nach Satz 4.15 eindeutig bestimmte positive rechte Eigenvektor von M zu dem Eigenwert $\rho > 0$ mit maximalem Absolutbetrag. Dann definieren wir eine stochastische Matrix $(\mathsf{P}_M)_{ij} = \rho^{-1} v_i^{-1} \mathsf{M}_{ij} v_j$. Sei π_M der eindeutig bestimmte linke stochastische Eigenvektor zu P_M. Das *Parry-Maß* ist das durch das Paar (π_M, P_M) definierte Markovmaß (Siehe Beispiel 1.65).

Satz 4.28 *Seien* M *eine aperiodische* $N \times N$-*Matrix mit Koeffizienten in* $\{0,1\}$ *und* (Σ_M, σ) *der dazugehörige Markovshift. Sei* $\rho > 0$ *der Eigenwert von maximalem Absolutbetrag. Sei* μ_M *das oben beschriebene und durch* (π_M, P_M) *definierte Parry-Maß. Dann gilt* $h_{\mu_M}(\sigma) = h(\sigma) = \log \rho$, *und* (Σ_M, σ) *ist intrinsisch ergodisch.*

Beweis Sei $\mathcal{P} = \{{}_0[j] : j = 0, \ldots, N - 1\}$ die durch die Zylindermengen für das Symbol an der nullten Stelle definierte Zerlegung von Σ_M. Dann ist $\mathcal{P}$ ein Erzeuger und $h_\mu(\sigma) = h_\mu(\sigma, \mathcal{P})$ für jedes $\mu \in \mathcal{M}(X)^\sigma$.

Sei nun μ_M das Parry-Maß. Nach Satz 2.59 ist μ_M ergodisch. Es gilt

$$\begin{aligned}
\mu_M({}_0[j_0, \ldots, j_n]) &= \rho^{-n} (\pi_M)_{j_0}^{-1} \mathsf{M}_{j_0 j_1} \mathsf{M}_{j_1 j_2} \cdots \mathsf{M}_{j_{n-1} j_n} (\pi_M)_{j_n} \\
&= \rho^{-n} (\pi_M)_{j_0}^{-1} (\pi_M)_{j_n},
\end{aligned} \tag{4.6}$$

---

[3] William Parry (1934–2006) war ein englischer Mathematiker, der u. a. eine zentrale Rolle in der Theorie der topologischen Markovshifts und der „Nilflows" (Aktionen von einparametrischen Untergruppen nilpotenter Liegruppen auf homogenen Räumen dieser Liegruppen) spielte.

wenn die Zylindermenge $_0[j_0, \ldots, j_n] \in \bigvee_{k=0}^n \sigma^{-k}\mathcal{P}$ in Σ_M nichtleer ist. Daher folgt

$$h_\mu(\sigma, \mathcal{P}) = -\lim_{n \to \infty} \frac{1}{n+1} \log(\rho^{-n}(\pi_M)_{j_0}^{-1}(\pi_M)_{j_n}) = \log \rho$$

nach Satz 3.22.

Falls (Σ_M, σ) nicht intrinsisch ergodisch ist, dann gibt es nach Satz 4.24 (2), (3) und Aufgabe 1.77 ein weiteres ergodisches Maß maximaler Entropie $\nu \neq \mu_M$. Es gibt also ein $f \in C(\Sigma_M)$ mit $\int f \, d\nu \neq \int f \, d\mu_M$ und daher nach Satz 2.10 eine Borelmenge $B = \{x : \lim_{n \to \infty} \frac{1}{n} \sum_{k=0}^{n-1} f(\sigma^k x) = \int f \, d\nu\}$ mit $\mu_M(B) = 0$ und $\nu(B) = 1$.

Wir setzen $\rho = \frac{1}{2}(\mu_M + \nu)$ und $\mathcal{T}_n = \bigvee_{k=-n}^n \sigma^{-k}\mathcal{P}$. Wir wenden nun Satz 3.19 für das Maß ρ und die Indikatorfunktion $f = 1_B$ an. Da $\bigcup_{n \geq 1} \mathcal{T}_n$ die Borel-σ-Algebra von Σ_M erzeugt, folgt $f_n = E(1_B | \mathcal{T}_n) \to 1_B$ für $n \to \infty$. Für die Vereinigung von Zylindermengen $B_n = \sigma^n\{x : f_n(x) > 1/2\} \in \sigma(\bigvee_{k=0}^{2n} \sigma^{-k}\mathcal{P})$ folgt wegen $\sigma^{-1}B = B$ daher $\rho(B_n \triangle B) = \rho((\sigma^{-n}B_n) \triangle B) \to 0$ für $n \to \infty$. Dies ist gleichbedeutend mit $\mu_M(B_n) \to 0$ und $\nu(B_n) \to 1$ für $n \to \infty$.

Wegen (4.6) folgt aus $\mu_M(B_n) \to 0$, dass B_n eine Vereinigung von ℓ_n Zylindermengen von $\mathcal{T}_n$ ist, wobei $\lim_{n \to \infty} \ell_n \rho^{-2n} = 0$. Wir zeigen nun, dass dies gemeinsam mit $\lim_{n \to \infty} \nu(B_n) = 1$ und $h_\nu(\sigma) = \log \rho$ zu einem Widerspruch führt.

Es sei $\mathcal{Q}_n = \{B_n, \Sigma_M \setminus B_n\} \subset \sigma(\bigvee_{k=0}^{2n} \sigma^{-k}\mathcal{P})$. Dann gilt

$$H_\nu\left(\bigvee_{k=0}^{2n} \sigma^{-k}\mathcal{P}\right) = H_\nu(\mathcal{Q}_n) + H_\nu\left(\bigvee_{k=0}^{2n} \sigma^{-k}\mathcal{P} \,\Big|\, \mathcal{Q}_n\right)$$

$$\leq \log 2 + \nu(B_n) H_{\frac{1}{\nu(B_n)}\nu|_{B_n}}\left(\bigvee_{k=0}^{2n} \sigma^{-k}\mathcal{P}\right)$$

$$+ \nu(\Sigma_M \setminus B_n) H_{\frac{1}{\nu(\Sigma_M \setminus B_n)}\nu|_{\Sigma_M \setminus B_n}}\left(\bigvee_{k=0}^{2n} \sigma^{-k}\mathcal{P}\right)$$

$$\leq \log 2 + \nu(B_n) \log \ell_n + \nu(\Sigma_M \setminus B_n) \log w_n,$$

wobei $w_n = |\bigvee_{k=0}^{2n} \sigma^{-k}\mathcal{P}|$ die Anzahl nichtleerer Mengen in $\bigvee_{k=0}^{2n} \sigma^{-k}\mathcal{P}$ ist. Wegen Lemma 3.11 ist

$$\log \rho = h_\nu(\sigma) = h_\nu(\sigma, \mathcal{P}) \leq \frac{1}{2n+1} H_\nu\left(\bigvee_{k=0}^{2n} \sigma^{-k}\mathcal{P}\right).$$

Aus dem Beweis von Satz 4.14 wissen wir auch, dass $w_n \leq C\rho^{2n+1}$.

Für jedes $\varepsilon > 0$ können wir ein $N = N(\varepsilon)$ finden, sodass für alle $n \geq N$ $\log \ell_n < \varepsilon \log \rho^{2n+1}$ und $\nu(\Sigma_M \setminus B_n) < \varepsilon$ gilt. Dann ist

$$H_\nu\left(\bigvee_{k=0}^{2n} \sigma^{-k}\mathcal{P}\right) \leq \log 2 + \varepsilon \nu(B_n) \log \rho^{2n+1} + \varepsilon \log \rho^{2n+1} + \varepsilon \log C$$

und daher

$$\log \rho \le \frac{1}{2n+1} H_\nu \Big(\bigvee_{k=0}^{2n} \sigma^{-k}\mathcal{P} \Big) \le 2\varepsilon \log \rho + \frac{1}{2n+1} \log(2C).$$

Für $n \to \infty$ erhalten wir also $\log \rho \le 2\varepsilon \log \rho$. Da $\varepsilon > 0$ beliebig war, hat unsere Annahme, dass $(\Sigma_{\mathsf{M}}, \sigma)$ nicht intrinsisch ergodisch ist, zu einem Widerspruch geführt. Damit ist der Satz bewiesen. □

4.4 Aufgaben

1. Es seien (X, T) und (X', T') topologische dynamische Systeme und $\phi : X \longrightarrow X'$ eine Faktorabbildung (Definition 1.35). Zeigen Sie $h(T') \le h(T)$.

2. Es sei $T : X \longrightarrow X$ eine Isometrie eines kompakten metrischen Raums (X, d). Beweisen Sie, dass $h(T) = 0$ ist.

3. Es sei $T : X \longrightarrow X$ eine stetige Transformation eines kompakten metrischen Raums (X, d).
    (a) Es sei $\mathcal{U}$ eine offene Überdeckung von X mit Lebesguezahl $\delta = \delta(\mathcal{U})$. Beweisen Sie, dass $h(T, \mathcal{U}_\delta) \le h(T, \mathcal{U}) \le h(T, \mathcal{U}_\delta)$ gilt.
    (b) Beweisen Sie, dass $h(T) = \sup_{\mathcal{V}} h(T, \mathcal{V})$ ist, wobei $\mathcal{V}$ die Menge der *endlichen* offenen Überdeckungen von X durchläuft.
    (c) Zeigen Sie, dass $h(T) = \lim_{\varepsilon \to 0} h(T, \mathcal{U}_\varepsilon)$ gilt.
    (d) Wenn $(\mathcal{V}_n)$ eine Folge von offenen Überdeckungen von X mit $\lim_{n \to \infty} \Delta(\mathcal{V}_n) = 0$ ist, dann zeigen Sie, dass $h(T) = \lim_{n \to \infty} h(T, \mathcal{V}_n)$ gilt.

4. Sei (X, T) ein topologisches dynamisches System, und d sei eine Metrik auf X. Zeigen Sie

$$h(T) = \lim_{\varepsilon \to 0} \liminf_{n \to \infty} \frac{1}{n} \log s_n(T, \varepsilon) = \lim_{\varepsilon \to 0} \liminf_{n \to \infty} \frac{1}{n} \log r_n(T, \varepsilon).$$

5. **Topologische Entropie von Shift-Räumen** Es sei $N \ge 2$, und σ sei der Shift (1.11) auf dem Shiftraum $\Sigma_N = \{0, \ldots, N-1\}^{\mathbb{Z}}$. Zeigen Sie, dass $h(\sigma) = \log N$ ist.

6. Es sei M eine aperiodische $N \times N$-Matrix mit $N > 1$, Σ_{M} der durch M definierte zweiseitige Markovshift und σ die Shifttransformation auf Σ_{M}. Zeigen Sie, dass es eine Folge von Teilshifts $(Y_n)_{n \ge 1}$ von Σ_{M} gibt, für die $Y_1 \supset Y_2 \supset \cdots$ und $h(\sigma) > h(\sigma|_{Y_1}) > h(\sigma|_{Y_2}) > h(\sigma|_{Y_3}) > \cdots > 0$ gilt.

7. Es sei A ein endliches Alphabet. Für jeden Teilshift $Y \subset \mathsf{A}^{\mathbb{Z}}$ bezeichnen wir mit $h(\sigma|_Y)$ die Entropie der auf Y eingeschränkten Shifttransformation $\sigma : \mathsf{A}^{\mathbb{Z}} \longrightarrow \mathsf{A}^{\mathbb{Z}}$. Zeigen Sie Folgendes:
    Wenn $(Y_k)_{k \ge 1}$ eine Folge von Teilshifts in $\mathsf{A}^{\mathbb{Z}}$ mit $Y_1 \supset Y_2 \supset Y_3 \supset \ldots$ ist und $Y = \bigcap_{k \ge 1} Y_k$ ist, dann gilt $\lim_{k \to \infty} h(\sigma|_{Y_k}) = h(\sigma|_Y)$.
    In Anbetracht von Aufgabe 1.36 (1) und Definition 1.37 haben Sie damit auch gezeigt, dass es zu jedem Teilshift $X \subset \mathsf{A}^{\mathbb{Z}}$ eine Folge $(X^{(k)})$ von $(k-1)$-stufigen Markovshifts gibt, für die gilt
    (i) $X^{(1)} \supset X^{(2)} \supset X^{(3)} \supset \ldots$ und $\bigcap_{k \ge 1} X^{(k)} = X$.
    (ii) Für jedes $k \ge 1$ ist $X^{(k)}$ ein $(k-1)$-stufiger Markovshift (Definition 1.37).
    (iii) $\lim_{k \to \infty} h(\sigma|_{X_k}) = h(\sigma|_X)$.

8. Wir betrachten die in (1.17) definierte Faktorabbildung $\phi : \Sigma_2^+ \longrightarrow \mathbb{T}$. Zeigen Sie, dass für jeden Teilshift $Y \subset \Sigma_2^+$ die topologischen Entropien $h(\sigma|_Y)$ und $h(T_2|_{\phi(Y)})$ übereinstimmen, wobei $\sigma|_Y$ und $T_2|_{\phi(Y)}$ die Einschränkungen von σ und T_2 auf Y bzw. $\phi(Y)$ sind.

9. **Eine Transformation ohne Maße maximaler Entropie**   Für jedes $m \geq 1$ sei $X_m \subset \Sigma_2 = \{0,1\}^{\mathbb{Z}}$ der Markovshift, der durch die Bedingung „*zwischen zwei Symbolen ‚1' können höchstens m aufeinanderfolgende Symbole ‚0' liegen*" charakterisiert ist (vgl. Aufgabe 1.39 für den Spezialfall $m = 3$). Wir bezeichnen den Shift auf X_m mit τ_m.

(1) Zeigen Sie, dass $\frac{m}{m+1} \log 2 \leq h(\tau_m) < \log 2$ gilt.

(2) Wir betrachten den Raum $Y = \Sigma_2 \times \mathbb{N}$ mit der durch $\tau(x, m) = (\sigma x, m)$ definierten Shifttransformation auf Y, wobei σ der Shift auf Σ_2 ist (vgl. (1.11)). Wir identifizieren jedes X_m mit der Menge $Y_m = \{(x, m) : x \in X_m\} \subset Y$ und setzen $X = \bigcup_{m \geq 1} Y_m \subset Y$. Mit $\tilde{\sigma} = \tau|_X$ bezeichnen wir die Restriktion von τ auf die abgeschlossene τ-invariante Teilmenge $X \subset Y$. Da Y lokalkompakt und $X \subset Y$ abgeschlossen ist, ist auch X lokalkompakt. Schließlich betrachten wir die Ein-Punkt-Kompaktifizierung $\tilde{X} = X \cup \{\infty\}$ von X und definieren einen Homöomorphismus $\tilde{T} : \tilde{X} \longrightarrow \tilde{X}$ durch $\tilde{T}y = \tau(y)$ für $y \in Y_m$, $m \geq 1$, und $\tilde{T}y = \infty$ für $y = \infty$. Zeigen Sie, dass $h(\tilde{T}) = \log 2$ ist.

(3) Zeigen Sie, dass es für $\tilde{T}$ kein invariantes Wahrscheinlichkeitsmaß mit maximaler Entropie gibt. Daraus folgt auch, dass die Entropieabbildung in diesem Beispiel nicht halbstetig von oben ist (vgl. Satz 4.24).

Mehrparametrische dynamische Systeme $\quad$ **5**

Obwohl sich die klassische Ergodentheorie fast ausschließlich mit einzelnen Transforma-
tionen und Flüssen beschäftigt (also mit Aktionen von $\mathbb{Z}$, $\mathbb{N}$, $\mathbb{R}$, oder $\mathbb{R}^+$), führen viele
Probleme aus der statistischen Mechanik, der mathematischen Biologie und anderen Ge-
bieten zur Untersuchung von räumlich ausgedehnten Systemen mit mehrdimensionalen
Symmetriegruppen. Im Sinne des in der Mathematik üblichen Abstraktionsprozesses ver-
allgemeinert man also das klassische Konzept einer „linearen" (oder „eindimensionalen")
Zeitentwicklung und betrachtet stetige Wirkungen allgemeiner – üblicherweise lokalkompakter und metrisierbarer – Gruppen auf topologischen Räumen oder Wahrscheinlichkeitsräumen. Dabei soll wiederum entweder die Topologie des Raumes oder das Wahrscheinlichkeitsmaß unter dieser Wirkung invariant bleiben.

Diese Erweiterung des Begriffs eines dynamischen Systems wird heutzutage häufig als
mehrparametrische Dynamik bzw. Ergodentheorie bezeichnet. Schon sehr früh zeigte sich,
dass der Übergang von der klassischen zur mehrparametrischen Theorie zu interessanten
und zum Teil auch sehr schwierigen neuen Problemen führt und überraschende Querverbindungen zu anderen mathematischen Disziplinen eröffnet.

In diesem Kapitel wollen wir versuchen, den Lesern anhand von wenigen Beispielen
einen ersten – und sehr bescheidenen – Eindruck von der mehrparametrischen Dynamik
zu geben.

5.1 Gruppenaktionen

Es sei G eine multiplikative Gruppe mit Einheitselement $1 = 1_G$.[1] Wenn es auf G eine
Topologie $\mathcal{O}$ gibt, bezüglich derer die Multiplikation $(g, h) \to gh$ und die Inversenabbil-
dung $g \to g^{-1}$ stetig sind (als Abbildungen von $G \times G$ bzw. G nach G), dann nennt man

---

[1] Wenn G kommutativ ist, dann schreiben wir die Gruppenoperation meist als Addition und bezeichnen das Einheitselement von G mit $0 = 0_G$.

M. Einsiedler, K. Schmidt, *Dynamische Systeme*, Mathematik Kompakt,
DOI 10.1007/978-3-0348-0634-3_5, © Springer Basel 2014

$(G, \mathcal{O})$ eine *topologische Gruppe*. Eine topologische Gruppe $(G, \mathcal{O})$ ist *lokalkompakt* bzw. *metrisierbar*, wenn G als topologischer Raum lokalkompakt bzw. metrisierbar ist. Wenn die Topologie $\mathcal{O}$ auf G fest gewählt ist, so spricht man einfach von G als einer topologischen Gruppe.

Definition 5.1 (Gruppenaktionen)

Es sei G eine topologische Gruppe und X ein topologischer Raum. Eine *stetige G-Aktion* (oder *Wirkung* von G) auf X ist eine stetige Abbildung $T: G \times X \longrightarrow X$, die wir als $T: (g, x) \mapsto T^g x$ schreiben, und die die folgenden Eigenschaften hat:

(1) $T^{1_G} x = x$ für alle $x \in X$.
(2) $T^g(T^h x) = T^{gh} x$ für alle $g, h \in G$ und $x \in X$.

Wir werden das durch eine stetige G-Aktion T definierte dynamische System mit (X, G, T) bezeichnen. Derartige Systeme werden heutzutage häufig einfach *topologische G-Räume* genannt.

Im Folgenden werden wir immer voraussetzen, dass die Räume G und X lokalkompakt[2], separabel[3] und metrisierbar sind.

Wie für die topologischen dynamischen Systeme aus den früheren Kapiteln können wir auch hier für jedes $x \in X$ die *Bahn* $\mathcal{O}_T(x) = \{ T^g x : g \in G \}$ betrachten. Typische Fragen aus der topologischen Dynamik von Gruppenaktionen sind wiederum, ob T eine dichte Bahn hat, ob sogar jede Bahn von T dicht ist oder ob es abgeschlossenen Bahnen von T gibt. Wir werden diese Fragen für spezifische Gruppenaktionen untersuchen. Ein Hilfsmittel für derartige Untersuchungen ist der Begriff des *invarianten Maßes*, der wahrscheinlichkeitstheoretische Methoden für die topologische Dynamik von Gruppenaktionen erschließt.

Definition 5.2 (Invariante Mengen und Maße)

Es sei G eine topologische (meist auch lokalkompakte, separable und metrisierbare) Gruppe, und (X, G, T) sei ein topologischer G-Raum.

(1) Wie üblich bezeichnen wir mit $\mathcal{M}(X)$ den Raum der Wahrscheinlichkeitsmaße auf X. Ein Maß $\mu \in \mathcal{M}(X)$ ist *T-invariant*, wenn $T^g_* \mu = \mu$ für alle $g \in G$ gilt. Der Raum aller T-invarianten Maße $\mu \in \mathcal{M}(X)$ wird mit $\mathcal{M}(X)^T$ bezeichnet.
(2) Eine Menge $B \in \mathcal{B}_X$ ist *T-invariant*, wenn $T^g B = B$ für alle $g \in G$ gilt. Die Menge aller T-invarianten Mengen $B \in \mathcal{B}_X$ wird mit $\mathcal{B}_X^T$ bezeichnet.
(3) Es sei $\mu \in \mathcal{M}(X)^T$. Dann ist eine Menge $B \in \mathcal{B}_X$ *T-invariant* $(\mathrm{mod}\,\mu)$, wenn $\mu(T^g B \bigtriangleup B) = 0$ ist für jedes $g \in G$. Die Menge aller $B \in \mathcal{B}_X$, die T-invariant $(\mathrm{mod}\,\mu)$ sind, wird mit $(\mathcal{B}_X^T)_\mu$ bezeichnet.

---

[2] Ein topologischer Raum ist *lokalkompakt*, falls jeder Punkt eine kompakte Umgebung besitzt.
[3] Ein topologischer Raum ist *separabel*, falls er eine dichte abzählbare Teilmenge besitzt.

Unter der Voraussetzung, dass G und X lokalkompakt, separabel und metrisierbar sind, gilt eine zu Lemma 2.9 analoge Aussage: *Zu jedem $A \in (\mathcal{B}_X^T)_\mu$ existiert eine Menge $B \in \mathcal{B}_X^T$ mit $\mu(A \triangle B) = 0$ (siehe Aufgabe 5.29).*

(4) Ein Maß $\mu \in \mathcal{M}(X)^T$ ist *ergodisch*, wenn $\mu(B) \in \{0,1\}$ für jedes $B \in \mathcal{B}_X^T$ (und daher auch für jedes $B \in (\mathcal{B}_X^T)_\mu$) gilt.

Genauso wie bei den $\mathbb{Z}$- oder $\mathbb{N}$-Aktionen, mit denen wir uns bisher beschäftigt haben, kann man natürlich auch für allgemeinere Gruppen *messbare* statt *stetiger* G-Aktionen betrachten. Hier setzt man üblicherweise voraus, dass G eine lokalkompakte, separable und metrisierbare Gruppe und $(X, \mathcal{S})$ ein Standard-Borel-Raum[4] ist und dass die Aktion $T: G \times X \longrightarrow X$ messbar ist und die Eigenschaften (1) und (2) von Definition 5.2 hat. Obwohl wir diese Tatsache im Folgenden nicht benötigen werden, weisen wir darauf hin, dass sich jeder derartige messbare G-Raum (X, G, T) als invariante Borelmenge in einen topologischen G-Raum einbetten lässt [17].

5.2 Furstenbergs Frage

Im Folgenden bezeichnen wir eine nichtleere und bezüglich der Multiplikation abgeschlossene Teilmenge $S \subset \mathbb{N}$ als eine *multiplikative Halbgruppe*. Wenn $S \subset \mathbb{N}$ eine multiplikative Halbgruppe ist, dann nennen wir eine Menge $Y \subset \mathbb{T}$ S-*invariant* (bzw. *strikt S-invariant*), wenn $T_s Y = \{T_s y : y \in Y\} \subset Y$ (bzw. $T_s Y = Y$) für alle $s \in S$ gilt.[5] Ebenso nennen wir ein Wahrscheinlichkeitsmaß μ auf $\mathbb{T}$ S-*invariant*, wenn es invariant unter jedem T_s, $s \in S$, ist.

Die Untersuchung von Mengen und Wahrscheinlichkeitsmaßen, die unter der Aktion einer gegebenen multiplikativen Halbgruppe $S \subset \mathbb{N}$ auf $\mathbb{T}$ invariant sind, ist angesichts der Aufgabe 1 am Kapitelende nur scheinbar eine Abweichung vom Thema dieses Kapitels, das sich mit stetigen Aktionen von *Gruppen* beschäftigt.

Wir werfen zunächst einen näheren Blick auf multiplikative Halbgruppen natürlicher Zahlen.

Aufgabe 5.3
Es sei $S = \{s_1, s_2, s_3, \dots\} \subset \mathbb{N}$ eine multiplikative Halbgruppe mit $s_1 < s_2 < s_3 < \dots$ Zeigen Sie, dass die folgenden Bedingungen äquivalent sind.

(a) S enthält zwei multiplikativ unabhängige natürliche Zahlen.[6]
(b) Es gibt keine natürliche Zahl p, sodass $S \subset \{p^k : k \geq 0\}$.
(c) $\lim_{n \to \infty} \frac{s_n}{s_{n+1}} = 1$.

---

[4] Ein messbarer Raum $(X, \mathcal{S})$ ist ein *Standard-Borel-Raum*, wenn X überabzählbar ist und mit einer Metrik ausgestattet werden kann, in der X vollständig und $\mathcal{S}$ die Borel-σ-algebra auf X ist. Jeder Standard-Borel-Raum $(X, \mathcal{S})$ ist zu $(\mathbb{R}, \mathcal{B}_\mathbb{R})$ isomorph [14, Theorem 2.12].
[5] Die Transformation $T_s : t \mapsto st \pmod 1$, $t \in \mathbb{T}$, wurde in Aufgabe 1.2 (5) definiert.
[6] Zwei natürliche Zahlen p, q sind *multiplikativ unabhängig*, wenn $\log p / \log q$ irrational ist.

Definition 5.4 (Nichtlakunäre multiplikative Halbgruppen)
Eine multiplikative Halbgruppe $S \subset \mathbb{N}$ ist *nichtlakunär*, wenn sie die drei äquivalenten Bedingungen aus Aufgabe 5.3 erfüllt.

Wenn $S \subset \mathbb{N}$ eine unendliche *lakunäre* multiplikative Halbgruppe ist (also laut Bedingung (b) in Aufgabe 5.3 in einer multiplikativen Halbgruppe der Form $\{p^k : k \geq 0\}$ mit $p > 1$ enthalten ist), so ist in der Notation von Aufgabe 1.2 (5) jede T_p-invariante abgeschlossene Menge $Z \subset \mathbb{T}$ auch S-invariant. Wie in (1.17) können wir eine Faktorabbildung $\phi \colon \Sigma_p^+ \longrightarrow \mathbb{T}$ der topologischen dynamischen Systeme (Σ_p^+, σ) und $(\mathbb{T}, T_p)$ definieren, unter der jeder Punkt $t \in \mathbb{T}$ höchstens zwei Urbilder besitzt und für die die Menge $\{t \in \mathbb{T} : |\phi^{-1}(\{t\})| > 1\}$ abzählbar ist. Damit gilt wie in Aufgabe 4.8, dass für jeden Teilshift $Y \subset \Sigma_p^+$ die topologischen Entropien $h(\sigma|_Y)$ und $h(T_p|_{\phi(Y)})$ übereinstimmen.

Laut Aufgabe 4.6 können wir unendlich viele Teilshifts $(Y_n)_{n \geq 1}$ in Σ_p^+ mit unterschiedlichen Entropien finden. Die Mengen $Z_k = \phi(Y_k)$, $k \geq 1$, sind abgeschlossen, T_p-invariant, haben unterschiedliche positive Entropien $h(T_p|_{Z_k})$ und sind daher unendlich und alle voneinander verschieden.

Angesichts dieser Beobachtung ist das folgende Resultat aus [5] bemerkenswert.

Satz 5.5 (Satz von Furstenberg über nichtlakunäre Halbgruppen) *Es sei $S \subset \mathbb{N}$ eine nichtlakunäre multiplikative Halbgruppe. Dann stimmt jede unendliche S-invariante abgeschlossene Teilmenge $Y \subset \mathbb{T}$ mit $\mathbb{T}$ überein.*

Korollar 5.6 Für jedes irrationale $\alpha \in \mathbb{R}$ und jede nichtlakunäre multiplikative Halbgruppe $S \subset \mathbb{N}$ ist $S\alpha \pmod 1 = \{k\alpha \pmod 1 : k \in S\}$ dicht in $\mathbb{T}$.

Den folgenden sehr kurzen und eleganten Beweis von Satz 5.5 entnehmen wir [2]. Sei $Y \subset \mathbb{T}$ eine unendliche, abgeschlossene und S-invariante Teilmenge. Wir bezeichnen mit Y' die Menge der Häufungspunkte von Y. Offensichtlich ist $Y' \subset \mathbb{T}$ abgeschlossen, nichtleer und S-invariant.

Lemma 5.7 Wenn Y' einen rationalen Punkt enthält, so ist $Y = \mathbb{T}$.

Beweis Wir nehmen zunächst an, dass $0 \in Y'$ ist. Zu jedem $\varepsilon > 0$ existiert wegen der Eigenschaft (c) nichtlakunärer Halbgruppen ein N mit $s_{n+1}/s_n < 1 + \varepsilon$ für alle $n \geq N$. Da 0 ein Häufungspunkt von Y ist, gibt es ein $y \in Y$ mit $0 < d(y, 0) < \varepsilon/s_N$, wobei d die in (1.1) definierte Metrik auf $\mathbb{T}$ ist. Dann ist die endliche Menge $\{sy : s_N \leq s \leq 1/d(y, 0)\} \subset Y$ ε-dicht in $\mathbb{T}$. Da ε beliebig ist, folgt daraus unsere Behauptung.

Nehmen wir nun an, dass Y' einen rationalen Punkt $y = a/b$ enthält. Wir wählen multiplikativ unabhängige Zahlen $p, q \in S$ (Eigenschaft (a) nichtlakunärer Halbgruppen) und ersetzen y, falls nötig, durch $p^{m_1} q^{m_2} y$ für geeignetes $m_1, m_2 \geq 0$, sodass $\gcd(a, b) = \gcd(b, p) = \gcd(b, q) = 1$ gilt, wobei ggT den größten gemeinsamen Teiler bezeichnet. Dann existiert eine natürliche Zahl c mit $p^c \pmod{b} = q^c \pmod{b} = 1$ (z. B. $c = \varphi(b)$, wobei φ die Eulersche φ-Funktion ist).

Die Mengen Y und Y' sind, ebenso wie ihre Translate $Y - y$ und $Y' - y = (Y - y)'$, invariant unter der von p^c und q^c erzeugten multiplikativen Halbgruppe S', da $p^c y = q^c y = y$ ist. Da $Y' - y$ den Punkt 0 enthält, können wir den ersten Teil dieses Beweises anwenden und erhalten $Y = Y - y = \mathbb{T}$. □

Lemma 5.8 Y' enthält einen rationalen Punkt.

Beweis Wir argumentieren indirekt und nehmen an, dass Y' keinen rationalen Punkt enthält. Sei $\varepsilon > 0$. Wir wählen multiplikativ unabhängige Elemente $p, q \in S$ und eine natürliche Zahl $b \geq 3$, sodass $\varepsilon b > 1$ und $\gcd(b, p) = \gcd(b, q) = 1$ ist. Schließlich wählen wir noch eine natürliche Zahl c mit $p^c \pmod{b} = q^c \pmod{b} = 1$.

Wir setzen $Y_0 = Y'$ und definieren Mengen $Y_0 \supset Y_1 \supset Y_2 \supset \cdots \supset Y_{b-1}$, indem wir für $k = 1, \ldots, b - 2$

$$Y_{k+1} = \left\{ y \in Y_k : y + 1/b \pmod{1} \in Y_k \right\} \tag{5.1}$$

setzen. Wir wollen mittels Induktion zeigen, dass die Mengen Y_k für jedes $k = 0, \ldots, b - 1$ die folgenden Bedingungen erfüllen:

(1) Y_k ist invariant unter Multiplikation mit p^c und q^c.
(2) Y_k ist abgeschlossen in $\mathbb{T}$.
(3) Y_k ist eine unendliche Teilmenge der irrationalen Zahlen $\pmod 1$.

Offensichtlich gelten die Bedingungen (1)–(3) für $k = 0$. Wenn diese Bedingungen nun für ein k mit $0 \leq k < b - 2$ gelten, so setzen wir $Z_k = Y_k - Y_k = \{ y - y' : y, y' \in Y_k \}$. Dann ist Z_k kompakt und invariant unter p^c und q^c (da Y_k diese Bedingungen erfüllt), und der Punkt $0 \in \mathbb{T}$ ist ein Häufungspunkt von Z_k (da Y_k unendlich ist). Da die von p^c und q^c erzeugte multiplikative Halbgruppe S' nichtlakunär ist, können wir Lemma 5.7 anwenden, womit wir $Z_k = \mathbb{T}$ erhalten. Aus (5.1) folgt, dass Y_{k+1} nichtleer ist.

Dank unserer Wahl von b ist $Y_{k+1} \subset Y'$ S'-invariant und daher wegen unserer Annahme über Y' unendlich. Da Y_k abgeschlossen ist, folgt aus (5.1) auch, dass Y_{k+1} abgeschlossen ist.

Mit diesem Induktionsschritt haben wir bewiesen, dass $Y_{b-1} \neq \emptyset$ ist. Es seien nun $y_0 \in X_{b-1}$ und $y_k = y_0 + k/b$ für $0 \leq k \leq b - 1$. Da $y_k \in Y_{b-k-1} \subset Y_0 = Y$ ist, ist $B = \{ y_k : 0 \leq k < b - 1 \} \subset Y$; weiterhin ist die Menge B ε-dicht in $\mathbb{T}$. Da ε beliebig war, haben wir $Y = \mathbb{T}$ gezeigt, im Widerspruch zur Annahme, dass Y' keine rationalen Punkte enthält. Damit ist das Lemma bewiesen. □

Beweis von Satz 5.5 Lemmas 5.8 und 5.7 ergeben den Satz.   □

Wenn S eine nichtlakunäre multiplikative Halbgruppe ist, so gibt es natürlich *endliche* S-invariante Teilmengen in $\mathbb{T}$, z. B. die Mengen $\{0\}$ oder $\{0, 1/3, 2/3\}$. Derartige S-invariante Mengen tragen auch S-invariante Wahrscheinlichkeitsmaße, die natürlich rein atomar (d. h. auf einer endlichen oder abzählbaren Menge konzentriert) sind. Als Konsequenz aus dem Satz 5.5 von Furstenberg über nichtlakunäre Halbgruppen stellt sich die Frage, ob es – außer dem Lebesguemaß λ – noch andere nichtatomare S-invariante Wahrscheinlichkeitsmaße auf $\mathbb{T}$ geben kann. Im einfachsten (und klassischsten) Fall lautet die Frage folgendermaßen:

▶ **Frage 5.9 (Furstenbergs Frage)** Gibt es ein nichtatomares Wahrscheinlichkeitsmaß $\mu \neq \lambda$ auf $\mathbb{T}$, das invariant unter der von 2 und 3 erzeugten multiplikativen Halbgruppe $S \subset \mathbb{N}$ ist?

Diese Frage ist seit 1967 offen. Im Jahr 1990 gab Rudolph[7] die folgende teilweise Antwort.

Satz 5.10 ([16]) *Es sei $S = \{p^k q^l : k, l \geq 0\} \subset \mathbb{N}$ die von zwei teilerfremden natürlichen Zahlen $p, q > 1$ erzeugte multiplikative Halbgruppe. Wenn $\mu \neq \lambda$ ein S-invariantes und ergodisches Wahrscheinlichkeitsmaß auf $\mathbb{T}$ ist, so ist $h_\mu(T_p) = h_\mu(T_q) = 0$.*

Die in Satz 5.10 vorausgesetzte Ergodizität ist im Sinne von Definition 5.2 (4) zu verstehen: Jede Borelmenge $B \subset \mathbb{T}$, die *sowohl* unter T_p *als auch* unter T_q invariant ist, hat μ-Maß 0 oder 1.

Die für den Beweis von Satz 5.10 benötigten maßtheoretischen Hilfsmittel liegen außerhalb des Rahmens dieses Buches. Um aber die Rolle der vielleicht überraschenden (und für nichtatomare Maße möglicherweise unnötigen) Entropiebedingung wenigstens zu illustrieren, bringen wir einen kurzen Beweis einer schwächeren Aussage für $p = 2$, $q = 3$, in der vorausgesetzt wird, dass das S-invariante Maß μ schon allein unter T_3 ergodisch ist.

Satz 5.11 *Es sei $S = \{2^k 3^l : k, l \geq 0\} \subset \mathbb{N}$ die von 2 und 3 erzeugte multiplikative Halbgruppe. Wenn $\mu \neq \lambda$ ein S-invariantes und T_3-ergodisches Wahrscheinlichkeitsmaß auf $\mathbb{T}$ ist, so ist $h_\mu(T_2) = h_\mu(T_3) = 0$.*

---

[7] Daniel J. Rudolph (1949–2010) war tätig in den USA und einer der bedeutendsten Forscher auf dem Gebiet der Ergodentheorie mit fundamentalen Beiträgen zur Klassifikation und Struktur dynamischer Systeme.

Satz 5.11 hat eine äquivalente Formulierung:

Korollar 5.12 Es sei $\mu \neq \lambda$ ein T_3-invariantes und ergodisches Wahrscheinlichkeitsmaß auf $\mathbb{T}$. Wenn μ auch T_2-invariant ist, so ist $h_\mu(T_3) = 0$.

Der hier angeführte Beweis von Satz 5.11 basiert auf [7]. Wir beginnen ihn mit einer kurzen Diskussion der Invertierbarkeit maßtreuer Transformationen mit Entropie null am Beispiel von Shifträumen (für den Begriff der Invertierbarkeit allgemeiner maßerhaltender dynamischer Systeme verweisen wir auf Definition 2.28).

Satz 5.13 *Es seien $p > 1$ eine natürliche Zahl, $\Sigma_p^+ = \{0, \ldots, p-1\}^{\mathbb{N}_0}$ der einseitige Shiftraum (1.13) und $\sigma \colon \Sigma_p^+ \longrightarrow \Sigma_p^+$ die Shifttransformation (1.7). Wenn μ ein shiftinvariantes Wahrscheinlichkeitsmaß auf Σ_p^+ ist, so sind die folgenden Bedingungen äquivalent.*

(1) $h_\mu(\sigma) = 0$.
(2) Es gibt eine messbare Abbildung $\tau \colon \Sigma_p^+ \longrightarrow \Sigma_p^+$, sodass $\tau \circ \sigma = \sigma \circ \tau = \mathrm{Id}_{\Sigma_p^+} \ (\mathrm{mod}\,\mu)$ gilt.[8]

Beweis Es sei $\mathcal{P}$ die durch die Zylindermengen $C_i = {}_0[i]$, $i = 0, \ldots, p-1$, definierte Zerlegung von Σ_p^+. Da $\mathcal{P}$ ein Erzeuger ist, gilt $h_\mu(\sigma) = H_\mu(\mathcal{P} \mid \sigma^{-1}\mathcal{P}^-)$ wegen Satz 3.25. Unter Voraussetzung (1) ist also $H_\mu(\mathcal{P} \mid \sigma^{-1}\mathcal{P}^-) = 0$, woraus laut Aufgabe 3.1 folgt, dass es eine Zerlegung $\mathcal{Q} = \{C_0', \ldots, C_{p-1}'\} \subset \sigma^{-1}\mathcal{P}^-$ gibt mit $\mu(C_i \bigtriangleup C_i') = 0$ für $i = 0, \ldots, p-1$.

Wir setzen $D_i = \sigma(C_i')$, $i = 0, \ldots, p-1$. Da σ einen Isomorphismus der σ-Algebra $\sigma^{-1}\mathcal{P}^-$ auf $\mathcal{P}^-$ induziert (vgl. Aufgabe 2.23), liegen die Mengen D_i in $\mathcal{P}^-$ und bilden eine Zerlegung von X. Wir definieren $\tau \colon \Sigma_p^+ \longrightarrow \Sigma_p^+$ durch

$$\tau(x_0, x_1, \ldots) = (i, x_0, x_1, \ldots) \quad \text{für } x \in D_i^+, \quad i = 0, \ldots, p-1.$$

Dann gilt $\sigma \circ \tau(x) = x$ für $x \in \bigcup_{i=0}^{p-1} D_i$ und $\tau \circ \sigma(y) = y$ für $y \in \bigcup_{i=0}^{p-1} \pi^+(C_i \cap C_i')$. Damit haben wir (2) bewiesen.

Wenn wir nun (2) voraussetzen, dann gilt $\tau \circ \sigma = \mathrm{Id}_{\Sigma_p^+} \ (\mathrm{mod}\,\mu)$ und daher $\sigma^{-1}\mathcal{P}^- \supset \sigma^{-1}(\tau^{-1}(\mathcal{P}^-)) = \mathcal{P}^- = \mathcal{P} \vee \sigma^{-1}\mathcal{P}^- \ (\mathrm{mod}\,\mu)$. Bedingung (1) folgt nun aus Beispiel 3.7 (2). $\square$

▶ **Bemerkung 5.14** Die Abbildung $\tau \colon \Sigma_p^+ \longrightarrow \Sigma_p^+$ in Satz 5.13 (2) ist natürlich automatisch maßtreu.

---

[8] Für jede Menge X bezeichnen wir mit $\mathrm{Id}_X \colon X \longrightarrow X$ die Identitätsabbildung $\mathrm{Id}_X(x) = x$, $x \in X$.

Für das folgende Korollar erinnern wir daran, dass zwei Wahrscheinlichkeitsmaße μ, ν auf einer σ-Algebra $\mathcal{T}$ *zueinander singulär* genannt werden (in Symbolen: $\mu \perp \nu$), wenn es eine Menge $B \in \mathcal{T}$ mit $\mu(B) = 1$ und $\nu(B) = 0$ gibt (vgl. [3, S. 80]). Wenn μ und ν nicht singulär zueinander sind, dann schreiben wir $\mu \not\perp \nu$.

Korollar 5.15 Es seien $p > 1$ eine natürliche Zahl, $\sigma\colon \Sigma_p^+ \longrightarrow \Sigma_p^+$ die Shifttransformation und μ ein shiftinvariantes Wahrscheinlichkeitsmaß auf Σ_p^+. Weiterhin sei $R\colon \Sigma_p^+ \longrightarrow \Sigma_p^+$ die durch

$$R(x_0, x_1, x_2, \dots) = (x_0 + 1 \,(\mathrm{mod}\, p), x_1, x_2, \dots) \tag{5.2}$$

definierte Transformation und $\mu_k = R_*^k \mu$ für $k = 1, \dots, p-1$. Dann sind die folgenden Bedingungen äquivalent:

(1) $h_\mu(\sigma) = 0$.
(2) $\mu \perp \mu_k$ für $k = 1, \dots, p-1$.

Beweis Wenn $h_\mu(\sigma) = 0$ ist, dann gibt es laut Satz 5.13 eine messbare Abbildung $\tau\colon \Sigma_p^+ \longrightarrow \Sigma_p^+$ mit den dort beschriebenen Eigenschaften. Insbesondere gibt es eine μ-Nullmenge $Z \subset \Sigma_p^+$, sodass $\tau \circ \sigma(x) = x$ für jedes $x \in \Sigma_p^+ \setminus Z$ gilt. Dann ist aber $R^k x = R^k \circ \tau \circ \sigma(x) \notin \Sigma_p^+ \setminus Z$ für $k = 1, \dots, p-1$, woraus $\mu \perp \mu_k$ für $k = 1, \dots, p-1$ folgt. Damit haben wir (1) $\Rightarrow$ (2) bewiesen.

Wenn nun (2) gilt, dann gibt es eine Borelmenge $B \subset \Sigma_p^+$, sodass die Mengen $R^k B$, $k = 0, \dots, p-1$, disjunkt sind und $\mu_k(R^k B) = 1$ erfüllen. Zu jedem $x \in B$ gibt es also ein eindeutig bestimmtes $i_x \in \{0, \dots, p-1\}$ mit $x = (i_x, x_1, x_2, \dots) \in B$ und $(j, x_1, x_2, \dots) \in \bigcup_{k=1}^{p-1} R^k B$ für $j \in \{0, \dots, p-1\}, j \neq i$. Wenn wir $i_x = 0$ für $x \in \Sigma_p^+ \setminus B$ setzen, dann erfüllt die Abbildung $\tau\colon (x_1, x_2, x_3, \dots) \mapsto (i_x, x_1, x_2, \dots)$, $x = (x_0, x_1, x_2, \dots) \in \Sigma_p^+$, die Bedingung $\tau \circ \sigma = \sigma \circ \tau = \mathrm{Id}_X \,(\mathrm{mod}\, \mu)$. Wegen Satz 5.13 ist $h_\mu(\sigma) = 0$, womit das Korollar bewiesen ist. □

Aufgabe 5.16

Es seien $p, q > 1$ natürliche Zahlen, μ ein nichtatomares Wahrscheinlichkeitsmaß auf $\mathbb{T}$, das sowohl T_p- als auch T_q-invariant ist, und $R_{k/q}\colon \mathbb{T} \longrightarrow \mathbb{T}$ die Rotation um den Winkel $\alpha = k/p, k = 0, \dots, p-1$, in Beispiel 1.2. Zeigen Sie die Äquivalenz der folgenden Bedingungen.

(1) $h_\mu(T_p) = 0$.
(2) Es existiert eine messbare Abbildung $\tau\colon \mathbb{T} \longrightarrow \mathbb{T}$, sodass $\tau \circ T_p = T_p \circ \tau = \mathrm{Id}_\mathbb{T} \,(\mathrm{mod}\, \mu)$ gilt.
(3) $\mu \perp \mu_k$ für $k = 1, \dots, p-1$.

Zeigen Sie weiterhin, dass das Maß $\mu_1 = (R_{1/p})_* \mu$, ebenfalls T_q-invariant ist, falls $q = 1 \,(\mathrm{mod}\, p)$ ist.

Hinweis: Die wie in (1.17) definierte Abbildung $\phi\colon \Sigma_p^+ \longrightarrow \mathbb{T}$ definiert einen Isomorphismus der maßerhaltenden dynamischen Systeme $(\Sigma_p^+, \mathcal{B}_{\Sigma_p^+}, \bar{\mu}, \sigma)$ und $(\mathbb{T}, \mathcal{B}_\mathbb{T}, \mu, T_p)$ für ein eindeutig bestimmtes shiftinvariantes Wahrscheinlichkeitsmaß $\bar{\mu}$ auf Σ_p^+. Außerdem gilt $\phi \circ R = R_{1/p} \circ \phi \,(\mathrm{mod}\, \bar{\mu})$, wobei R in (5.2) definiert ist. Wenn nun $h_{\bar{\mu}}(\sigma) = 0$ ist, dann gilt wegen Korollar 5.15 $\bar{\mu} \perp R_*^k \bar{\mu}$ und daher auch $\mu \perp (R_{k/p})_* \mu$ für $k = 1, \ldots, p - 1$. Wenn nun $q \equiv 1 \pmod{p}$ ist, so sind die Maße μ und $(R_{1/p})_* \mu$ invariant unter T_q.

Wir kehren zu den Voraussetzungen von Satz 5.11 zurück.

Lemma 5.17 Wenn $\mu \neq \lambda$ ein S-invariantes und T_3-ergodisches Wahrscheinlichkeitsmaß auf $\mathbb{T}$ ist, so ist $h_\mu(T_2) = 0$.

Beweis Wir wenden die Aussage von Aufgabe 5.16 mit $p = 2$ an und setzen $\mu_1 = (R_{1/2})_* \mu$. Da $R_{1/2} \circ T_3 = T_3 \circ R_{1/2}$ gilt, ist auch μ_1 invariant und ergodisch unter T_3. Wenn nun $h_\mu(T_2) > 0$ ist, so ist $\mu \pm \mu_1$, woraus angesichts der Ergodizität von μ und μ_1 unter T_3 die Identität $\mu = \mu_1 = (R_{1/2})_* \mu$ folgt.

Für jedes $k \in \mathbb{Z}$ betrachten wir den Fourierkoeffizienten $\hat{\mu}(k) = \int_\mathbb{T} e^{2\pi ikt} \, d\mu(t)$ von μ. Da μ invariant unter $R_{1/2}$ ist, erhalten wir für jedes ungerade $k \in \mathbb{Z}$, dass $\hat{\mu}(k) = \int_\mathbb{T} e^{2\pi ikt} \, d\mu(t) = \int_\mathbb{T} e^{2\pi ik(t+1/2)} \, d\mu(t) = -\int_\mathbb{T} e^{2\pi ikt} \, d\mu(t) = -\hat{\mu}(k)$ und daher $\hat{\mu}(k) = 0$ ist. Weiterhin ist μ auch T_2-invariant, sodass $\hat{\mu}(k) = \int_\mathbb{T} e^{2\pi ikt} \, d\mu(t) = \int_\mathbb{T} e^{2\pi ik2^m t} \, d\mu(t) = \hat{\mu}(2^m k)$ für alle $m \geq 0$ und $k \in \mathbb{Z}$ gilt. Damit ist also $\hat{\mu}(k) = 0 = \int_\mathbb{T} e^{2\pi ikt} \, d\lambda(t)$ für alle $k \neq 0$. Da wir nach dem Satz von Stone-Weierstrass jedes $f \in C(\mathbb{T}, \mathbb{C})$ in der Maximumnorm beliebig gut durch trigonometrische Polynome (also durch endliche komplexe Linearkombinationen der trigonometrischen Funktionen $t \mapsto e^{2\pi ikt}$, $k \in \mathbb{Z}$) approximieren können, gilt $\mu = \lambda$, im Widerspruch zu unseren Voraussetzungen. Also ist $h_\mu(T_2) = 0$, wie behauptet. $\square$

Lemma 5.18 Für jedes S-invariante Wahrscheinlichkeitsmaß μ auf $\mathbb{T}$ ist $h_\mu(T_2) = \frac{\log 2}{\log 3} h_\mu(T_3)$. Wenn also $h_\mu(T_2) = 0$ ist, so gilt dies auch für $h_\mu(T_3)$.

Beweis Es sei $\mathcal{P}$ die Zerlegung $\{[0, 1/5), [1/5, 2/5), [2/5, 3/5), [3/5, 4/5), [4/5, 1)\}$ von $\mathbb{T}$. Für jedes $N \geq 1$ bestehen die Zerlegungen $\bigvee_{k=0}^{N-1} T_2^{-k} \mathcal{P}$ und $\bigvee_{k=0}^{N-1} T_3^{-k} \mathcal{P}$ aus Intervallen der Länge $1/(5 \cdot 2^{N-1})$ bzw. $1/(5 \cdot 3^{N-1})$. Insbesondere ist $\mathcal{P}$ also ein Erzeuger für T_2 und T_3, sodass $h_\mu(T_i) = h_\mu(T_i, \mathcal{P}) = \lim_{N \to \infty} \frac{1}{N} H_\mu(\bigvee_{k=0}^{N-1} T_i^{-k} \mathcal{P})$ für $i = 2, 3$ gilt.

Wenn wir Folgen von natürlichen Zahlen $(M_j)_{j \geq 1}$ und $(N_j)_{j \geq 1}$ mit $M_j, N_j \to \infty$ und $2^{M_j-1}/3^{N_j-1} \to 1$ wählen, dann ist – für genügend großes j – jedes Element der Zerlegung $\bigvee_{k=0}^{M_j-1} T_2^{-k} \mathcal{P}$ in der Vereinigung von höchstens drei Elementen von $\bigvee_{k=0}^{N_j-1} T_3^{-k} \mathcal{P}$ enthalten und umgekehrt. Aus (3.3) folgt $H_\mu(\bigvee_{k=0}^{M_j-1} T_2^{-k} \mathcal{P} \mid \bigvee_{k=0}^{N_j-1} T_3^{-k} \mathcal{P}) \leq \log 3$ und $H_\mu(\bigvee_{k=0}^{N_j-1} T_3^{-k} \mathcal{P} \mid \bigvee_{k=0}^{M_j-1} T_2^{-k} \mathcal{P}) \leq \log 3$. Mit $j \to \infty$ erhalten wir die behauptete Identität. $\square$

Beweis von Satz 5.11 Wenn μ ein S-invariantes und T_3-ergodisches Wahrscheinlichkeitsmaß auf $\mathbb{T}$ ist, für das entweder $h_\mu(T_2)$ oder $h_\mu(T_3)$ positiv ist, so ist wegen Lemma 5.18 sowohl $h_\mu(T_2)$ als auch $h_\mu(T_3)$ positiv. Wegen der Ergodizität von μ unter T_3 muss μ nichtatomar sein, denn sonst wäre μ wegen seiner Ergodizität rein atomar und hätte daher Entropie 0 (*Übungsaufgabe!*). Lemma 5.17 zeigt, dass $\mu = \lambda$ ist.   □

Beweis von Korollar 5.12 Es sei $\mu \neq \lambda$ ein T_3-invariantes und ergodisches Wahrscheinlichkeitsmaß auf $\mathbb{T}$. Wenn μ auch T_2-invariant ist, so folgt aus Satz 5.11, dass $h_\mu(T_2) = h_\mu(T_3) = 0$ ist.   □

5.3   Aktionen mittelbarer Gruppen

Wir wollen nun kurz zur Diskussion von Aktionen allgemeinerer Gruppen G zurückkehren. Wie wir schon mehrmals gesehen haben, ist die Frage nach Existenz und Eigenschaften invarianter Wahrscheinlichkeitsmaße von zentralem Interesse für die Dynamik dieser Aktionen. Für Aktionen von $G = \mathbb{Z}$ besagt Satz 1.60, dass es solche Maße für $\mathbb{Z}$-Räume in der Tat immer gibt. Für Aktionen allgemeiner Gruppen ist dies vorerst nicht klar; in der Tat ist die Existenz invarianter Wahrscheinlichkeitsmaße nicht immer gegeben.

Beispiel 5.19 (Invariante Wahrscheinlichkeitsmaße für eine $\mathrm{SL}_2(\mathbb{Z})$-Aktion)
Sei $G = \mathrm{SL}_2(\mathbb{Z}) = \left\{ \left(\begin{smallmatrix} a & b \\ c & d \end{smallmatrix} \right) : a, b, c, d \in \mathbb{Z}, ad - bc = 1 \right\}$. Weiterhin sei $X = \mathbb{P}^1(\mathbb{R}) = (\mathbb{R}^2 \setminus \{\mathbf{0}\})/\sim$ die reelle projektive Gerade, wobei $\mathbf{v} \sim \mathbf{w}$, falls $\mathbf{v}, \mathbf{w} \in \mathbb{R}^2 \setminus \{\mathbf{0}\}$ und es ein $\gamma \in \mathbb{R} \setminus \{0\}$ gibt mit $\mathbf{w} = \gamma \mathbf{v}$. Wir bezeichnen die Äquivalenzklasse eines Elementes $\mathbf{v} \in \mathbb{R}^2 \setminus \{\mathbf{0}\}$ mit $[\mathbf{v}]$.

In der Quotiententopologie[9] ist X ein kompakter metrisierbarer Raum. Bezüglich der durch die Abbildung $T: (g, [\mathbf{v}]) \mapsto T^g[\mathbf{v}] = [g\mathbf{v}]$, $g \in \mathrm{SL}_2(\mathbb{Z})$, $[\mathbf{v}] \in X$, definierten $\mathrm{SL}_2(\mathbb{Z})$-Aktion wird $(X, \mathrm{SL}_2(\mathbb{Z}), T)$ zu einem $\mathrm{SL}_2(\mathbb{Z})$-Raum. *Wir zeigen, dass es für diesen $\mathrm{SL}_2(\mathbb{Z})$-Raum keine invarianten Wahrscheinlichkeitsmaße gibt.*

Angenommen es gäbe ein T-invariantes Wahrscheinlichkeitsmaß μ auf X. Dann ist μ insbesondere invariant unter der Abbildung $[\mathbf{v}] \mapsto S_1([\mathbf{v}]) := \left[\left(\begin{smallmatrix} 1 & 1 \\ 0 & 1 \end{smallmatrix} \right) \cdot \mathbf{v} \right]$, $[\mathbf{v}] \in X$. Das dynamische System (X, S_1) ist sehr ähnlich zu Beispiel 1.1, aber sogar noch etwas einfacher: Es gibt einen Fixpunkt $x_1 = \left[\left(\begin{smallmatrix} 1 \\ 0 \end{smallmatrix} \right) \right]$, und jeder andere Punkt strebt gegen diesen Fixpunkt. Daher muss μ das in x_1 konzentrierte Punktmaß sein. Betrachtet man stattdessen die Abbildung $[\mathbf{v}] \mapsto S_2([\mathbf{v}]) := \left[\left(\begin{smallmatrix} 1 & 0 \\ 1 & 1 \end{smallmatrix} \right) \cdot \mathbf{v} \right]$, so erhält man, dass μ das in $x_2 = \left[\left(\begin{smallmatrix} 0 \\ 1 \end{smallmatrix} \right) \right]$ konzentrierte Punktmaß sein muss. Dieser Widerspruch ergibt die Behauptung.

Wir definieren nun eine Klasse von Gruppen, für die die Existenz von invarianten Maßen auf G-Räumen genauso gewährleistet ist wie für $\mathbb{Z}$-Räume.

Definition 5.20
Eine abzählbare Gruppe G heißt *mittelbar*, falls es eine Folge $(F_n)_{n \geq 1}$ von endlichen Teilmengen von G gibt, sodass $\lim_{n \to \infty} \frac{|F_n \Delta g F_n|}{|F_n|} = 0$ für alle $g \in G$. In diesem Fall heißt (F_n) eine *Følner-Folge* der Gruppe G.

---

[9] In der Quotiententopologie ist eine Teilmenge von X offen, wenn ihr Urbild in $\mathbb{R}^2 \setminus \{0\}$ offen ist.

Es ist einfach zu sehen, dass $\mathbb{Z}$ mittelbar ist und dass die Folge (F_n) mit $F_n = \{0, \ldots,$ $n-1\}$ für jedes $n \geq 1$ eine Følner-Folge ist. Analysiert man den Beweis von Satz 1.60 etwas genauer, so sieht man, dass genau diese Eigenschaft der Intervalle $F_n \subset \mathbb{Z}$ verwendet wurde.

Aufgabe 5.21

Es sei G eine abzählbare mittelbare Gruppe und (X, G, T) ein kompakter G-Raum. Zeigen Sie, dass es ein T-invariantes Wahrscheinlichkeitsmaß auf X gibt.

Hinweis: Betrachten Sie einen schwach*-Häufungspunkt der Folge (μ_n) mit $\mu_n = \frac{1}{|F_n|} \sum_{h \in F_n} h_* \nu$, $n \geq 1$, für ein beliebiges Wahrscheinlichkeitsmaß ν auf X und eine beliebige Følner-Folge (F_n) in G.

Vergleichen wir Beispiel 5.19 und Aufgabe 5.21 so sehen wir, dass $\mathrm{SL}_2(\mathbb{Z})$ nicht mittelbar ist. Man kann zeigen, dass $\mathrm{SL}_2(\mathbb{Z})$ von den Elementen $\left(\begin{smallmatrix} 1 & 1 \\ 0 & 1 \end{smallmatrix}\right)$ und $\left(\begin{smallmatrix} 0 & 1 \\ -1 & 0 \end{smallmatrix}\right)$ erzeugt wird. Da jeder Quotient einer mittelbaren Gruppe wieder mittelbar ist, folgt daraus, dass auch die von zwei Elementen erzeugte freie (nichtabelsche) Gruppe F_2 nicht mittelbar ist. Es gibt jedoch eine Vielzahl von mittelbaren Gruppen, d. h., die Aufgabe 2 am Kapitelende ist nur die Spitze des Eisbergs.

Følner-Folgen spielen auch im Beweis von Ergodensätzen für Wirkungen mittelbarer Gruppen eine entscheidende Rolle. Die Verallgemeinerung von Satz 2.11 ist durch den folgenden Satz gegeben. Der individuelle Ergodensatz für mittelbare Gruppen wurde in voller Allgemeinheit jedoch erst 2001 durch Lindenstrauss[10] [13] bewiesen, sein Beweis würde aber den Rahmen dieses Buches sprengen.

Satz 5.22 (L^2**-Ergodensatz für mittelbare Gruppen**) *Es sei G eine abzählbare mittelbare Gruppe mit einer Følner-Folge (F_n) und (X, G, T) ein topologischer G-Raum mit einem T-invariantem Wahrscheinlichkeitsmaß μ. Sei weiterhin $f \in L_2(X, \mathcal{B}_X, \mu)$. Dann gilt $\lim_{n \to \infty} \| \frac{1}{|F_n|} \sum_{h \in F_n} f \circ T^h - E(f \mid \mathcal{B}_X^T) \|_2 = 0$.*

Beweis Sei $f \in L_2(X, \mathcal{B}_X, \mu)$ und $F = f \circ T^g - f$ für ein $g \in G$. Dann gilt

$$\frac{1}{|F_n|} \sum_{h \in F_n} F \circ T^h = \frac{1}{|F_n|} \sum_{h \in F_n} (f \circ T^{gh} - f \circ T^h)$$

$$= \frac{1}{|F_n|} \sum_{h \in gF_n \setminus F_n} f \circ T^h - \frac{1}{|F_n|} \sum_{h \in F_n \setminus gF_n} f \circ T^h.$$

Aus der Definition einer Følner-Folge erhalten wir, dass die L_2-Norm von obigem Mittel mit $n \to \infty$ gegen Null strebt. Dasselbe gilt für endliche Linearkombinationen von Funktionen der Gestalt $f \circ T^g - f$ für beliebige $f \in L_2(X, \mathcal{B}_X, \mu)$ und $g \in G$ und des Weiteren für Elemente des Abschlusses H dieses Teilraums von $L_2(X, \mathcal{B}_X, \mu)$. Da $L_2(X, \mathcal{B}_X, \mu) =$

---

[10] Elon Lindenstrauss, geboren 1970 in Jerusalem und dort Professor, arbeitet in der Anwendung der Ergodentheorie in der Zahlentheorie und erhielt 2010 für seine Arbeiten auf diesem Gebiet die Fields-Medaille.

$H + H^\perp$ die direkte Summe von H und seinem orthogonalen Komplement ist [3, S. 132], müssen wir die Konvergenz der obigen Mittel nur noch auf $H^\perp$ untersuchen.

Es seien $F \in H^\perp$, $f \in L_2(X, \mathcal{B}_X, \mu)$ und $g \in G$. Dann gilt $0 = \langle\!\langle F, f \circ T^g - f \rangle\!\rangle = \langle\!\langle F \circ T^{g^{-1}} - F, f \rangle\!\rangle$. Da f beliebig war, schließen wir daraus, dass $F \circ T^{g^{-1}} = F$ μ-fast überall gilt. Da G abzählbar ist, können wir F auf einer G-invarianten Nullmenge abändern und $F \circ T^g = F$ für alle $g \in G$ erreichen. Daher ist $F \in L_2(X, \mathcal{B}_X^T, \mu)$, und es gilt $\frac{1}{|F_n|} \sum_{g \in F_n} F \circ T^g = F$. In der Tat sieht man leicht, dass $H^\perp = L_2(X, \mathcal{B}_X^T, \mu)$.

Da die bedingte Erwartung $E(\cdot \,|\, \mathcal{B}_X^T)$ die orthogonale Projektion von $L_2(X, \mathcal{B}_X, \mu)$ auf $L_2(X, \mathcal{B}_X^T, \mu)$ ist, ist der Satz bewiesen. $\qquad\square$

5.4 Ein Beispiel: Eine Aktion der Gruppe $\mathrm{SL}_2(\mathbb{R})$

Wir wollen diesen letzten Abschnitt einem Beispiel widmen, das einige Phänomene illustrieren soll, denen man beim Übergang von Aktionen kommutativer Gruppen zu Aktionen nichtkommutativer Gruppen begegnet. Wir betrachten die Gruppe $G = \mathrm{SL}_2(\mathbb{R})$ und einen topologischen G-Raum, dessen invariante Maße einige überraschende Eigenschaften zeigen, die in der Nichtkommutativität der Gruppe G begründet sind. Diese Eigenschaften gelten allgemeiner für gewisse Aktionen einfacher, bzw. halbeinfacher, Liegruppen und stellen den Anfang einer Theorie dar, die verblüffende Anwendungen in der Zahlentheorie gefunden hat. In der folgenden Diskussion werden wir auch auf weitere Verknüpfungspunkte zur Geometrie und Funktionalanalysis stoßen. Eine vollständige Besprechung dieser Themen würde jedoch, wie der Leser vielleicht erraten kann, den Rahmen dieses Buches sprengen.

5.4.1 Das Haarmaß auf $\mathrm{SL}_2(\mathbb{R})$

Lemma 5.23 (Haarmaß auf $\mathrm{SL}_2(\mathbb{R})$) Es existiert ein Maß m auf der speziellen linearen Gruppe $\mathrm{SL}_2(\mathbb{R}) = \left\{ \left(\begin{smallmatrix} a & b \\ c & d \end{smallmatrix} \right) : a, b, c, d \in \mathbb{R}, ad - bc = 1 \right\}$, welches folgende Eigenschaften erfüllt:

(i)   Jede kompakte Menge hat endliches Maß.
(ii) Jede offene Menge hat positives Maß.
(iii) Für jede Borelmenge $B \subset \mathrm{SL}_2(\mathbb{R})$ und jedes $g \in G$ gilt $m(gB) = m(Bg) = m(B)$.

Jedes derartige Maß auf einer lokalkompakten Gruppe wird ein (zweiseitiges) Haarmaß genannt. Man kann zeigen, dass jede lokalkompakte Gruppe ein Haarmaß hat, wobei aber im Allgemeinen aber nur *eine* der beiden Invarianzeigenschaften im letzten Punkt des Lemmas gilt (derartige Maße werden dann als *linke* oder *linksinvariante* bzw. *rechte* oder *rechtsinvariante Haarmaße* bezeichnet). Wir werden das Haarmaß hier nur für die Gruppe $\mathrm{SL}_2(\mathbb{R})$ und einige ihrer Untergruppen benötigen.

Beweis von Lemma 5.23 Es sei λ das 4-dimensionale Lebesguemaß auf dem Ring $\mathrm{Mat}_{22}(\mathbb{R})$ aller 2×2-Matrizen mit reellen Koeffizienten. Für eine messbare Teilmenge $B \subset SL_2(\mathbb{R})$ definieren wir das Haarmaß $m(B) = \lambda(\{th : t \in [0,1], h \in B\})$ als das Lebesguemaß der Pyramide mit Basis B und Spitze im Nullelement des Matrizenraumes. Alle Eigenschaften des Haarmaßes m folgen unmittelbar aus dieser Definition. $\square$

Aufgabe 5.24
Zeigen Sie, dass m ein unendliches Maß ist.

 Hinweis: Sei $K \subset SL_2(\mathbb{R})$ eine kompakte Menge mit nichtleerem Inneren. Falls m endlich wäre, könnte es nur endlich viele paarweise disjunkte Translate gK für $g \in G$ geben. Berücksichtigen Sie, dass $SL_2(\mathbb{R})$ nicht kompakt ist.

Als Nächstes wollen wir das Haarmaß auf $SL_2(\mathbb{R})$ in einem für das Folgende nützlichen Koordinatensystem etwas besser verstehen. Das Koordinatensystem beruht auf dem bekannten Gram-Schmidt-Orthogonalisierungsverfahren aus der Linearen Algebra und wird auch *Iwasawazerlegung* genannt.

Lemma 5.25 (Iwasawazerlegung) Es seien $G = SL_2(\mathbb{R})$, $K = SO(2, \mathbb{R}) \subset G$ die spezielle orthogonale Untergruppe, $A = \left\{ \left(\begin{smallmatrix} t & 0 \\ 0 & t^{-1} \end{smallmatrix} \right) : t > 0 \right\} \subset G$ die diagonale Untergruppe und $N - \left\{ \left(\begin{smallmatrix} 1 & x \\ 0 & 1 \end{smallmatrix} \right) : x \in \mathbb{R} \right\} \subset G$. Dann lässt sich jedes Element $g \in G$ eindeutig als Produkt $g = $ kan von Elementen k $\in K$, a $\in A$, und n $\in N$ schreiben.

Beweis Die Eindeutigkeit der Zerlegung folgt unmittelbar aus $K \cap (AN) = A \cap N = \{1\}$. Denn falls $k_1 a_1 n_1 = k_2 a_2 n_2$, dann ist $k_2^{-1} k_1 = a_2 n_2 n_1^{-1} a_1^{-1} \in K \cap (AN)$ und daher $k_1 = k_2$ und $a_1 n_1 = a_2 n_2$. Außerdem gilt $a_2^{-1} a_1 = n_2 n_1^{-1} \in A \cap N$ und daher $a_1 = a_2$ und $n_1 = n_2$.

 Um die Existenz dieser Zerlegung zu zeigen, sei $g \subset G$. Wir schreiben $g = (g_1, g_2)$ für zwei Spaltenvektoren $g_1, g_2 \in \mathbb{R}^2$ und wählen $x \in \mathbb{R}$, sodass $g_2 - xg_1$ orthogonal zu g_1 ist. Dann hat $g' = g \left(\begin{smallmatrix} 1 & -x \\ 0 & 1 \end{smallmatrix} \right) = (g_1, g_2')$ orthogonale Spalten. Wir bezeichnen mit $|\cdot|$ die euklidische Norm[11] auf $\mathbb{R}^2$ und setzen $t = |g_1|$. Dann hat k $= g' \left(\begin{smallmatrix} 1/t & 0 \\ 0 & t \end{smallmatrix} \right) \in SL_2(\mathbb{R})$ orthogonale Spaltenvektoren, von denen einer normiert ist. Es folgt k $\in K$, womit auch die Existenz bewiesen ist. $\square$

Um das Haarmaß auf $SL_2(\mathbb{R})$ besser beschreiben zu können, benötigen wir folgendes Lemma.

Lemma 5.26 (Eindeutigkeit eines Haarmaßes) Es sei G eine lokalkompakte, separable, metrisierbare Gruppe. Dann gibt es auf G bis auf skalare Vielfache höchstens ein linkes Haarmaß.

---

[11] Die *euklidische Norm* eines Vektors $\mathbf{v} = (v_1, \ldots, v_n) \in \mathbb{R}^n$ ist durch $|\mathbf{v}| = (\sum_{i=1}^{n} v_i^2)^{1/2}$ gegeben.

Beweis Angenommen μ und m sind zwei linke Haarmaße auf G, d. h., beide geben kompakten Mengen endliches und offenen Mengen positives Maß, und es gilt $\mu(gB) = \mu(B)$, $m(gB) = m(B)$ für alle $g \in G$ und alle messbaren Teilmengen $B \subset G$. Dann erfüllt $\lambda = \mu + m$ auch diese Eigenschaften, und sowohl μ als auch m sind absolut stetig bezüglich λ (siehe [3, S. 80]). Wir werden daraus ableiten, dass $\mu = c_\mu \lambda$ für ein $c_\mu > 0$. Da dies aus Symmetrie auch für m gilt, ist das Lemma damit bewiesen.

Aus dem Satz von Radon-Nikodym [3, Satz IX.1] folgt, dass es eine, λ-*f.ü.* eindeutig bestimmte, nichtnegative, messbare Funktion $f : G \longrightarrow \mathbb{R}$ gibt, sodass $\mu(B) = \int_B f(h)\, d\lambda(h)$ für alle $B \in \mathcal{B}_G$ ist. Da μ ein linkes Haarmaß ist, ist $\mu(gB) = \mu(B)$ und daher auch $\int_B f(g^{-1}h)\, d\lambda(h) = \int_{gB} f(h)\, d\lambda(h) = \int_B f(h)\, d\lambda(h)$ für jedes $g \in G$ und $B \in \mathcal{B}_X$. Indem wir B variieren, erhalten wir für jedes $g \in G$, dass $f(g^{-1}h) = f(h)$ für λ-*f.a.* $h \in G$ ist.

Sei nun $\phi : G \longrightarrow \mathbb{R}$ eine nichtnegative stetige Funktion mit kompaktem Träger[12] und $\int \phi\, d\lambda = 1$. Wegen des Satzes von Fubini [3, Satz VIII.1] gilt

$$\int_B \int \phi(g_1) f(g_1^{-1}h)\, d\lambda(g_1)\, d\lambda(h) = \int \phi(g_1) \int_B f(g_1^{-1}h)\, d\lambda(h)\, d\lambda(g_1)$$

$$= \mu(B) = \int_B f(h)\, d\lambda(h)$$

für jedes $B \in \mathcal{B}_G$. Indem wir B variieren, sehen wir, dass die Funktion $f' : h \mapsto \int \phi(g_1) \cdot f(g_1^{-1}h)\, d\lambda(g_1)$ λ-*f.ü.* mit f übereinstimmt und dass daher, für jedes $g \in G$, $f'(g^{-1}h) = f'(h)$ für λ-*f.a.* $h \in G$ ist. Aus der Stetigkeit der Funktion ϕ folgt, dass auch f' stetig ist. Denn für $(h_n) \subset G$ mit $\lim_{n\to\infty} h_n = h$ folgt mittels Linksinvarianz von λ und dem Satz über dominierte Konvergenz, dass $\lim_{n\to\infty} f'(h_n) = \lim_{n\to\infty} \int \phi(g_1) f(g_1^{-1} h_n h^{-1} h)\, d\lambda(g_1) = \lim_{n\to\infty} \int \phi(h^{-1} h_n g_2) f(g_2^{-1}h)\, d\lambda(g_2) = f'(h)$ ist. Da λ ganz G als Träger[13] hat, können wir in der Gleichung $f'(g^{-1}h) = f'(h)$ auch $h = 1_G$ und $c_\mu = f'(1_G)$ setzen und erhalten, dass $f' = c_\mu$ auf ganz G ist. Damit ist $f = c_\mu \pmod \lambda$, wie behauptet. $\qquad\square$

Lemma 5.27 (Zerlegung des Haarmaßes auf $\mathrm{SL}_2(\mathbb{R})$) Es sei $G = \mathrm{SL}_2(\mathbb{R}) = KAN \cong K \times AN$ wie in Lemma 5.25. Dann ist das Haarmaß m auf G ein Vielfaches des Produktmaßes $m_K \times m_{AN}$, wobei m_K ein linkes Haarmaß auf K und m_{AN} ein rechtes Haarmaß auf AN ist. Da $K = \mathrm{SO}(2, \mathbb{R})$ durch einen reellen Winkel $\phi \in [0, 1)$ parametrisiert wird, ist $K \cong \mathbb{T}$, und wir können das Haarmaß m_K auf K durch $dm_K = d\phi$ beschreiben. Wenn wir weiterhin den Isomorphismus $AN = A \times N$ und die Koordinaten $t > 0$ und $x \in \mathbb{R}$ wie in den Definitionen von $A = \left\{ a_t = \left(\begin{smallmatrix} t & 0 \\ 0 & t^{-1} \end{smallmatrix} \right) : t > 0 \right\}$ und $N = \left\{ n_x = \left(\begin{smallmatrix} 1 & x \\ 0 & 1 \end{smallmatrix} \right) : x \in \mathbb{R} \right\}$ verwenden, dann ist das rechte Haarmaß auf AN durch $dm_{AN} = t\, dt\, dx$ gegeben.

---

[12] Der *Träger* einer Funktion $f : X \longrightarrow \mathbb{R}$ ist der Abschluss der Menge $\{ x \in X : f(x) \neq 0 \}$.

[13] Wenn X ein separabler metrisierbarer Raum ist und μ ein Maß auf $\mathcal{B}_X$ ist, dann nennt man die kleinste abgeschlossene Menge $A \subset X$ mit $\mu(X \setminus A) = 0$ den *Träger* von μ. Gilt für eine stetige Funktion eine Gleichung μ-f.ü., dann gilt diese Gleichung auch auf dem Träger von μ.

Beweis Es ist klar, dass das Maß m_K, das durch den Isomorphismus $\phi \in \mathbb{T} = \mathbb{R}/\mathbb{Z} \mapsto$
$\mathsf{k}_\phi = \begin{pmatrix} \cos(2\pi\phi) & -\sin(2\pi\phi) \\ \sin(2\pi\phi) & \cos(2\pi\phi) \end{pmatrix} \in K$ und die Formel $dm_K = d\phi$ beschrieben wird, ein links-
und rechtsinvariantes Haarmaß auf K ist.

Wir überprüfen nun ebenso, dass die Formel $dm_{AN} = t\,dt\,dx$ ein rechtes Haarmaß
auf der Untergruppe AN definiert. Sei $f \geq 0$ eine auf AN definierte und messbare Funk-
tion. Dann gilt $\iint f(\mathsf{a}_t \mathsf{n}_x \mathsf{n}_y) t\,dt\,dx = \iint f(\mathsf{a}_t \mathsf{n}_x) t\,dt\,dx$ für alle $y \in \mathbb{R}$. Wir bemerken,
dass $\mathsf{n}_x \mathsf{a}_s = \mathsf{a}_s \mathsf{n}_{s^{-2}x}$ für alle $x \in \mathbb{R}$ und $s > 0$ gilt. Daher ist auch $\iint f(\mathsf{a}_t \mathsf{n}_x \mathsf{a}_s) t\,dt\,dx =$
$\int f(\mathsf{a}_t \mathsf{a}_s \mathsf{n}_{s^{-2}x}) t\,dt\,dx = \iint f(\mathsf{a}_{ts} \mathsf{n}_y) s^2 t\,dt\,dy = \iint f(\mathsf{a}_r \mathsf{n}_y) r\,dr\,dy$ für alle $s > 0$. Dies zeigt,
dass $t\,dt\,dx$ ein linkes Haarmaß auf AN definiert.

Zusammen ergibt sich, dass $m_K \times m_{AN}$ ein rechtes Haarmaß auf $K \times AN$ ist. Wir verwenden nun das Haarmaß m auf $\mathrm{SL}_2(\mathbb{R})$ von Lemma 5.23, um ebenso ein rechtes Haarmaß
auf $K \times AN$ zu erhalten. Wir definieren $\nu(B) = m(\{\mathsf{k}^{-1}\mathsf{an} : (\mathsf{k}, \mathsf{an}) \in B\})$. Da m sowohl
links- also auch rechtsinvariant ist, sehen wir, dass ν ein rechtes Haarmaß auf $K \times AN$ ist.
Nach Lemma 5.26 muss ν ein Vielfaches von $m_K \times m_{AN}$ sein, womit das Lemma bewiesen
ist. $\square$

Aufgabe 5.28
Zeigen Sie, dass das rechte Haarmaß auf AN nicht linksinvariant ist und finden Sie ein linkes Haarmaß auf AN.

Aufgabe 5.29
Es seien G eine lokalkompakte, separable, metrisierbare Gruppe, X ein topologischer G-Raum und
μ ein G-invariantes Wahrscheinlichkeitsmaß auf X. Nehmen Sie an, dass $B \subset X$ messbar und G-
invariant modulo μ ist, d. h., dass $\mu(B \bigtriangleup T^g(B)) = 0$ für alle $g \in G$ gilt. Zeigen Sie, dass es eine
Menge $B' \in \mathcal{B}_X^T$ mit $\mu(B' \bigtriangleup B) = 0$ gibt.
Hinweis: Wenn G abzählbar ist, kann man $B' = \bigcap_{g \in G} T^g(B)$ setzen. Zeigen Sie nun, dass jedes G
wie in der Aufgabe eine dichte abzählbare Untergruppe $G' \subset G$ hat. Falls B bereits G'-invariant ist,
kann man ein Haarmaß m auf G verwenden, um $B' = \{x \in X : m(\{g \in G : T^g x \in B\}) > 0\}$ zu
definieren. Zeigen Sie, dass B' messbar und $\mu(B' \bigtriangleup B) = 0$ ist.

5.4.2   Eine rechtsinvariante Metrik auf $\mathrm{SL}_2(\mathbb{R})$

Eine Metrik d auf einer Gruppe G ist *rechtsinvariant*, wenn $d(g_1 h, g_2 h) = d(g_1, g_2)$ für alle
$g_1, g_2, h \in G$ gilt. Auf jeder lokalkompakten, separablen, metrisierbaren Gruppe G lässt sich
eine rechtsinvariante Metrik definieren, die natürlich die Topologie von G induziert (vgl.
[11]). Für das Folgende ist diese allgemeine Tatsache nicht unbedingt erforderlich, und wir
begnügen uns mit einer *Ad-hoc*-Konstruktion.

Lemma 5.30 Es existiert eine rechtsinvariante Metrik d auf $G = \mathrm{SL}_2(\mathbb{R})$.

Beweis Im Folgenden bezeichnet $\mathbf{1} \in \mathrm{Mat}_{22}(\mathbb{R})$ die Identität und $\|\cdot\|$ eine Matrixnorm auf $\mathrm{Mat}_{22}(\mathbb{R})$ mit der Eigenschaft $\|h_1 h_2\| \leq \|h_1\| \|h_2\|$ für alle $h_1, h_2 \in \mathrm{Mat}_{22}(\mathbb{R})$. Wir setzen $\eta(g) = \inf\{\sum_{i=1}^n \|h_i\| : n \geq 1, g = \prod_{i=1}^n (\mathbf{1} + h_i)^{\varepsilon_i}, \varepsilon_1, \ldots, \varepsilon_n \in \{-1,1\}$ und $h_1, \ldots, h_n \in \mathrm{Mat}_{22}(\mathbb{R})\}$ für $g \in G$. Aus der Definition folgt unmittelbar, dass $\eta(g_1 g_2) \leq \eta(g_1)\eta(g_2)$ und $\eta(g_1) = \eta(g_1^{-1})$ für alle $g_1, g_2 \in G$ ist. Setzt man nun $d(g_1, g_2) = \eta(g_2 g_1^{-1})$ so sieht man, dass d rechtsinvariant ist und die Dreiecksungleichung erfüllt, denn $d(g_1, g_3) = \eta(g_1 g_2^{-1} g_2 g_3^{-1}) \leq \eta(g_1 g_2^{-1}) + \eta(g_2 g_3^{-1}) = d(g_1, g_2) + d(g_2, g_3)$ für alle $g_1, g_2, g_3 \in G$. Weiterhin gilt $d(g_1, g_2) = \eta(g_1 g_2^{-1}) = \eta(g_2 g_1^{-1}) = d(g_2, g_1)$ für alle $g_1, g_2 \in G$.

Wir definieren nun $N_\delta = \{g \in G : \eta(g) < \delta\}$ und zeigen, dass diese Mengen eine Umgebungsbasis der Identität $\mathbf{1} \in \mathrm{Mat}_{22}(\mathbb{R})$ bilden. Da $\eta(g) < \|g - \mathbf{1}\|$ für alle $g \in G$ ist, gilt $N_\delta \supset B_\delta(\mathbf{1})$, und somit sind die Mengen tatsächlich Umgebungen der Identität. Wir nehmen nun an, dass $\eta(g) < \delta < \frac{1}{2}$. Dann gibt es also $n \geq 1$, $h_1, \ldots, h_n \in \mathrm{Mat}_{22}(\mathbb{R})$ und Vorzeichen $\varepsilon_1, \ldots, \varepsilon_n \in \{-1, +1\}$ mit $g = \prod_{i=1}^n (\mathbf{1} + h_i)^{\varepsilon_i}$ und $\sum_{i=1}^n \|h_i\| < \delta$. Damit ist insbesondere $\|h_i\| < \frac{1}{2}$, und daher können wir für alle i mit $\varepsilon_i = -1$ die geometrische Summenformel $(\mathbf{1} + h_i)^{-1} = \mathbf{1} - h_i + h_i^2 - \cdots$ verwenden. Wenn wir nun alle Klammern ausmultiplizieren, dann erhalten wir

$$g = \mathbf{1} + \sum_{i_1} \varepsilon_{i_1} h_{i_1} + \sum_{i_1, i_2}' \varepsilon_{i_1} \varepsilon_{i_2} h_{i_1} h_{i_2} + \sum_{i_1, i_2, i_3}' \varepsilon_{i_1} \varepsilon_{i_2} \varepsilon_{i_3} h_{i_1} h_{i_2} h_{i_3} + \ldots$$

Hier bezeichnet $\sum_{i_1, i_2}'$ die Summe über alle $i_1 < i_2$ und alle $i_1 = i_2$ mit $\varepsilon_{i_1} = -1$ und ebenso $\sum_{i_1, i_2, i_3}'$ die Summe über alle $i_1 \leq i_2 \leq i_3$, wobei die Gleichheit nur dann erlaubt ist, wenn das zugehörige Vorzeichen -1 ist. Nach Annahme gilt $\|\sum_i \varepsilon_{i_1} h_{i_1}\| \leq \sum_{i_1} \|h_{i_1}\| < \delta$, $\sum_{i_1, i_2}' \|h_{i_1} h_{i_2}\| \leq \sum_{i_1, i_2} \|h_{i_1}\| \|h_{i_2}\| < \delta^2$, usw. Daher gilt $\|g - \mathbf{1}\| < \delta + \delta^2 + \delta^3 + \cdots = \frac{\delta}{1-\delta} < 2\delta$. Dies zeigt, dass $N_\delta \subset B_{2\delta}(\mathbf{1})$ für alle $\delta < \frac{1}{2}$. Die Mengen N_δ bilden in der Tat eine Umgebungsbasis der Identität.

Insbesondere sehen wir, dass η nur auf der Identität $\mathbf{1} \in \mathrm{Mat}_{22}(\mathbb{R})$ verschwindet. Es folgt, dass d eine Metrik auf G ist. Da die Mengen $N_\delta g$ genau die Bälle mit Mittelpunkt g und Radius δ bezüglich der Metrik d sind und in der üblichen Topologie eine Umgebungsbasis von g bilden, induziert d die Topologie von G. □

5.4.3　Ein Gitter in $\mathrm{SL}_2(\mathbb{R})$

Die Gruppe $G = \mathrm{SL}_2(\mathbb{R})$ wirkt mittels Linksmultiplikation $T^g(h) = gh$ für $g, h \in G$ auf sich selbst, aber diese Wirkung hat keine invarianten Wahrscheinlichkeitsmaße, da das bis auf skalare Vielfache eindeutige Haarmaß unendlich ist. Einen interessanteren G-Raum erhält man, wenn man eine diskrete Untergruppe $\Gamma \subset G$ wählt und G mittels Linksmultiplikation auf den Raum der Nebenklassen $X = G/\Gamma = \{g\Gamma : g \in G\}$ wirken lässt.

Definition 5.31 (Quotientenmetrik und Gitter)

Es sei G eine topologische Gruppe mit einer rechtsinvarianten Metrik d. Eine Untergruppe $\Gamma \subset G$ heißt *diskret*, falls es eine Umgebung der Identität in G gibt, die Γ nur in der Identität schneidet.

Für jede diskrete Untergruppe $\Gamma \subset G$ definiert

$$d_X(g_1\Gamma, g_2\Gamma) = \inf_{\gamma_1, \gamma_2 \in \Gamma} d(g_1\gamma_1, g_2\gamma_2) = \min_{\gamma \in \Gamma} d(g_1, g_2\gamma)$$

die *Quotientenmetrik* auf dem Raum $X = G/\Gamma$. Weiterhin definiert $T^g(h\Gamma) = gh\Gamma$ für $g, h \in G$ eine stetige G-Aktion auf X.

Eine diskrete Untergruppe $\Gamma \subset G$ ist ein *Gitter* in G, falls der Quotient $X = G/\Gamma$ ein G-invariantes Wahrscheinlichkeitsmaß besitzt. Ein Gitter heißt *uniform*, wenn der Quotient $X = G/\Gamma$ kompakt ist.

Einfache Beispiele von (uniformen) Gittern sind die diskreten Untergruppen $\Gamma = \mathbb{Z}^n \subset G = \mathbb{R}^n$ mit $n \geq 1$. Ausgehend von diesem Beispiel fragt man sich vielleicht, ob *jedes* Gitter uniform ist. In der Tat ist jedes Gitter in einer abelschen Gruppe uniform, doch gilt dies z. B. nicht für die Gruppe $G = \mathrm{SL}_2(\mathbb{R})$. Obwohl es in dieser Gruppe sowohl viele uniforme als auch viele nicht uniforme Gitter gibt, ist deren Konstruktion nicht ganz einfach und erfordert Argumente entweder aus der Zahlentheorie oder aus der Geometrie. Es gibt aber auch für $\mathrm{SL}_2(\mathbb{R})$ ein sehr natürliches und einfach zu definierendes Gitter, welches wir nun betrachten werden.

Satz 5.32 $\mathrm{SL}_2(\mathbb{Z})$ *ist ein nicht uniformes Gitter in* $\mathrm{SL}_2(\mathbb{R})$.

Für den Beweis benötigen wir einen weiteren Begriff und zwei vorbereitende Lemmas. Ein Vektor $\mathbf{v} \in \mathbb{Z}^2 \setminus \{0\}$ heißt *primitiv*, wenn die Koeffizienten von $\mathbf{v}$ teilerfremd sind oder, anders formuliert, wenn es keinen kürzeren nichttrivialen Vektor in $\mathbb{R}\mathbf{v} \cap \mathbb{Z}^2$ gibt.

Lemma 5.33 Es sei $\mathbf{v} \in \mathbb{Z}^2$ ein primitiver Vektor. Dann gibt es ein $\gamma \in \mathrm{SL}_2(\mathbb{Z})$, dessen erste Spalte mit $\mathbf{v}$ übereinstimmt.

Beweis Es sei $\mathbf{v} = \left(\begin{smallmatrix} a \\ b \end{smallmatrix} \right) \neq 0$ mit teilerfremden Koeffizienten $a, b \in \mathbb{Z}$. Da in $\mathbb{Z}$ der größte gemeinsame Teiler mittels des euklidischen Algorithmus als ganzzahlige Linearkombination dargestellt werden kann, gibt es $c, d \in \mathbb{Z}$ mit $ca + db = 1$. Dann ist $\gamma = \left(\begin{smallmatrix} a & -d \\ b & c \end{smallmatrix} \right) \in \mathrm{SL}_2(\mathbb{Z})$. $\square$

Lemma 5.34 Es seien $g \in \mathrm{SL}_2(\mathbb{Z})$, $\Lambda = g\mathbb{Z}^2 \subset \mathbb{R}^2$ und $\mathbf{w} \in \Lambda$ ein kürzester nicht-trivialer Vektor. Dann ist $|\mathbf{w}| \leq t_0 = \frac{2^{1/2}}{3^{1/4}}$, wobei $|\cdot|$ wiederum die euklidische Norm bezeichnet. Weiterhin gibt es ein $\gamma \in \mathrm{SL}_2(\mathbb{Z})$, sodass $g' = g\gamma = \mathrm{k}_\phi \mathrm{a}_t \mathrm{n}_x$ mit $\phi \in [0,1)$, $\mathrm{k}_\phi = \left(\begin{smallmatrix} \cos(2\pi\phi) & -\sin(2\pi\phi) \\ \sin(2\pi\phi) & \cos(2\pi\phi) \end{smallmatrix} \right)$, $t \in (0, t_0]$ und $x \in [-\frac{1}{2}, \frac{1}{2})$.

Beweis Angenommen, $\mathbf{w} = g\mathbf{v} \in \Lambda$ ist ein kürzester nichttrivialer Vektor von Λ. Dann ist $\mathbf{v} \in \mathbb{Z}^2$ primitiv und es gibt nach Lemma 5.33 ein $\gamma \in SL_2(\mathbb{Z})$, sodass $\mathbf{v}$ der erste Spaltenvektor von γ ist. Ersetzen wir g durch $g\gamma$, so ändert sich Λ nicht, und wir können daher annehmen, dass der erste Spaltenvektor von g gleich $\mathbf{w}$ ist.

Wir wenden nun die Iwasawazerlegung von Lemma 5.25 auf g an und erhalten $g = k k_\phi a_t n_x$ mit $\phi \in [0,1)$, $t = |\mathbf{w}| > 0$ und $x \in \mathbb{R}$. Multiplizieren wir g nochmals von rechts mit einer Matrix der Form n_k mit $k \in \mathbb{Z}$, so können wir weiterhin annehmen, dass $x \in [-\frac{1}{2}, \frac{1}{2})$ ist.

Wir berechnen nun die Länge des zweiten Spaltenvektors von g und werden daraus die Abschätzung von t ableiten. Da k_ϕ die Länge von Spaltenvektoren nicht ändert, genügt es, die Länge des zweiten Spaltenvektors von $a_t n_x = \left(\begin{smallmatrix} t & tx \\ 0 & 1/t \end{smallmatrix} \right)$ zu berechnen. Da $\mathbf{w}$ der kürzeste Vektor von Λ ist, erhalten wir $t \leq \sqrt{t^2 x^2 + 1/t^2} \leq \sqrt{t^2/4 + 1/t^2}$. Damit ergibt sich $1 \leq \sqrt{1/4 + 1/t^4}$ und daraus $t^4 \leq 4/3$. $\qquad\square$

Beweis von Satz 5.32 Wir lassen $SL_2(\mathbb{R})$ auf den Raum der Gitter in $\mathbb{R}^2$ wirken und betrachten die Bahn von $\mathbb{Z}^2$ unter dieser Wirkung. Da $\Gamma = SL_2(\mathbb{Z}) = \{g \in SL_2(\mathbb{R}) : g\mathbb{Z}^2 = \mathbb{Z}^2\}$ genau die Stabilisatorgruppe von $\mathbb{Z}^2$ ist, sehen wir, dass $SL_2(\mathbb{R})/SL_2(\mathbb{Z}) \cong \{g\mathbb{Z}^2 : g \in SL_2(\mathbb{R})\}$ ist.

Wir setzen $S = \{g = k a_t n_x : k \in SO(2,\mathbb{R}), t \in (0, t_0), x \in [-\frac{1}{2}, \frac{1}{2})\}$. Nach Lemma 5.27 dürfen wir annehmen, dass das Haarmaß durch $m_K \times m_{AN}$ beschrieben ist. Daraus folgt
$$m(S) = \int_{K \times AN} 1_S \, d(m_K \times m_{AN}) = m_K(K) \int_0^{t_0} \int_{-1/2}^{1/2} t \, dt \, dx < \infty.$$

Nach Lemma 5.34 gilt $SL_2(\mathbb{R}) = \bigcup_{\gamma \in \Gamma} S\gamma$. Wir behaupten, dass es einen Fundamentalbereich $Q \subset S$ gibt, sodass $B \in \mathcal{B}_G$ liegt und $SL_2(\mathbb{R}) = \bigcup_{\gamma \in \Gamma} Q\gamma$ eine disjunkte Vereinigung ist.

Falls $g \in SL_2(\mathbb{R})$ gegeben und U eine genügend kleine offene Umgebung der Identität ist, sind die Mengen $Ug\gamma$ für $\gamma \in SL_2(\mathbb{R})$ alle disjunkt. Da $SL_2(\mathbb{R})$ σ-kompakt ist, können wir abzählbar viele offene Mengen $O_1, O_2, \ldots$ mit $SL_2(\mathbb{R}) = \bigcup_n O_n$ finden, sodass für jedes n die Vereinigung $\bigcup_{\gamma \in \Gamma} O_n \gamma$ disjunkt ist. Wir definieren $F_1 = S \cap O_1$, $F_2 = (S \cap O_2) \setminus \bigcup_{\gamma \in \Gamma} F_1 \gamma$, ..., $F_n = (S \cap O_n) \setminus \bigcup_{\gamma \in \Gamma}(F_1 \cup \cdots \cup F_{n-1})\gamma$. Wenn nun ein Element $g \in G$ in $S \cap O_n \setminus \bigcup_{\gamma \in \Gamma}(O_1 \cup \cdots \cup O_{n-1})$ liegt, dann liegt es auch in F_n. Damit ist $Q = \bigcup_n F_n \subset S$ ein messbarer Fundamentalbereich, d. h. $Q \in \mathcal{B}_G$, $G = \bigcup_{\gamma \in \Gamma} Q\gamma$, und diese Vereinigung ist disjunkt.

Wir definieren nun ein Maß m_X auf X durch $m_X(B) = m(\{g \in Q : g\Gamma \in B\})$ für jede Borelmenge $B \subset X$. Die Quotientenabbildung $\pi : G \longrightarrow G/\Gamma$, die jedes $g \in G$ auf die Nebenklasse $g\Gamma$ abbildet, ist wegen der Ungleichung $d_X(g_1\Gamma, g_2\Gamma) \leq d(g_1, g_2)$, $g_1, g_2 \in G$, stetig. Daher ist das Urbild $\pi^{-1}B$ einer messbaren Menge $B \subset X$ wiederum messbar, und $m_X(B) = m(Q \cap \pi^{-1}(B))$ ist wohldefiniert.

Wir behaupten nun, dass die Definition von m_X nicht von der speziellen Wahl des Fundamentalbereichs abhängt. Sei also $Q' \subset SL_2(\mathbb{R})$ ein zweiter Fundamentalbereich. Wir ordnen Γ als Folge $\Gamma = \{\gamma_1, \gamma_2, \ldots\}$ an und setzen $D_n = Q' \cap (Q\gamma_n)$, $n \geq 1$. Dann ist $Q' = \bigcup_n D_n$, und diese Vereinigung ist disjunkt, da Q ein Fundamentalbereich ist. Ebenso gilt $Q = \bigcup_n D_n \gamma_n^{-1}$, und diese Vereinigung ist disjunkt, da Q' ein Fundamentalbereich ist. Weiterhin gilt $\pi^{-1}(B) \cap Q' = \bigcup_n \pi^{-1}(B) \cap D_n$ und $\pi^{-1}(B) \cap Q = \bigcup_n \pi^{-1}(B) \cap (D_n \gamma_n^{-1}) = \bigcup_n (\pi^{-1}(B) \cap D_n) \gamma_n^{-1}$, woraus die behauptete Unabhängigkeit des Maßes von der Wahl des Fundamentalbereichs folgt.

Seien nun $B \subset X$ eine Borelmenge und $g \in \mathrm{SL}_2(\mathbb{R})$. Dann ist $m_X(gB) = m(\pi^{-1}(gB) \cap Q) = m((g\pi^{-1}(B)) \cap Q) = m(\pi^{-1}(B) \cap (g^{-1}Q)) = m_X(B)$, da mit Q ja auch $g^{-1}Q$ ein Fundamentalbereich ist. Wir haben also gezeigt, dass m_X ein G-invariantes Maß auf X ist. Da zusätzlich $m_X(X) = m(Q) \leq m(S) < \infty$ ist, kann man das Maß zu einem Wahrscheinlichkeitsmaß normalisieren. $\square$

5.4.4   Die Ergodentheorie von $\mathrm{SL}_2(\mathbb{R})$

Da $G = \mathrm{SL}_2(\mathbb{R})$ transitiv auf jedem Quotienten der Form $X = G/\Gamma$ wirkt, ist es nicht überraschend, dass G auch ergodisch bezüglich eines G-invarianten Maßes m_X auf X wirkt (falls ein solches existiert). Formal gesehen, benötigt diese Aussage aber Aufgabe 5.29, da Ergodizität mittels invarianter Mengen (mod m_X) definiert wird.

Es seien nun (X, G, T) ein lokalkompakter, separabler, metrisierbarer G-Raum und μ ein T-invariantes und ergodisches Wahrscheinlichkeitsmaß auf X.[14] Für abelsche Gruppen wie z. B. $\mathbb{Z}^2$ würden diese Annahmen keinerlei Aussagen über das Verhalten von Untergruppen zulassen; so könnte beispielsweise $\mathbb{Z} \times \{0\}$ nichtergodisch wirken (diesem Problem sind wir schon im Zusammenhang mit Satz 5.11 begegnet). Wir werden in diesem Abschnitt zeigen, dass für $G = \mathrm{SL}_2(\mathbb{R})$ Ergodizität auch die Ergodizität vieler Untergruppen und sogar deren starke Mischungseigenschaft impliziert.

Satz 5.35 (Mautner-Phänomen: Vererbung von Ergodizität) *Es seien $G = \mathrm{SL}_2(\mathbb{R})$, (X, G, T) ein lokalkompakter, separabler, metrisierbarer G-Raum und μ ein T-invariantes und ergodisches Wahrscheinlichkeitsmaß auf X. Dann ist μ auch ergodisch unter der Transformation $T_g \colon x \mapsto gx$ für jedes nichttriviale Element $g \in A$ oder $g \in N$. Insbesondere sind also die Einschränkungen von T auf die Untergruppen A und N ergodisch.*

Für den Beweis wollen wir die Sprache der unitären Darstellungen verwenden. Da μ invariant unter der Aktion eines Elementes $g \in G$ ist, ist die Abbildung $f \mapsto U_g(f) = f \circ T^{g^{-1}}$, $f \in L_2(\mu) = L_2(X, \mathcal{B}_X, \mu)$ unitär. Weiterhin gilt $U_{g_1} \circ U_{g_2}(f) = U_{g_1}(f \circ T^{g_2^{-1}}) = f \circ T^{g_2^{-1} g_1^{-1}} = U_{g_1 g_2}(f)$ für $g_1, g_2 \in G$. Damit ist die Abbildung $U \colon g \mapsto U_g$ ein Homöomorphismus von G in die Gruppe $\mathcal{U}(L_2(\mu))$ der unitären Operatoren auf dem Hilbertraum $L_2(\mu)$. Eine solche Aktion wird eine *unitäre Darstellung* genannt, sofern auch noch die milde Stetigkeitsbedingung im folgenden Lemma erfüllt ist.

---

[14] Da G nicht mittelbar ist, muss ein solches Maß zwar i. A. nicht existieren, aber wir haben zumindest schon ein Beispiel für ein solches Maß gesehen.

> **Lemma 5.36** Es seien G eine lokalkompakte, separable, metrisierbare Gruppe, (X, G, T) ein lokalkompakter, separabler, metrisierbarer G-Raum und μ ein G-invariantes und ergodisches Wahrscheinlichkeitsmaß. Dann ist für jedes $f \in L_2(\mu)$ die Abbildung $g \mapsto U_g(f)$ von G nach $L_2(\mu)$ stetig.

Beweis Wir nehmen zuerst an, dass $f: X \longrightarrow \mathbb{R}$ eine stetige Funktion mit kompaktem Träger ist. Wenn eine Folge (g_n) in G gegen ein Element $g \in G$ konvergiert, dann gilt $\lim_{n \to \infty} f(T^{g_n^{-1}} x) = f(T^{g^{-1}} x)$ für jedes $x \in X$. Mittels dominierter Konvergenz folgt nun $\lim_{n \to \infty} \|U_{g_n}(f) - U_g(f)\|_2 = 0$.

Seien nun $f \in L_2(\mu)$ beliebig, $g \in G$ und $\varepsilon > 0$. Da die Menge $C_c(X)$ der stetigen reellwertigen Funktionen auf X mit kompaktem Träger dicht in $L_2(\mu)$ liegt, gibt es ein $f_0 \in C_c(X)$ mit $\|f - f_0\|_2 < \varepsilon$. Nach dem ersten Teil des Beweises gibt es eine Umgebung $\mathcal{O} \subset G$ von g mit $\|U_h(f_0) - U_g(f_0)\|_2 < \varepsilon$ für alle $h \in \mathcal{O}$. Da U_h für alle $h \in G$ unitär ist, folgt nun $\|U_h(f) - U_g(f)\|_2 \leq \|U_h(f) - U_h(f_0)\|_2 + \|U_h(f_0) - U_g(f_0)\|_2 + \|U_g(f_0) - U_g(f)\|_2 < 3\varepsilon$ für alle $h \in \mathcal{O}$. $\square$

Beweis von Satz 5.35 Angenommen $f \in L_2(\mu)$ ist invariant unter einem nichttrivialen Element $\mathsf{a} = \left(\begin{smallmatrix} t & 0 \\ 0 & 1/t \end{smallmatrix} \right) \in A$. Sei $\mathsf{n} = \left(\begin{smallmatrix} 1 & x \\ 0 & 1 \end{smallmatrix} \right) \in N$ beliebig. Dann ist $\|U_{\mathsf{n}}(f) - f\|_2 = \|U_{\mathsf{n}}U_{\mathsf{a}^k}(f) - U_{\mathsf{a}^k}(f)\|_2 = \|U_{\mathsf{a}^{-k}\mathsf{n}\mathsf{a}^k} f - f\|$ für jedes $k \in \mathbb{Z}$, da $U_{\mathsf{a}}(f) = f$ und U_{a} unitär ist. Wählen wir das Vorzeichen von k geeignet und lassen wir $|k|$ gegen unendlich gehen, dann strebt $\mathsf{a}^{-k}\mathsf{n}\mathsf{a}^k = \left(\begin{smallmatrix} 1 & t^{-2k} x \\ 0 & 1 \end{smallmatrix} \right)$ gegen die Identität. Mittels Lemma 5.36 ergibt sich nun $U_{\mathsf{n}}(f) = f$ für alle $\mathsf{n} \in N$. Wählen wir das andere Vorzeichen, so zeigt dasselbe Argument auch $U_{\mathsf{h}}(f) = f$ für alle $\mathsf{h} = \left(\begin{smallmatrix} 1 & 0 \\ y & 1 \end{smallmatrix} \right)$ mit $y \in \mathbb{R}$. Da diese Matrizen gemeinsam mit N ganz $\mathrm{SL}_2(\mathbb{R})$ erzeugen (siehe Aufgabe 5.37), folgt die Invarianz von f unter $\mathrm{SL}_2(\mathbb{R})$. Nach der Annahme im Satz sehen wir, dass f konstant $(\mathrm{mod}\,\mu)$ ist und $\mathsf{a} \in A$ ergodisch wirkt.

Wenn nun $f \in L_2(\mu)$ invariant unter einem nichttrivialen Element $\mathsf{n} = \left(\begin{smallmatrix} 1 & x \\ 0 & 1 \end{smallmatrix} \right) \in N$ ist, also $U_{\mathsf{n}}(f) = f$ für ein $x \in \mathbb{R} \smallsetminus \{0\}$ gilt, so behaupten wir, dass f auch unter einem nichttrivialen Element von A invariant ist, womit wir dann auf den ersten Teil des Beweises verweisen können.

Für den Beweis der letzten Behauptung benötigen wir die folgende Rechnung. Wenn $\mathsf{h}_\varepsilon = \left(\begin{smallmatrix} 1 & 0 \\ \varepsilon & 1 \end{smallmatrix} \right)$ ist, so ist

$$\mathsf{n}^k \mathsf{h}_\varepsilon \mathsf{n}^n = \begin{pmatrix} 1 + kx\varepsilon & (1 + kx\varepsilon)nx + kx \\ \varepsilon & 1 + nx\varepsilon \end{pmatrix}.$$

Wir wählen $\varepsilon = 1/m$, $k_m \in \mathbb{Z}$, sodass $\lim_{m \to \infty} 1 + k_m x/m = 2$, und $n_m \in \mathbb{Z}$, sodass $\lim_{m \to \infty} (1 + k_m x/m) n_m x + k_m x = 0$ ist. Dann ist $\mathsf{a}_2 = \left(\begin{smallmatrix} 2 & 0 \\ 0 & 1/2 \end{smallmatrix} \right) = \lim_{m \to \infty} \mathsf{n}^{k_m} \mathsf{h}_{1/m} \mathsf{n}^{n_m}$ und wegen Lemma 5.36 auch

$$\|U_{\mathsf{a}_2}(f) - f\|_2 = \lim_{m \to \infty} \|U_{\mathsf{n}^{k_m} \mathsf{h}_{1/m} \mathsf{n}^{n_m}}(f) - f\|_2 = \lim_{m \to \infty} \|U_{\mathsf{h}_{1/m}}(f) - f\|_2 = 0,$$

wobei wir wieder $U_\mathrm{n}(f) = f$ und die Unitarität von U_n verwendet haben. Daher gilt $U_{\mathrm{a}_2}(f) = f$, und es folgt, dass f konstant $(\mathrm{mod}\,\mu)$ und μ ergodisch unter der Wirkung von n ist. $\qquad\qquad\qquad\qquad\qquad\qquad\qquad\qquad\qquad\qquad\qquad\qquad\qquad\qquad\quad\square$

Aufgabe 5.37
Zeigen Sie, dass $\mathrm{SL}_2(\mathbb{R})$ durch N und die unteren Dreiecksmatrizen von der Form $\left(\begin{smallmatrix} 1 & 0 \\ r & 1 \end{smallmatrix}\right)$, $r \in \mathbb{R}$, erzeugt wird.

Definition 5.38

Es seien G eine lokalkompakte, separable, metrisierbare Gruppe, (X, G, T) ein G-Raum und μ ein T-invariantes Wahrscheinlichkeitsmaß auf X. Wir sagen, dass eine Folge (g_m) in G *gegen unendlich* strebt, wenn es für jede kompakte Menge $K \subset G$ ein M gibt mit $g_m \notin K$ für alle $m \geq M$. Man nennt das Maß μ *stark mischend* für T und die G-Aktion T auf $(X, \mathcal{B}_X, \mu)$ *stark mischend*, falls für jede Folge $(g_m) \in G$, die gegen unendlich strebt, und für alle $f_1, f_2 \in L_2(\mu)$, $\lim_{m\to\infty} \langle\!\langle U_{g_m} f_1, f_2 \rangle\!\rangle = \int f_1 d\mu \int \overline{f_2} d\mu$ gilt.

Satz 5.39 (Satz von Howe-Moore in der Ergodentheorie[15]) *Es seien $G = \mathrm{SL}_2(\mathbb{R})$, (X, G, T) ein lokalkompakter, separabler, metrisierbarer G-Raum und μ ein G-invariantes und ergodisches Wahrscheinlichkeitsmaß. Dann ist die Einschränkung von T auf die diagonale Untergruppe A stark mischend.*

Aufgabe 5.40
Zeigen Sie, unter Verwendung von Satz 5.39, dass sogar die Wirkung von $G = \mathrm{SL}_2(\mathbb{R})$ stark mischend ist.

Hinweis: Beweisen Sie zuerst die Cartanzerlegung: Jedes $g \in \mathrm{SL}_2(\mathbb{R})$ lässt sich als $g = \mathrm{k}_1 \mathrm{a} \mathrm{k}_2$ mit $\mathrm{k}_1, \mathrm{k}_2 \in K$ und $\mathrm{a} \in A$ schreiben. Berücksichtigen Sie dafür, dass die symmetrische Matrix $g g^T$ mittels einer orthogonalen Matrix diagonalisiert werden kann. Verwenden Sie dann, dass für jede Folge $(g_n) \subset \mathrm{SL}_2(\mathbb{R})$, die gegen unendlich strebt, auch die diagonalen Anteile in der Cartanzerlegung der g_n gegen unendlich streben müssen.

Beweis von Satz 5.39 Es sei $(\mathrm{a}_j) \subset A$ eine Folge, die gegen unendlich strebt. Wir nehmen ohne Beschränkung der Allgemeinheit an, dass $\mathrm{a}_j = \mathrm{a}_{t_j}$ mit $t_j \to \infty$ gilt (der Fall $t_j \to 0$ kann auf den ersten Fall zurückgeführt werden, indem man a_j^{-1} betrachtet). Laut dem Satz von Banach-Alaoglu [15, Theorem 3.15] gibt es eine Teilfolge, die wir der Einfachheit halber wieder mit (a_j) bezeichnen, sodass $U_{\mathrm{a}_j}(f_1)$ für $n \to \infty$ schwach[16] gegen ein $\tilde{f}_1 \in L_2(\mu)$ konvergiert.

---

[15] Üblicherweise wird der Satz von Howe-Moore in der Sprache der unitären Darstellungen formuliert und dann *Satz über das Verschwinden der Matrixkoeffizienten im Unendlichen* genannt.
[16] Es seien H ein Hilbertraum und $v_n \in H$ eine Folge. Dann konvergiert v_n *schwach* gegen ein $v \in H$, falls für alle $w \in H$ gilt $\lim_{n\to\infty} \langle\!\langle v_n, w \rangle\!\rangle = \langle\!\langle v, w \rangle\!\rangle$.

Wir behaupten, dass jedes $n \in N$ die Funktion $\tilde{f}_1$ invariant lässt: Für beliebiges $f_2 \in L_2(\mu)$ gilt nämlich

$$\langle\!\langle U_n(\tilde{f}_1), f_2 \rangle\!\rangle = \lim_{j\to\infty} \langle\!\langle U_{a_j} f_1, U_{n^{-1}} f_2 \rangle\!\rangle = \lim_{j\to\infty} \langle\!\langle U_n U_{a_j} f_1, f_2 \rangle\!\rangle$$

$$= \lim_{j\to\infty} \langle\!\langle U_{a_j} U_{a_j^{-1} n a_j} f_1, f_2 \rangle\!\rangle = \lim_{j\to\infty} \langle\!\langle U_{a_j} f_1, f_2 \rangle\!\rangle = \langle\!\langle \tilde{f}_1, f_2 \rangle\!\rangle.$$

Hier haben wir auch verwendet, dass $a_j^{-1} n a_j = a_j^{-1} \left(\begin{smallmatrix} 1 & x \\ 0 & 1 \end{smallmatrix}\right) a_j = \left(\begin{smallmatrix} 1 & x/t_j^2 \\ 0 & 1 \end{smallmatrix}\right)$ gegen die Einheitsmatrix strebt, wegen Lemma 5.36 $\lim_{j\to\infty} \| U_{a_j^{-1} n a_j}(f_1) - f_1 \| = 0$ ist und daher wegen der Cauchy-Schwarz Ungleichung [3, Satz V.6] $|\langle\!\langle U_{a_j}(U_{a_j^{-1} n a_j} f_1 - f_1), f_2 \rangle\!\rangle| \le \| U_{a_j^{-1} n a_j}(f_1) - f_1 \|_2 \| f_2 \|_2$ auch gegen Null strebt. Da f_2 beliebig war, folgt $U_n(\tilde{f}_1) = \tilde{f}_1$. Aus Satz 5.35 folgt, dass $\tilde{f}_1$ μ-f.ü. konstant ist. Setzen wir noch $f_2 = 1$ in der Definition von $\tilde{f}_1$, dann sehen wir, dass $\tilde{f}_1 = \int f_1 d\mu$ μ-f.ü. ist. Es folgt also $\lim_{j\to\infty} \langle\!\langle U_{a_j} f_1, f_2 \rangle\!\rangle = \langle\!\langle \int f_1 d\mu, f_2 \rangle\!\rangle = \int f_1 d\mu \int \overline{f_2} d\mu.$ $\qquad\square$

Aufgabe 5.41

In dem Beweis von Satz 5.39 haben wir eigentlich nur gezeigt, dass es eine Teilfolge von $(\langle\!\langle U_{g_j} f_1, f_2 \rangle\!\rangle)_{j\ge 1}$ gibt, die gegen den richtigen Grenzwert strebt. Warum beweist dies den Satz?

5.4.5   Gleichverteilungssätze für den horozyklischen Fluss

Das dynamische System, das durch Linksmultiplikation von der Untergruppe $N = \{n_s = \left(\begin{smallmatrix} 1 & s \\ 0 & 1 \end{smallmatrix}\right) : s \in \mathbb{R}\}$ auf dem Quotientenraum $X = \mathrm{SL}_2(\mathbb{R})/\Gamma$ definiert wird, wird auch *horozyklischer Fluss* genannt. Wenn Γ ein uniformes Gitter ist, so ist dieses dynamische System nach einem Satz von Furstenberg aus dem Jahr 1973 eindeutig ergodisch (vgl. [6]).

Satz 5.42 (Satz von Furstenberg: Eindeutige Ergodizität) *Es sei $\Gamma \subset G = \mathrm{SL}_2(\mathbb{R})$ ein uniformes Gitter und $X = G/\Gamma$ der kompakte Quotientenraum. Dann gibt es nur ein N-invariantes Wahrscheinlichkeitsmaß auf X, nämlich das normalisierte Haarmaß m_X. Weiterhin gilt, dass die Bahn jedes Punktes $x \in X$ unter der Aktion von N dicht in X liegt und sich sogar gleichverteilt, d. h. $\lim_{S\to\infty} \frac{1}{S} \int_0^S f(\mathbf{n}_s x)\,ds = \int_X f\,dm_X$ für jedes $f \in C(X)$.*

Die Aussage, dass jede N-Bahn in X dicht ist, wurde schon 1936 von Hedlund bewiesen [8]. Bevor wir uns dem Beweis von Satz 5.42 zuwenden, betrachten wir in einer Übungsaufgabe eine Verschärfung dieser Minimalitätsaussage.

Aufgabe 5.43 (Minimalität von Elementen des horozyklischen Flusses)

Seien $n \in N$ ein nichttriviales Element und $X = G/\Gamma$ ein kompakter Quotient von $G = \mathrm{SL}_2(\mathbb{R})$ wie in Satz 5.42. Zeigen Sie, dass die Transformation $T : x \mapsto nx$, $x \in X$, minimal und eindeutig ergodisch ist.

Hinweis: Sei $n = \left(\begin{smallmatrix} 1 & s_0 \\ 0 & 1 \end{smallmatrix}\right)$ mit $s_0 > 0$ und $\mu \in \mathcal{M}(X)^T$. Setzen Sie $\nu = \frac{1}{s_0} \int_0^{s_0} (n_s)_* \mu\, ds$ und verwenden Sie Satz 5.42, um zu sehen, dass $\nu = m_X$ ist. Die Sätze 5.35 und 1.80 erlauben nun den Schluss, dass $\mu = m_X$ ist.

Wenn Γ ein nicht uniformes Gitter ist, so gibt es periodische Bahnen. Zum Beispiel ist die Bahn $N\,SL_2(\mathbb{Z})$ von $SL_2(\mathbb{Z}) \in SL_2(\mathbb{R})/SL_2(\mathbb{Z})$ periodisch (da $n_1 SL_2(\mathbb{Z}) = SL_2(\mathbb{Z})$ ist). Diese periodischen Bahnen sind auch Träger von invarianten Wahrscheinlichkeitsmaßen. Beispielsweise definiert $\int_0^1 f(n_s SL_2(\mathbb{Z}))\, ds$ das N-invariante und ergodische Wahrscheinlichkeitsmaß auf der periodischen Bahn von $SL_2(\mathbb{Z}) \in SL_2(\mathbb{R})/SL_2(\mathbb{Z})$. Der horozyklische Fluss auf Quotienten, die von nicht uniformen Gittern definiert werden, ist demnach nicht eindeutig ergodisch. Es gilt jedoch folgender Satz von Dani[17].

Satz 5.44 (Satz von Dani: Klassifikation der invarianten Maße) *Es sei $\Gamma \subset G = SL_2(\mathbb{R})$ ein nicht uniformes Gitter und $X = G/\Gamma$ der Quotientenraum. Dann gibt es neben dem Haarmaß m_X nur noch solche N-invariante und ergodische Wahrscheinlichkeitsmaße, die von periodischen Bahnen von N getragen werden.*

Obwohl die ursprünglichen Beweise obiger Sätze auf anderen Ideen beruhen, kann man sie auch von Satz 5.39 ableiten. Wir geben den formalen Beweis von Satz 5.42 und begnügen uns mit Hinweisen zum Beweis von Satz 5.44 (wo etwas mehr Wissen über nicht uniforme Gitter benötigt wird).

Für den Beweis von Satz 5.42 genügt es zu zeigen, dass jeder Punkt generisch für m_X ist. Genauer formuliert, werden wir zeigen, dass $\lim_{S\to\infty} \frac{1}{S} \int_0^S f(n_s x_0)\, ds = \int_X f\, dm_X$ für alle $f \in C(X)$ und alle $x_0 \in X = G/\Gamma$ gilt. Mit Hilfe des Satzes über die dominierte Konvergenz ergibt sich hieraus auch schnell die erste Behauptung des Satzes.

Der Grundgedanke des Beweises von Satz 5.42 ist sehr einfach: Wir nehmen einen langen Abschnitt $\{n_s x_0 : s \in [0, S]\}$ der N-Bahn von x_0, wenden $a_{1/\sqrt{S}}$ darauf an und erhalten einen Abschnitt einer N-Bahn der Länge 1 eines anderen Punktes. Wenn wir nun diesen Abschnitt zu einer kleinen Umgebung verdicken und, um zurückzugehen, wieder $a_{\sqrt{S}}$ anwenden, dann erhalten wir eine *kleine* Umgebung des ursprünglichen Bahnabschnitts. Entscheidend für den Beweis ist, dass die neue Umgebung in den zu N transversen Richtungen nicht dicker als die alte ist. Der Beweis ergibt sich dann aus der Verknüpfung von diesem Bild mit zwei weiteren Bemerkungen: Für stetige Funktionen spielt die kleine Verdickung keine wesentliche Rolle. Da mit $S \to \infty$ auch $a_{\sqrt{S}}$ gegen unendlich geht, können wir Satz 5.39 anwenden.

Für den formalen Beweis benötigen wir noch ein paar Vorbereitungen.

---

[17] Shrikrishna Gopalrao Dani, geboren 1974 in Belgaum, Indien, Professor in Mumbai (TIFR). Wichtige Beiträge zur Geometrie und Dynamik von Gruppenaktionen und Anwendungen der Ergodentheorie in diophantischen Problemen.

Lemma 5.45 (Weitere Zerlegung von $\mathrm{SL}_2(\mathbb{R})$**)** Es seien $G, N \subset G$ und $A \subset G$ wie zuvor und $U = \{\mathsf{u}_r = \left(\begin{smallmatrix} 1 & 0 \\ r & 1 \end{smallmatrix}\right) : r \in \mathbb{R}\}$. Dann ist die durch $\phi(\mathsf{u}, \mathsf{a}, \mathsf{n}) = \mathsf{uan}$ definierte Abbildung $\phi \colon U \times A \times N \longrightarrow G$ injektiv, $\phi(U \times A \times N) = \left\{\left(\begin{smallmatrix} a & b \\ c & d \end{smallmatrix}\right) \in G : a > 0\right\}$, und auf dieser Menge ist auch die Umkehrabbildung stetig. Die Einschränkung des Haarmaßes m auf diese Teilmenge lässt sich als das Produktmaß von dem linken Haarmaß auf UA und dem Haarmaß auf N beschreiben.

Aufgabe 5.46
Beweisen Sie Lemma 5.45 mit derselben Methode wie Lemma 5.25 bzw. Lemma 5.27. Für den Beweis der Existenz der Darstellung $g = \mathsf{u}_r \mathsf{a} \mathsf{n}_s$ berechnen Sie r, s explizit, sodass $\mathsf{u}_{-r} g \mathsf{n}_{-s}$ diagonal ist.

Lemma 5.47 (Gleichmäßiger Injektivitätsradius) Sei $\Gamma \subset G = \mathrm{SL}_2(\mathbb{R})$ ein uniformes Gitter und $X = G/\Gamma$. Dann existiert eine Umgebung $\mathcal{O}$ der Identität in G, sodass für jedes $x_0 \in X$ die Abbildung, die $g \in \mathcal{O}$ auf gx_0 abbildet, injektiv ist. Für jedes $x_0 \in X$ ist die Abbildung, die $\mathsf{n} \in N$ auf $\mathsf{n}x_0$ abbildet, injektiv. Weiterhin gibt es ein $\delta > 0$, sodass für jedes $x_0 \in X$ die Abbildung, die $(r, t, s) \in [-\delta, \delta] \times [1 - \delta, 1 + \delta] \times [0,1]$ auf $\mathsf{u}_r \mathsf{a}_t \mathsf{n}_s x_0$ abbildet, injektiv ist.

Aufgabe 5.48
Beweisen Sie Lemma 5.47.
   Hinweis: Für jedes $x = g\Gamma \in X$ ist der Stabilisator von x in G gleich $g\Gamma g^{-1}$ und damit wieder diskret. Zeigen Sie damit, dass es für jedes x eine Umgebung wie im Lemma gibt (die möglicherweise noch von x abhängt). Verwenden Sie dann die Kompaktheit von X. Für die zweite Aussage verwenden Sie, dass a_t die Länge von periodischen N-Bahnen um den Faktor t^2 verändert. Für die letzte Aussage verwenden Sie die ersten beiden sowie die Kompaktheit von $[0,1]$ und X.

Beweis von Satz 5.42 Es seien Γ ein uniformes Gitter in $G = \mathrm{SL}_2(\mathbb{R})$ und $X = G/\Gamma$. Wir wählen $f \in C(X)$ und $x_0 \in X$ beliebig. Es sei $\varepsilon > 0$ beliebig. Da f stetig und X kompakt ist, ist f auch gleichmäßig stetig und so gibt es ein $\delta_1 > 0$, sodass $d_X(x, y) < \delta_1$ auch $|f(x) - f(y)| < \varepsilon$ zur Folge hat. Wir wählen eine beliebige Folge $S_j \to \infty$ und setzen $t_j = 1/\sqrt{S_j}$. Da X kompakt ist, gibt es eine Teilfolge, die wir wieder mit S_j bezeichnen werden, sodass $\lim_{j \to \infty} \mathsf{a}_{t_j} x_0 = y$ existiert.

   Wir wählen δ_2 wie in Lemma 5.47, sodass auch noch $d(\mathsf{u}_r \mathsf{a}_t, 1_G) < \delta_1$ für alle $(r, t) \in [-\delta_2, \delta_2] \times [1 - \delta_2, 1 + \delta_2]$ gilt. Wir definieren

$$Q = \{\mathsf{u}_r \mathsf{a}_t \mathsf{n}_s : r \in [-\delta_2, \delta_2], t \in [1 - \delta_2, 1 + \delta_2], s \in [0,1]\},$$

$y_j = \mathsf{a}_{t_j} x_0$, und erhalten, dass die Menge $Qy_j = \{gy_j : g \in Q\}$ im Wesentlichen eine Umgebung eines Abschnitts der N-Bahn von y_j mit Länge 1 ist. Da y_j gegen y strebt, strebt die charakteristische Funktion 1_{Qy_j} m_X-fast sicher gegen die charakteristische Funktion 1_{Qy} (nur bei den Randpunkten von Qy ist diese Konvergenz möglicherweise nicht gegeben).

Damit strebt 1_{Qy_j} auch in $L^2(m_X)$ gegen 1_{Qy}. Wir wenden nun Satz 5.39 auf f und 1_{Qy} an, ersetzen aber 1_{Qy} in dem Skalarprodukt durch 1_{Qy_j}. Wegen der Konvergenz in $L^2(m_X)$ erhalten wir, dass $\langle\!\langle f, 1_{Qy_j} \circ \mathsf{a}_{t_j} \rangle\!\rangle$ gegen $m_X(Qy) \int_X f\, dm_X$ strebt.

Nach den Definitionen gilt

$$\langle\!\langle f, 1_{Qy_j} \circ \mathsf{a}_{t_j} \rangle\!\rangle = \int_X f(x) 1_{Q\mathsf{a}_{t_j}x_0}(\mathsf{a}_{t_j}x)\, dm_X = \int_{\mathsf{a}_{t_j}^{-1}Q\mathsf{a}_{t_j}x_0} f(x)\, dm_X.$$

Die Menge $\mathsf{a}_{t_j}^{-1}Q\mathsf{a}_{t_j}x_0$ ist im Wesentlichen eine kleine Verdickung des Abschnitts der N-Bahn von x_0 mit Länge S_j:

$$\mathsf{a}_{t_j}^{-1}Q\mathsf{a}_{t_j} = \{\mathsf{u}_{r/S_j}\mathsf{a}_t\mathsf{n}_{sS_j} : r \in [-\delta_2, \delta_2], t \in [1-\delta_2, 1+\delta_2], s \in [0,1]\}.$$

Des Weiteren gilt $d_X(\mathsf{u}_{r/S_j}\mathsf{a}_t\mathsf{n}_{sS_j}x_0, \mathsf{n}_{sS_j}x_0) \leq d(\mathsf{u}_{r/S_j}\mathsf{a}_t, I) < \delta_1$ (siehe Aufgabe 4) und damit $|f(\mathsf{u}_{r/S_j}\mathsf{a}_t\mathsf{n}_{sS_j}x_0) - f(\mathsf{n}_{sS_j}x_0)| < \varepsilon$. Sei ν ein Wahrscheinlichkeitsmaß auf $[-\delta_2, \delta_2] \times [1-\delta_2, 1+\delta_2]$, dann liegt $\frac{1}{S_j}\int_0^{S_j} f(\mathsf{n}_s x_0)\, ds$ ε-nahe an

$$\frac{1}{S_j}\int_0^{S_j}\int_{[-\delta_2,\delta_2]\times[1-\delta_2,1+\delta_2]} f(\mathsf{u}_{r/S_j}\mathsf{a}_t\mathsf{n}_s x_0)\, d\nu(r,t)\, ds.$$

Wir wählen ν proportional zum linksinvarianten Haarmaß auf UA, wenden Lemma 5.45 an und erhalten, dass $\frac{1}{S_j}\int_0^{S_j} f(\mathsf{n}_s x_0)\, ds$ dem Integral $\frac{1}{m(Q)}\int_{\mathsf{a}_{t_j}^{-1}Q\mathsf{a}_{t_j}} f(gx_0)\, dm(g)$ ε-nahe ist. Da das Haarmaß auf X aus dem Haarmaß auf G konstruiert wurde und die Abbildungen $g \in Q \mapsto \mathsf{a}_{t_j}^{-1}g\mathsf{a}_{t_j}x_0$ und $g \in Q \mapsto gy$ injektiv sind, ist $\frac{1}{m(Q)}\int_{\mathsf{a}_{t_j}^{-1}Q\mathsf{a}_{t_j}} f(gx_0)\, dm(g) = \frac{1}{m_X(Qy)}\int_{\mathsf{a}_{t_j}^{-1}Q\mathsf{a}_{t_j}x_0} f(x)\, dm_X$. Wir erhalten, dass für großes j das Mittel $\frac{1}{S_j}\int_0^{S_j} f(\mathsf{n}_s x_0)\, ds$ zumindest 2ε-nahe an $\int_X f\, dm_X$ ist.[18] $\square$

Wenn X nicht kompakt ist, dann kann obige Methode für den Beweis von Satz 5.42 fehlschlagen. Dies passiert genau dann, wenn $\mathsf{a}_t x$ für $t \to 0$ keinen Häufungspunkt in X hat.

Aufgabe 5.49
Beweisen Sie Satz 5.44 für $\Gamma = \mathrm{SL}_2(\mathbb{Z})$ mit derselben Idee wie im Beweis von Satz 5.42.

Hinweis: Sei μ ein N-invariantes und ergodisches Wahrscheinlichkeitsmaß. Verwenden Sie die Aktion eines nichttrivialen Elements von N und den Individuellen Ergodensatz (Satz 2.10), um zu zeigen, dass μ-fast alle Punkte $x \in X$ generisch für μ und die N-Aktion sind. Betrachten Sie einen solchen generischen Punkt x und die Punkte $\mathsf{a}_t x$ für $t \to 0$. Falls $\mathsf{a}_t x$ keinen Häufungspunkt in X hat, so schließen Sie daraus, dass x eine periodische N-Bahn hat. Falls $\mathsf{a}_t x$ einen Häufungspunkt für $t \to 0$ in X hat, dann zeigen Sie, dass $\mu = m_X$ ist.

---

[18] Wir verwenden hier wieder die Idee in Aufgabe 5.41: Wenn in einem kompakten Raum Y eine Folge (a_n) und ein Punkt a die Eigenschaft haben, dass jede Teilfolge von (a_n) eine weitere Teilfolge besitzt, die gegen a strebt, dann strebt die ursprüngliche Folge ebenso gegen a. Hier ist Y das kompakte Intervall $[-\|f\|_\infty, \|f\|_\infty]$, (a_n) ist eine Folge von ergodischen Mitteln und $a = \int_X f\, dm_X$.

▶ **Bemerkung 5.50** Das dynamische System, das durch Linksmultiplikation von der diagonalen Untergruppe A auf $X = \mathrm{SL}_2(\mathbb{R})/\Gamma$ definiert wird, wird auch *geodätischer Fluss* genannt. Dieses System ist in mancher Hinsicht einem hyperbolischen Automorphismus von $\mathbb{T}^2$ ähnlich: Es gibt viele periodische Bahnen, noch mehr verschiedene invariante Maße, aber auch viele irreguläre Bahnen, die für kein invariantes Maß generisch sind.

▶ **Bemerkung 5.51** Die Sätze von Furstenberg und Dani (Sätze 5.42 und 5.44), aber auch Beispiel 1.2, Aufgabe 1.35 und Beispiel 2.37, sind alle einfache Spezialfälle von Vermutungen von Raghunathan und Dani. Diese Vermutungen spielten auch eine Schlüsselrolle in dem Beweis der aus dem Jahr 1930 stammenden Oppenheim-Vermutung über nicht degenerierte indefinite quadratische Formen in drei oder mehr Variablen, welche 1986 mit Methoden der topologischen Dynamik der Gruppe $\mathrm{SL}_2(\mathbb{R})$ von Margulis[19] bewiesen wurde.

Um 1990 hat Ratner[20] diese Vermutungen von Raghunathan und Dani bewiesen, die besagen, dass die Abschlüsse von H-Bahnen auf Quotientenräumen $X = G/\Gamma$ und die H-invarianten und ergodischen Wahrscheinlichkeitsmaße auf X alle algebraischer Natur sind, falls die Untergruppe $H \subset G$ von Matrizen erzeugt wird, die nur 1 als Eigenwert besitzen. Diese Sätze haben zu vielen Anwendungen der Ergodentheorie bei zahlentheoretischen Problemen geführt. Wir empfehlen [20] als weitere Lektüre zu diesem Thema.

5.5 Aufgaben

1. Es seien $S \subset \mathbb{N}$ eine unendliche multiplikative Halbgruppe und $G = \{st^{-1} : s, t \in S\} \subset \mathbb{Q}$ die von S erzeugte multiplikative Gruppe. Der Raum $Y = \mathbb{T}^G$ ist kompakt in der Produkttopologie. Schreiben Sie die Elemente von Y in der Form $y = (y_h) = (y_h)_{h \in G}$ und betrachten Sie die durch

$$(\tilde{\sigma}^g y)_h = y_{gh}, \quad (y_h) \in Y, \ g, h \in G,$$

definierte *Shiftaktion* $\tilde{\sigma} : g \mapsto \tilde{\sigma}^g$ von G auf Y. Zeigen Sie, dass die Menge

$$\tilde{X} = \{x = (x_h)_{h \in G} \in Y : x_{sh} = T_s x_h \ \text{für alle} \ s \in S \ \text{und} \ h \in G\}$$

nichtleer, abgeschlossen und $\tilde{\sigma}$-invariant ist. Zeigen Sie weiterhin, dass die durch $\phi(y) = y_1$, $y = (y_h) \in \tilde{X}$, definierte Koordinatenprojektion $\phi : \tilde{X} \longrightarrow \mathbb{T}$ die folgenden Eigenschaften hat:
(a) ϕ ist äquivariant, d. h. $\phi \circ \tilde{\sigma}^s(y) = T_s \circ \phi(y)$ für jedes $s \in S$ und $y \in \tilde{X}$.
(b) $\phi(\tilde{X}) = \mathbb{T}$.
(c) Für jede kompakte strikt S-invariante Menge $B \subset \mathbb{T}$ gibt es eine kompakte $\tilde{\sigma}$-invariante Menge $\tilde{B}$ mit $\phi(\tilde{B}) = B$.[21]

---

[19] Grigori Alexandrowitsch Margulis, geboren 1946 in Moskau, Student von Jakow Sinai, Professor in Yale, USA. Er ist für eine Vielzahl von tiefen Anwendungen der Dynamik in arithmetischen Problemen, wie z. B. der Klassifikation von Gittern in $\mathrm{SL}_n(\mathbb{R})$, $n \geq 3$, bekannt und erhielt für seine Arbeiten im Jahr 1978 die Fields-Medaille.
[20] Marina Ratner, geboren 1938 in Moskau, Studentin von Jakow Sinai, Professor in Berkeley, USA. Sie wurde berühmt durch ihre sogenannten *Starrheitssätze* der unipotenten Dynamik.
[21] Gilt dies auch, wenn $B \subset \mathbb{T}$ S-invariant, aber nicht strikt S-invariant ist?

(d) Zu jedem S-invarianten Wahrscheinlichkeitsmaß μ auf $\mathbb{T}$ existiert ein eindeutig bestimmtes $\tilde{\sigma}$-invariantes Wahrscheinlichkeitsmaß $\tilde{\mu}$ auf $\tilde{X}$ mit $\phi_* \tilde{\mu} = \mu$.

Damit ist also die Aktion der Halbgruppe S auf $\mathbb{T}$ ein Faktor des topologischen G-Raums $(\tilde{X}, G, \tilde{\sigma})$ im Sinne der Aufgaben 1.47 und 2.22.

2. Zeigen Sie, dass $\mathbb{Z}^d$ für $d \geq 1$, die diskrete Heisenberggruppe $\left\{ \left(\begin{smallmatrix} 1 & a & b \\ 0 & 1 & c \\ 0 & 0 & 1 \end{smallmatrix} \right) : a, b, c \in \mathbb{Z} \right\}$, und die Gruppe $\left\{ \left(\begin{smallmatrix} 2^k & 2^\ell m \\ 0 & 1 \end{smallmatrix} \right) : k, \ell, m \in \mathbb{Z} \right\}$ mittelbar sind.

3. Beweisen Sie folgende Aussage: Es seien $p, q > 1$ teilerfremde natürliche Zahlen und $\mu \neq \lambda$ ein T_q-invariantes Wahrscheinlichkeitsmaß auf $\mathbb{T}$, bezüglich dessen T_q totalergodisch ist (siehe Aufgabe 2.21). Wenn μ auch T_p-invariant ist, so ist $h_\mu(T_p) = 0$.

4. Es sei Γ eine diskrete Untergruppe einer topologischen Gruppe G, die mit einer rechtsinvarianten Metrik d ausgestattet ist. Sei $X = G/\Gamma$. Zeigen Sie, dass $d_X(gx, x) \leq d(g, 1_G)$ für alle $g \in G$ und $x \subset X$ (siehe Definition 5.31).

5. Es sei $\pi : G \longrightarrow X = G/\Gamma$ die im Beweis von Satz 5.32 definierte Quotientenabbildung, die jedes $g \in G$ auf die Nebenklasse $g\Gamma \in G/\Gamma$ abbildet. Es sei weiterhin $\sim$ die durch diese Abbildung definierte Äquivalenzrelation auf G, die durch $g \sim g' \Leftrightarrow \pi(g) = \pi(g')$ gegeben ist. Dann ist eine Menge $\mathcal{O} \subset X = G/\Gamma$ genau dann offen in der Quotiententopologie auf $G/\Gamma = G/\sim$, wenn $\pi^{-1}(\mathcal{O})$ offen in G ist. Zeigen Sie Folgendes:

   (i) Wenn $\mathcal{B}_X \subset \mathcal{P}(X)$ die durch diese offenen Mengen erzeugte σ-Algebra ist, dann liegt eine Menge $B \subset X$ genau dann in $\mathcal{B}_X$, wenn $\pi^{-1}(B) \in \mathcal{B}_G$ liegt.

   (ii) Wenn $Q \subset G$ der im Beweis von Satz 5.32 konstruierte Fundamentalbereich von G/Γ ist, dann definiert die Abbildung $B \mapsto \pi^{-1}(B) \cap Q$ einen Isomorphismus von $\mathcal{B}_X$ mit der σ-Algebra $\mathcal{B}_Q = \{E \cap Q : E \in \mathcal{B}_G\}$ der Borel-Teilmengen von Q.

   Damit sind die messbaren Räume $(X, \mathcal{B}_X)$ und $(Q, \mathcal{B}_Q)$ isomorph.

6. Es seien $G = \left\{ \left(\begin{smallmatrix} 1 & a & b \\ 0 & 1 & c \\ 0 & 0 & 1 \end{smallmatrix} \right) : a, b, c \in \mathbb{R} \right\}$ die Gruppe der oberen 3×3-Dreiecksmatrizen mit reellen Koeffizienten und $\Gamma \subset G$ die in Aufgabe 2 definierte diskrete Heisenberggruppe.

   (i) Beweisen Sie, dass $\Gamma \subset G$ ein uniformes Gitter ist.

   (ii) Wir setzen $X = G/\Gamma$ und bezeichnen mit $T : g \mapsto T_g$ die durch Linksmultiplikation definierte Aktion von G auf X. Weiterhin sei λ das (eindeutig bestimmte) T-invariante Wahrscheinlichkeitsmaß auf X. Für welche $g \in G$ ist T_g minimal (bzw. eindeutig ergodisch) auf X? Für welche g ist T_g ergodisch auf $(X, \mathcal{B}_X, \lambda)$? Kann T_g schwach mischend sein?

   (iii) Für jedes $g \in G$ sei $\mathcal{M}^g(X)$ die Menge der T_g-invarianten Wahrscheinlichkeitsmaße auf X und $\mathcal{E}^g(X) \subset \mathcal{M}^g(X)$ die Teilmenge der T_g-ergodischen Maße. Bestimmen Sie $\mathcal{E}^g(X)$ in Abhängigkeit von $g \in G$.

7. Verallgemeinern Sie die Resultate von Satz 5.35 und Satz 5.39 auf die Gruppen $G = \mathrm{SL}_d(\mathbb{R})$ für $d \geq 2$.

   Hinweis: Bei der Verallgemeinerung von Satz 5.35 für Gruppenelemente von der Form $u = (\delta_{ij} + \delta_{ii_0} \delta_{jj_0})$ für $i_0 \neq j_0$ kann man auch die Aussage im Beweis von Satz 5.35 verwenden: Es gibt eine Untergruppe $H < \mathrm{SL}_d(\mathbb{R})$, die u enthält. Wenn $\mathrm{SL}_d(\mathbb{R})$ auf einem Hilbertraum unitär wirkt und u einen Vektor in diesem Vektorraum fixiert, dann fixiert H diesen Vektor ebenso. Da H eine nichttriviale diagonale Matrix enthält, vereinfacht dieser Schritt den Beweis.

8. **Satz von Sarnak[22] über periodische Horozyklen** Es sei $N = \{ \left(\begin{smallmatrix} 1 & t \\ 0 & 1 \end{smallmatrix} \right) : t \in \mathbb{R} \}$. Dann ist $P_a = N \left(\begin{smallmatrix} a & 0 \\ 0 & a^{-1} \end{smallmatrix} \right) \mathrm{SL}_2(\mathbb{Z})$ für jedes $a > 0$ eine kompakte N-Bahn in $X = \mathrm{SL}_2(\mathbb{R})/\mathrm{SL}_2(\mathbb{Z})$. Zeigen Sie,

---

[22] Peter Clive Sarnak, geboren 1953 in Johannesburg, Südafrika, Professor in Princeton, USA. Er arbeitet auf dem Gebiet der analytischen Zahlentheorie und an arithmetisch motivierten Problemen in der Analysis, v. a. über Zetafunktionen und automorphe Formen, mit Anwendungen in der Kombinatorik und der mathematischen Physik.

dass P_a Periode a^2 hat. Zeigen Sie, dass für jede Wahl von $x_a \in P_a$, die Punkte x_a für $a \to 0$ nach unendlich streben.

Sei nun m_a das N-invariante Wahrscheinlichkeitsmaß auf P_a. Zeigen Sie, dass m_a sich für $a \to \infty$ auf X gleichverteilt, d. h., dass für jede stetige Funktion $f : X \longrightarrow \mathbb{R}$ mit kompaktem Träger $\int_{P_a} f \, dm_a \to \int_X f \, dm_X$ gilt, wenn $a \to \infty$.

Hinweis: Verwenden Sie die gleiche Methode wie für die Sätze 5.42 und 5.44.

Literatur

1. R. Adler, A. Konheim, M. McAndrew, *Topological entropy*, Trans. Amer. Math. Soc. 114, 309–319 (1965).

2. M.D. Boshernitzan, *Elementary proof of Furstenberg's diophantine result*, Proc. Amer. Math. Soc. **122** (1994), 67–70.

3. M. Brokate, G. Kersting, *Maß und Integral*, Mathematik Kompakt, Birkhäuser Verlag, Basel-Boston-Berlin, 2009.

4. J.B. Conway, *A Course in Operator Theory*, Graduate Studies in Mathematics Series, American Mathematical Society, Providence, R.I., 2000.

5. H. Furstenberg, *Disjointness in ergodic theory, minimal sets, and a problem in diophantine approximation*, Math. Systems Theory **1** (1967), 1–49.

6. H. Furstenberg, *The unique ergodicity of the horocycle flow*, in: Recent advances in topological and symbolic dynamics, Lecture Notes in Mathematics, vol. 318, Springer Verlag, Berlin-Heidelberg-New York, 1973, 95–115.

7. http://matheuscmss.wordpress.com/2009/02/19/furstenbergs-2x-3x-mod-1-problem/

8. G.A. Hedlund, *Fuchsian groups and transitive horocycles*, Duke Math. J. **2** (1936), 530–542.

9. A. Katok and B. Hasselblatt, *Introduction to the modern theory of dynamical systems*, Cambridge University Press, Cambridge, 1995.

10. G. Kersting and A. Wakolbinger, *Elementare Stochastik*, Mathematik Kompakt, Birkhäuser Verlag, Basel-Boston-Berlin, 2008.

11. V.L. Klee, Jr., *Invariant metrics in groups (Solution of a problem of Banach)*, Proc. Amer. Math. Soc. **3** (1952), 484–487.

12. N. Kusolitsch, *Maß- und Wahrscheinlichkeitstheorie*, Springer Verlag, Berlin-Heidelberg-New York, 2011.

13. E. Lindenstrauss, *Pointwise theorems for amenable groups*. Invent. Math. 146 (2001), no. 2, 259–295.

14. K.R. Parthasarathy, *Probability measures on metric spaces*, Academic Press, New York-London, 1967.

15. W. Rudin, *Functional Analysis*, Second Ed., McGraw-Hill, New York, 1991.

16. D.J. Rudolph, *×2 and ×3 invariant measures and entropy*, Ergod. Th. & Dynam. Sys. **10** (1990), 395–406.

17. V.S. Varadarajan, *Groups of automorphisms of Borel spaces*, Trans. Amer. Math. Soc. **109** (1963), 191–220.

M. Einsiedler, K. Schmidt, *Dynamische Systeme*, Mathematik Kompakt,
DOI 10.1007/978-3-0348-0634-3, © Springer Basel 2014

18. J. Wengenroth, *Wahrscheinlichkeitstheorie*, de Gruyter, Berlin-New York, 2008.

19. H. Weyl, *Über die Gleichverteilung von Zahlen mod. Eins*, Math. Ann. **77** (1916), 313–352.

20. D. Witte, *Ratner's Theorems on Unipotent Flows*, Chicago Lectures in Mathematics Series, University of Chicago Press, Chicago-London, 2005.

21. K. Zhu, *Operator Theory in Function Spaces*, Mathematical Surveys and Monographs, vol. 138, American Mathematical Society, Providence, R.I., 2007.

22. M. Ziegler, *Mathematische Logik*, Mathematik Kompakt, Birkhäuser Verlag, Basel-Boston-Berlin, 2010.

Sachverzeichnis

Printed in the United States
By Bookmasters